温州市教育局职业教育区域特色教材建设成果
中高职一体化教材

无人机组装与调试

主　编　苏志贤　虞君锚　伍玲密
副主编　向志强　苏再帮　谢延廷

电子工业出版社
Publishing House of Electronics Industry
北京·BEIJING

内 容 简 介

本书内容丰富全面，通俗易懂，依照无人机应用技术专业技术技能人才成长规律和学生认知规律设置内容，符合知识与技能教学规律。本书将内容设计成 7 个项目，共 24 个任务，并采用虚实结合的方式进行知识讲解，从 Solidworks 软件中的无人机零部件及整机装配，到焊接练习，再到多种无人机机型的实物组装与调试，由浅入深，由易到难，从一定程度上降低了实训的耗材成本。

本书总结了全国职业技术院校的专业教学经验，注重以学生就业为导向，以培养能力为本位，内容符合专业教学改革精神，适应无人机高技能型紧缺人才培养的要求，适用于无人机专业的教学及相关培训。

未经许可，不得以任何方式复制或抄袭本书之部分或全部内容。
版权所有，侵权必究。

图书在版编目（CIP）数据

无人机组装与调试 / 苏志贤，虞君锚，伍玲密主编.
北京 : 电子工业出版社, 2025. 6. -- ISBN 978-7-121-50436-5
Ⅰ. V279
中国国家版本馆 CIP 数据核字第 202561AN23 号

责任编辑：王　璐
印　　刷：北京七彩京通数码快印有限公司
装　　订：北京七彩京通数码快印有限公司
出版发行：电子工业出版社
　　　　　北京市海淀区万寿路 173 信箱　邮编 100036
开　　本：787×1 092　1/16　印张：17.5　字数：459.2 千字
版　　次：2025 年 6 月第 1 版
印　　次：2025 年 6 月第 1 次印刷
定　　价：58.00 元

凡所购买电子工业出版社图书有缺损问题，请向购买书店调换。若书店售缺，请与本社发行部联系，联系及邮购电话：(010) 88254888，88258888。
质量投诉请发邮件至 zlts@phei.com.cn，盗版侵权举报请发邮件至 dbqq@phei.com.cn。
本书咨询联系方式：(010) 88254174，wanglu@phei.com.cn。

前　言

党的二十大报告指出，必须坚持科技是第一生产力、人才是第一资源、创新是第一动力，深入实施科教兴国战略、人才强国战略、创新驱动发展战略，开辟发展新领域新赛道，不断塑造发展新动能新优势。低空经济作为发展新质生产力的新赛道，正展现出蓬勃的生机与活力。据中国民用航空局测算，我国低空经济规模有望在2030年突破2万亿元大关，这一极具潜力的产业正受到全国各地的高度重视。低空经济涉及领域多、服务对象广、产业链条长，迫切需要培养大量专业人才。产业发展，人才先行，加强人才培养是低空经济实现可持续发展的基础。目前，全国共有349所高等职业院校开设了无人机应用技术专业，这是近年来根据无人机市场需求和发展前景设立的新专业，对于培养一批高素质的符合岗位要求的专业人才队伍具有重要意义。随着无人机技术的不断进步，无人机系统在军用、警用和民用领域的应用更加广泛。为确保有效、安全地操作无人机，对无人机系统的组装、调试和检修等工作提出了更高的要求。2020年，"无人机装调检修工"作为新职业被纳入国家职业分类大典。随后，中华人民共和国人力资源和社会保障部发布了《无人机装调检修工国家职业技能标准》，对从业人员的专业技能水平提出了规范性要求，为技能人才的培养指明了方向，同时也为行业人才的选用提供了具体依据。未来，无人机的组装、调试和检修等必将成为社会发展所亟需的技能，通过学习掌握相关知识和技能，学生将具有更加广阔的就业前景。

为适应我国低空经济领域对高技能型紧缺人才培养的要求，满足高等职业院校以就业为导向的办学目标，也为了配合院校开展"理实一体化"教学的需要，根据无人机专业教学大纲及《无人机装调检修工国家职业能力标准》，编者编写了本书。本书总结了全国职业技术院校的专业教学经验，注重以学生就业为导向，以培养能力为本位，内容符合专业教学改革精神，适应无人机高技能型紧缺人才培养的要求，并具有以下特点。

（1）本书选取了当前低空经济涉及的多旋翼、固定翼、垂起固定翼，以及无人直升机等多种常用无人机机型，注重实用性，保证科学性，体现先进性，同时突出了实践能力、劳动教育、安全责任意识、规范操作意识、创新精神和工匠精神等职业素养的培养。本书以无人机应用技术相关企业的真实工作任务和案例为载体，融入了国内无人机应用相关行业和企业的新知识、新技术，以及无人机组装、调试与检修的新工艺和新规范，详细介绍了多种机型组装与调试的实践操作，突出了无人机组装、调试和检修等知识的运用和技能训练。在编写过程中，编者力求体现"教、学、做"一体化的特色，将理论知识直接应用于技能训练之中。

（2）本书内容丰富全面，通俗易懂，依照无人机应用技术专业技术技能人才成长规律和学生认知规律设置内容，符合知识与技能教学规律。本书将内容设计成7个项目，共24个任务，并采用虚实结合的方式进行知识讲解，从 Solidworks 软件中的无人机零部件及整机装配，到焊接练习，再到多种无人机机型的实物组装与调试，由浅入深，由易到难，从一定程度上降低了实训的耗材成本。

（3）本书注重每个任务的完整性。在编写任务时，按照"知识目标→技能目标→素质目标→课程思政→知识要点→任务描述→任务实施→思考与改进"等环节进行编写，体现了"做中学、学中做"这一教学理念。本书理论知识部分本着"够用"的原则，重点突出对技能的培养，并对每个任务的操作内容、方法、步骤进行了规范且具体的介绍。

（4）本书文字简洁、通俗易懂，以图代文、图文并茂，形象直观，有助于培养学生的兴趣，提升学习的效果。

本书由苏志贤、虞君锚和伍玲密担任主编并进行统稿，由多位学者共同编写。具体分工如下：项目一至项目三由苏志贤、虞君锚和伍玲密编写；项目四由虞君锚、伍玲密和向志强编写；项目五由伍玲密和苏再帮编写；项目六至项目七由虞君锚、伍玲密、向志强和谢延廷编写。此外，温州轻工职业学校的金利编写了课程思政部分；浙江安防职业技术学院无人机应用技术专业的汪昱丞、陈军行、黄晓佳、许慕远和徐艺哲等为本书的编写工作积极收集资料和素材，在此一并表示感谢。在本书的编写过程中，编者查阅了大量的文献，吸收了多位学者的理论观点，借鉴了许多专家的实践劳动成果。在此，对浙江博雅云科技有限公司的王康健、远洋航空科技（天津）有限公司的陈巧云和丛雨等表示衷心感谢。

由于编者的经验和水平有限，书中难免存在疏漏和不足之处，请广大同仁、读者批评指正。

编　者

2025 年 5 月

目　录

项目一　无人机的系统与结构 ··· 1
   1.1　多旋翼无人机的结构 ··· 2
      任务 1　F550 多旋翼无人机虚拟装配 ·· 4
   1.2　固定翼无人机的结构 ··· 12
      任务 2　P-51 野马固定翼无人机虚拟装配 ·· 13
项目二　无人机装调工具与材料 ··· 27
   2.1　无人机装调操作安全注意事项 ·· 27
   2.2　无人机装调工具认知 ··· 28
      任务 1　无人机装调工具整理 ·· 40
   2.3　无人机装调材料认知 ··· 41
      任务 2　无人机装调材料整理 ·· 46
项目三　无人机装配工艺 ·· 48
   3.1　机械装配工艺 ·· 48
      任务 1　认识螺旋桨 ·· 49
   3.2　电气装配工艺 ·· 51
      任务 2　香蕉插头的焊接 ·· 53
      任务 3　XT60 插头的焊接 ·· 57
      任务 4　练习中心板的焊接 ·· 59
项目四　多旋翼无人机的组装与调试 ··· 62
   4.1　F450 多旋翼无人机的组装与调试 ··· 63
      任务 1　常用遥控器的基本操作 ·· 63
      任务 2　F450 多旋翼无人机的组装 ·· 69
      任务 3　F450 多旋翼无人机的调试（基于塔罗飞控）································ 75
      任务 4　F450 多旋翼无人机的调试（基于 Pixhawk 飞控）························ 85
   4.2　F450 多旋翼无人机的飞行测试 ··· 108
      任务 5　F450 多旋翼无人机的试飞 ·· 108
项目五　穿越机的组装与调试 ·· 111
      任务 1　怪象 2.5 寸穿越机的组装 ·· 112
      任务 2　怪象 2.5 寸穿越机的调试 ·· 120
      任务 3　爱国小火箭的组装 ·· 142
      任务 4　爱国小火箭的调试 ·· 150

项目六　固定翼无人机的组装与调试 ·· 162
6.1　固定翼无人机的组装与调试 ·· 163
　　任务1　塞斯纳固定翼无人机的组装 ·· 163
　　任务2　塞斯纳固定翼无人机的调试 ·· 186
6.2　固定翼无人机的飞行测试 ··· 208
　　任务3　塞斯纳固定翼无人机试飞 ·· 208
6.3　垂起固定翼无人机的组装与调试 ·· 210
　　任务4　刺客T1垂起固定翼无人机的组装 ······································ 210
　　任务5　刺客T1垂起固定翼无人机的调试 ······································ 222

项目七　无人直升机的组装与调试 ··· 235
7.1　无人直升机的组装 ··· 236
　　任务1　塔罗550无人直升机的组装 ·· 237
7.2　无人直升机飞控安装与调试 ·· 256
　　任务2　塔罗550无人直升机的调试（基于H1飞控）···················· 256

课后习题答案 ·· 271

扫码获取本书资源

项目一　无人机的系统与结构

知识目标

1. 了解多旋翼无人机和固定翼无人机的基本情况；
2. 熟悉多旋翼无人机和固定翼无人机的机身结构；
3. 掌握多旋翼无人机和固定翼无人机的组装顺序。

技能目标

1. 能使用 Solidworks 软件进行零件和装配体的新建、保存等常规操作；
2. 能选择合适的配合关系，进行零件约束；
3. 能根据安装要求进行无人机的合理组装。

素质目标

1. 做事有条理，养成良好的整理习惯，能对电脑中的文件进行合理命名和整理；
2. 认真细致，能按照操作说明逐一完成任务。

课程思政

请阅读以下教学案例，结合本项目所学习的专业知识和技能，从社会主义核心价值观、民族精神和创新思维等方面，按照"三全育人"的要求，分析案例中所蕴含的社会责任感、民族自信和创新思维等思政元素。

> 国家电网甘肃送变电工程公司的技术能手，潜心钻研出了适用于电网架设的遥控飞行器，操控无人机将电网架设在天堑沟壑之上，用新型装备开启全新的作业模式。他就是首届陇原工匠荣誉获得者——李宏。
>
> 2014年4月，他研制出了能够抵御七级大风的"输电线路专用多旋翼飞行器"。这台飞行器是国内第一台完全自主研发制造的专门用于输变电工程架线、巡线及应急抢险任务的多旋翼飞行器，它具有体积小、飞行速度快、环境适应性强，且造价低、易携带和负载大等优点。
>
> 由于这项创新飞行器的运用，公司在承担的浙江、福建、四川、湖南等地的30项重点输变电工程中，节省了大量费用，缩短了工期，取得了显著的效果。
>
> 目前，李宏和他的团队已经制作出60余架不同类型的输电线路专用多旋翼飞行器，其单机挂重能力全行业第一，并取得了5项国家专利。

1.1 多旋翼无人机的结构

1. 多旋翼无人机的基本结构

如图 1-1 所示，多旋翼无人机的基本结构一般由以下几部分构成。

机体结构：主要由机臂、中心板和脚架等组成，也有采用一体化设计的机架，机架的主要功能是承载其他构件的安装。

动力系统：多旋翼无人机的动力系统通常采用电动系统，主要由电池、电调、电机和螺旋桨等四部分组成。

飞控系统：飞控系统主要由陀螺仪、加速度计、角速度计、气压计、GPS、指南针和控制电路等组成。其主要功能是计算并调整无人机的飞行姿态，控制无人机自主或半自主飞行。

任务载荷：包括吊舱、云台、DV、可见光相机、红外相机和气体探测仪等。

机载链路：包括遥控接收机、机载数传模块及天线和机载图传模块及天线。

地面站链路：包括遥控发射机、地面数传模块及天线和地面图传模块及天线。

遥测子系统（显示）：包括地面站软件、图传显示屏及 OSD。

遥测子系统（操纵）：包括遥控器遥杆、开关、鼠标和键盘等。

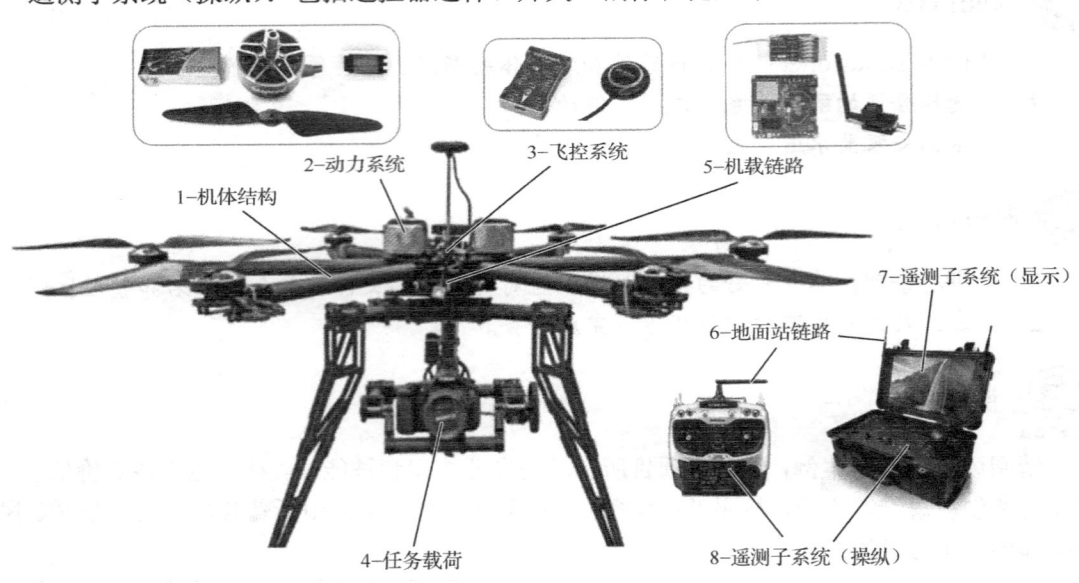

图 1-1 多旋翼无人机的基本结构

2. Solidworks 软件的基本操作

一架无人机往往是由多个零件组合（装配）而成的，而零件的组合是在 Solidworks 软件的装配模块中完成的。Solidworks 软件的装配作用有以下几点。

① 模拟真实产品的装配，优化装配工艺。

② 得到产品的完整数字模型，易于观察。

③ 检查各零件之间的干涉情况。

④ 制作爆炸图辅助实际产品的装配。

⑤ 用于制作装配体工程图。

Solidworks 软件的基本操作如图 1-2 所示。

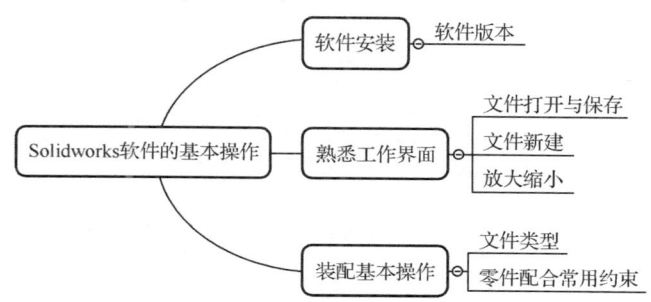

图 1-2　Solidworks 软件的基本操作

（1）Solidworks 软件的文件类型

打开 Solidworks 软件后，我们可以看到如图 1-3 所示的界面。该软件可以建立的三种文件类型分别是零件、装配体和工程图。

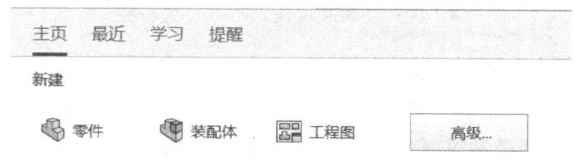

图 1-3　Solidworks 软件的界面

（2）熟悉工作界面

① 如图 1-4 所示，左上角框选的部分是菜单栏，菜单栏中包含软件所有的命令，可以将其视为一个综合性的集合。菜单栏中的选项包括文件、编辑、视图、插入、工具和窗口。

② 在"文件"选项中，最主要的命令是新建、打开、保存和打印。新建命令就是新建一个文件；打开命令是指打开之前保存过的文件。保存和打印两项命令的含义不言而喻。

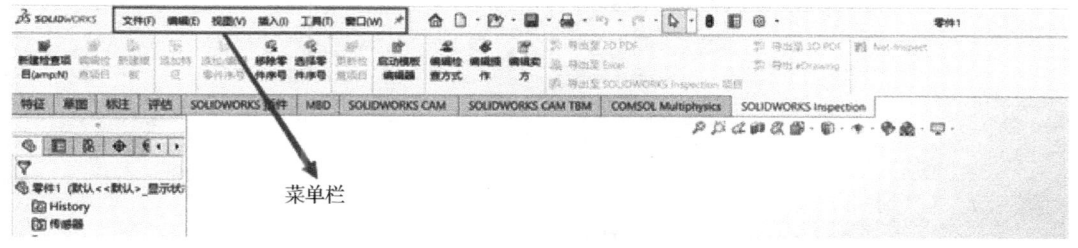

图 1-4　Solidworks 软件的菜单栏

③ 前导视图工具栏主要用于控制模型的各种显示。

④ 在任务窗口中，Solidworks 资源、设计库、文件探索器和视图调色版比较常用。

⑤ 状态栏中显示着软件的各种提示，这些提示对我们进行操作有一定的帮助。如图 1-5 所示，在右下角可以看到"在编辑零件"的字样，这代表了软件目前所处的环境。Solidworks 软件中包含草图、零件、装配图和工程图四个环境，这些工作环境可以在状态栏中确定。此外，在状态栏最右边的自定义区域，可以看到整个软件的单位信息。

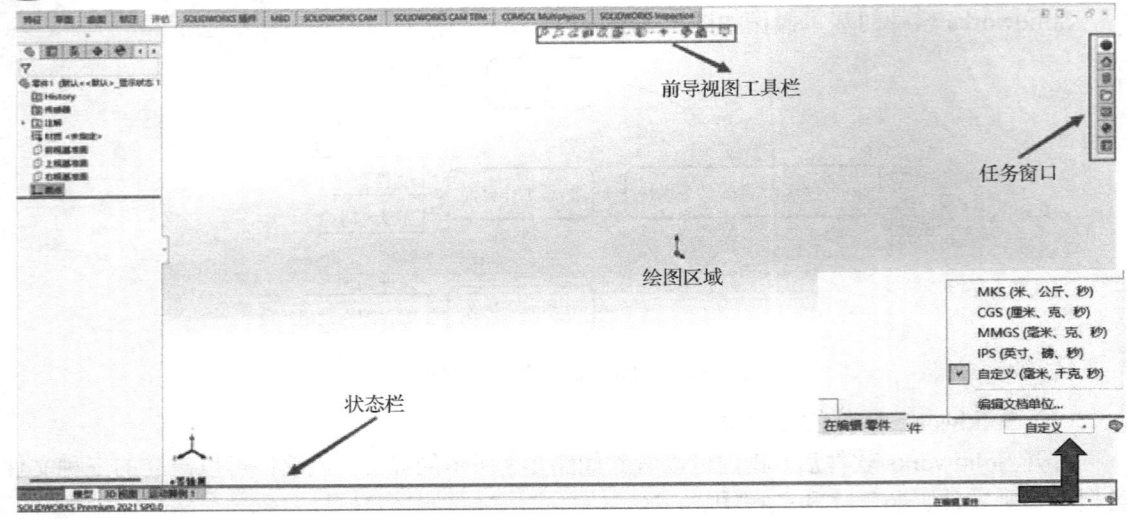

图 1-5　Solidworks 软件的状态栏

（3）Solidworks 软件的装配约束

通过 Solidworks 软件的装配约束命令（如图 1-6 所示）可以定义零件相较于装配体中其他零件的配合关系，常用的命令有重合、平行、垂直、相切、同轴心和锁定等，可根据具体安装要求添加约束。

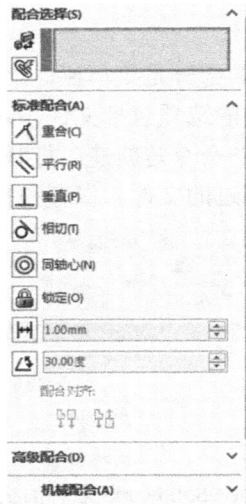

图 1-6　Solidworks 软件的装配约束命令

任务 1　F550 多旋翼无人机虚拟装配

F550 多旋翼无人机的组装概况如图 1-7 所示。

项目一 无人机的系统与结构

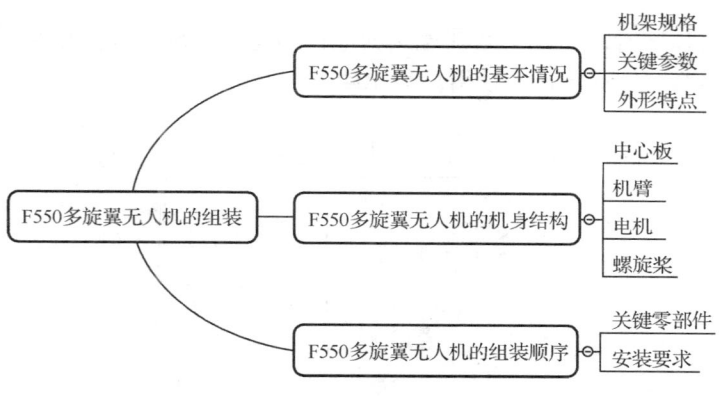

图 1-7 F550 多旋翼无人机的组装

 知识要点

1. 风火轮 F550 的简介

风火轮 F550 如图 1-8 所示。

图 1-8 风火轮 F550

风火轮 F550 的机架规格参数详见表 1-1。

表 1-1 风火轮 F550 的机架规格参数

机身重量	478 g
对称电机轴距	550 mm
起飞重量	1200～2400 g
螺旋桨	采用特殊材质强化处理,有效避免断桨、射桨 规格:10×4.5 in;8×4.5 in
电机	定子尺寸:22 mm×12 mm KV 值:920 rpm/V
电调	电流:30 A OPTO 兼容信号频率:30～450 Hz
电池	3 S～4 S LiPo

2. 风火轮 F550 的安装要求

风火轮 F550 的安装步骤和要求如图 1-9 所示,其中,力臂①②为飞行器前方,力臂④⑤

为飞行器后方。从顶部看，力臂①③⑤连接的电机为逆时针旋转，并使用正桨 1045；力臂②④⑥连接的电机为顺时针旋转，并使用反桨 1045R。

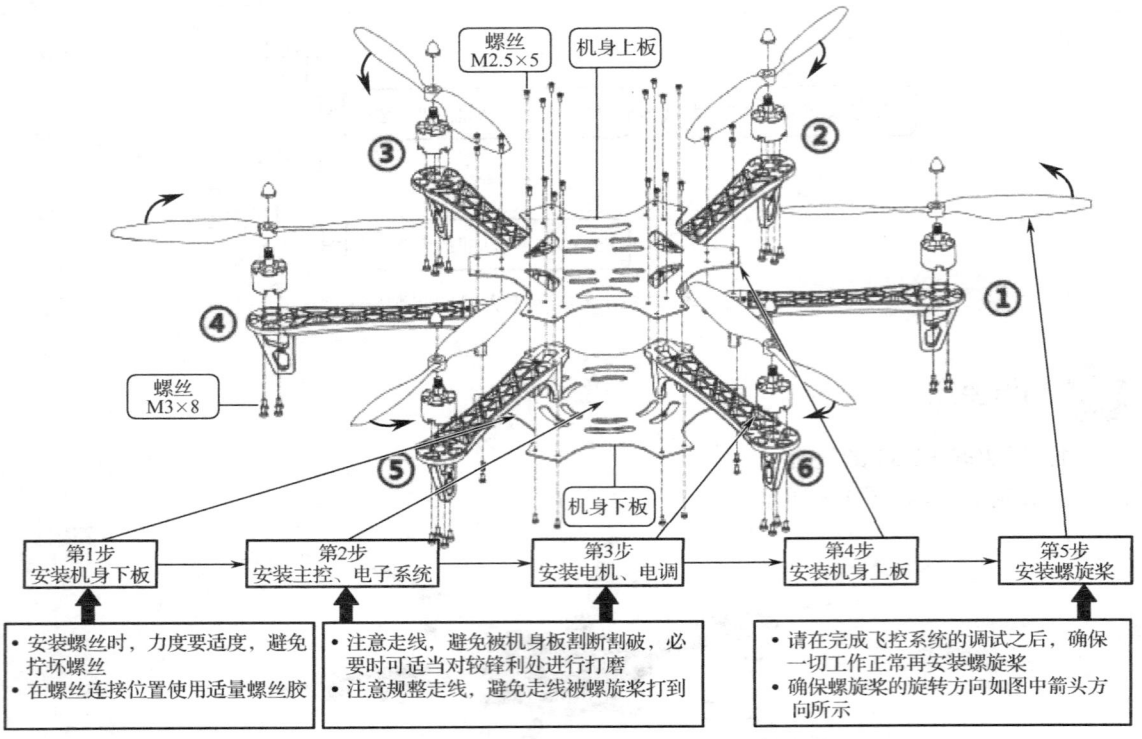

图 1-9　风火轮 F550 的安装步骤和要求

任务描述

请利用给定的零件，在 Solidworks 软件中完成 F550 多旋翼无人机的组装，最终的效果如图 1-10 所示。

任务实施

| 实训步骤 1，展示效果图，分析确定步骤 | 图 1-10　F550 多旋翼无人机 |

根据安装要求和最终效果图，确定组装的顺序。

实训步骤 2，零件导入机臂	导入零件，插入零部件，选择固定或浮动。图 1-11 所示为导入机臂。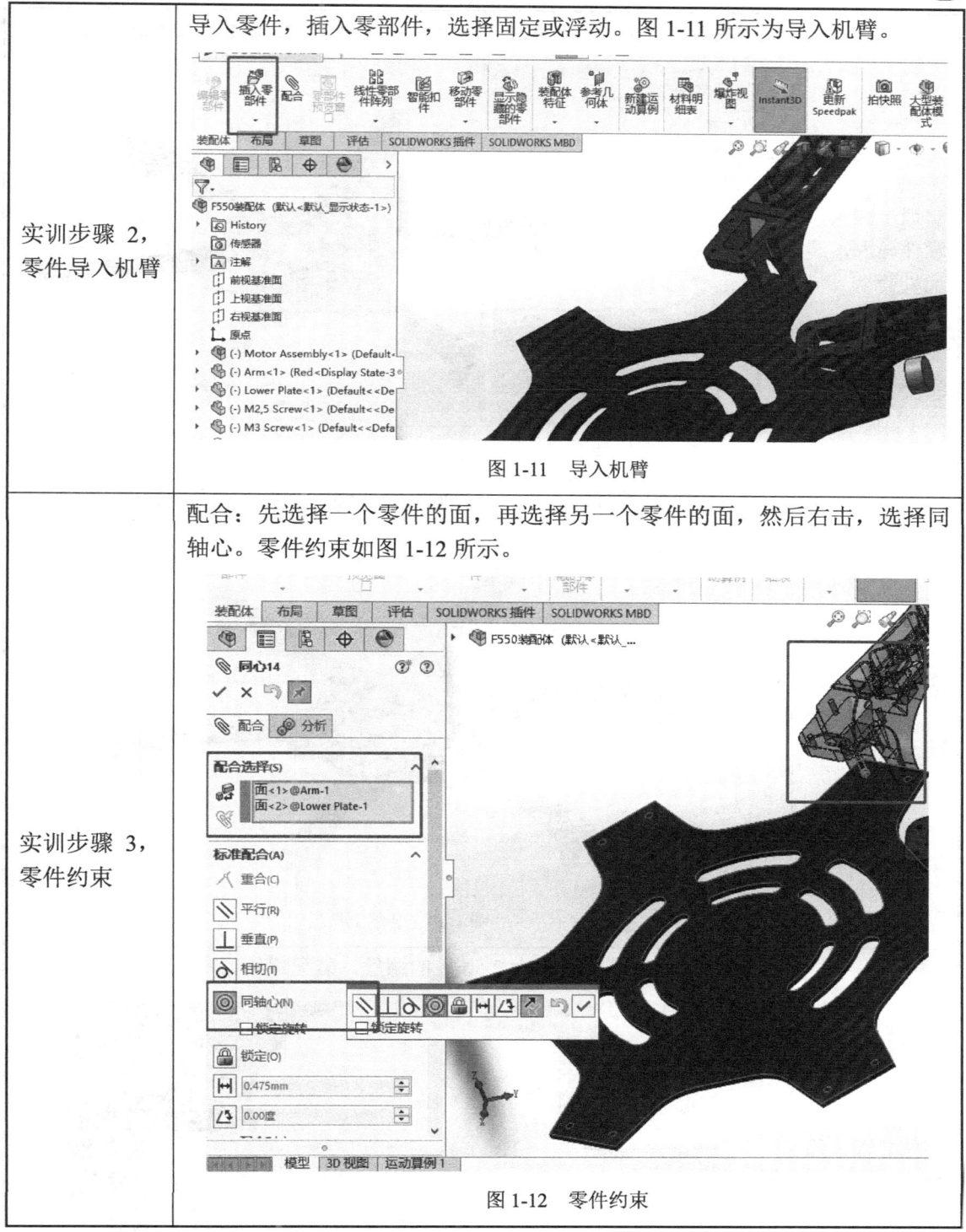

图 1-11　导入机臂 |
| 实训步骤 3，零件约束 | 配合：先选择一个零件的面，再选择另一个零件的面，然后右击，选择同轴心。零件约束如图 1-12 所示。

图 1-12　零件约束 |

实训步骤 4，零件导入，装配机臂	导入机臂，选择红色或白色，将机臂逐一装配成功。装配机臂如图 1-13 所示。 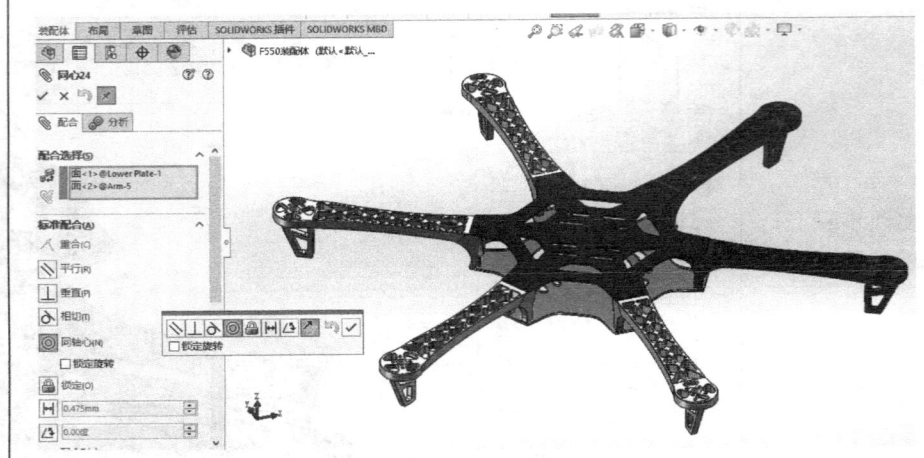 图 1-13　装配机臂
实训步骤 5，零件导入，装配上层板	导入上层板，选择配装，再选择同心圆。装配上层板如图 1-14 所示。 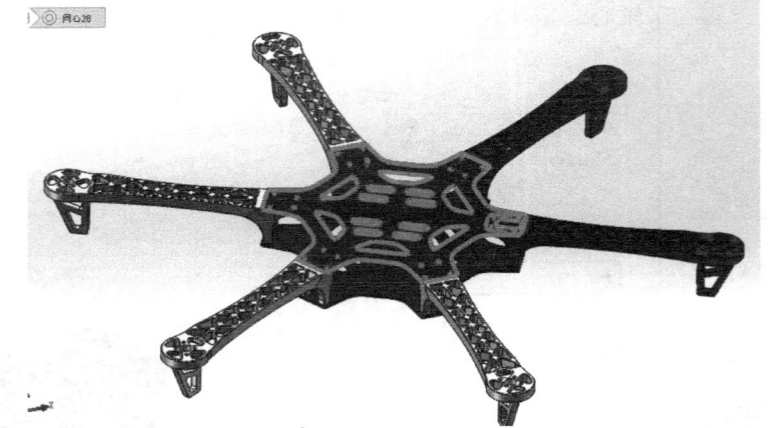 图 1-14　装配上层板
实训步骤 6，零件导入，装配直径为 2.5mm 的螺丝	导入 M2.5×6，装配直径为 2.5mm 的螺丝，装配螺丝如图 1-15 所示。 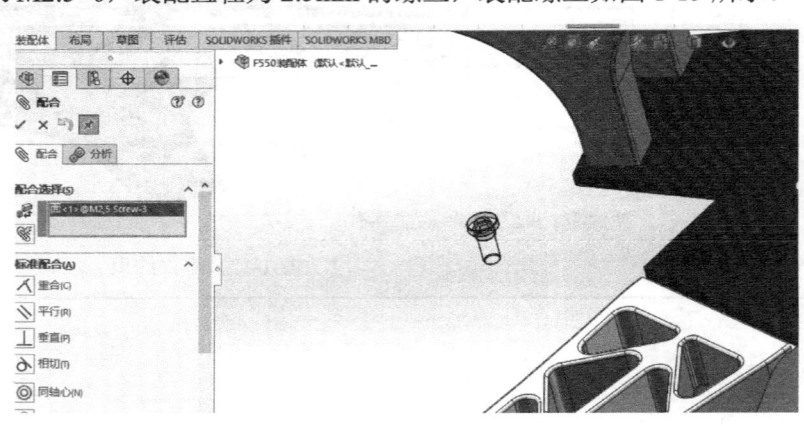 图 1-15　装配螺丝

实训步骤 7，新建基准轴	新建基准轴（如图 1-16 所示），选择下层板的曲面，出现基准轴 1（中心孔轴）。 图 1-16 新建基准轴
实训步骤 8，圆周阵列	点击圆周阵列（如图 1-17 所示），选择基准轴 1，角度设置 360.00 度，阵列个数为 6，选择要阵列的零部件（四个螺丝）。 图 1-17 圆周阵列

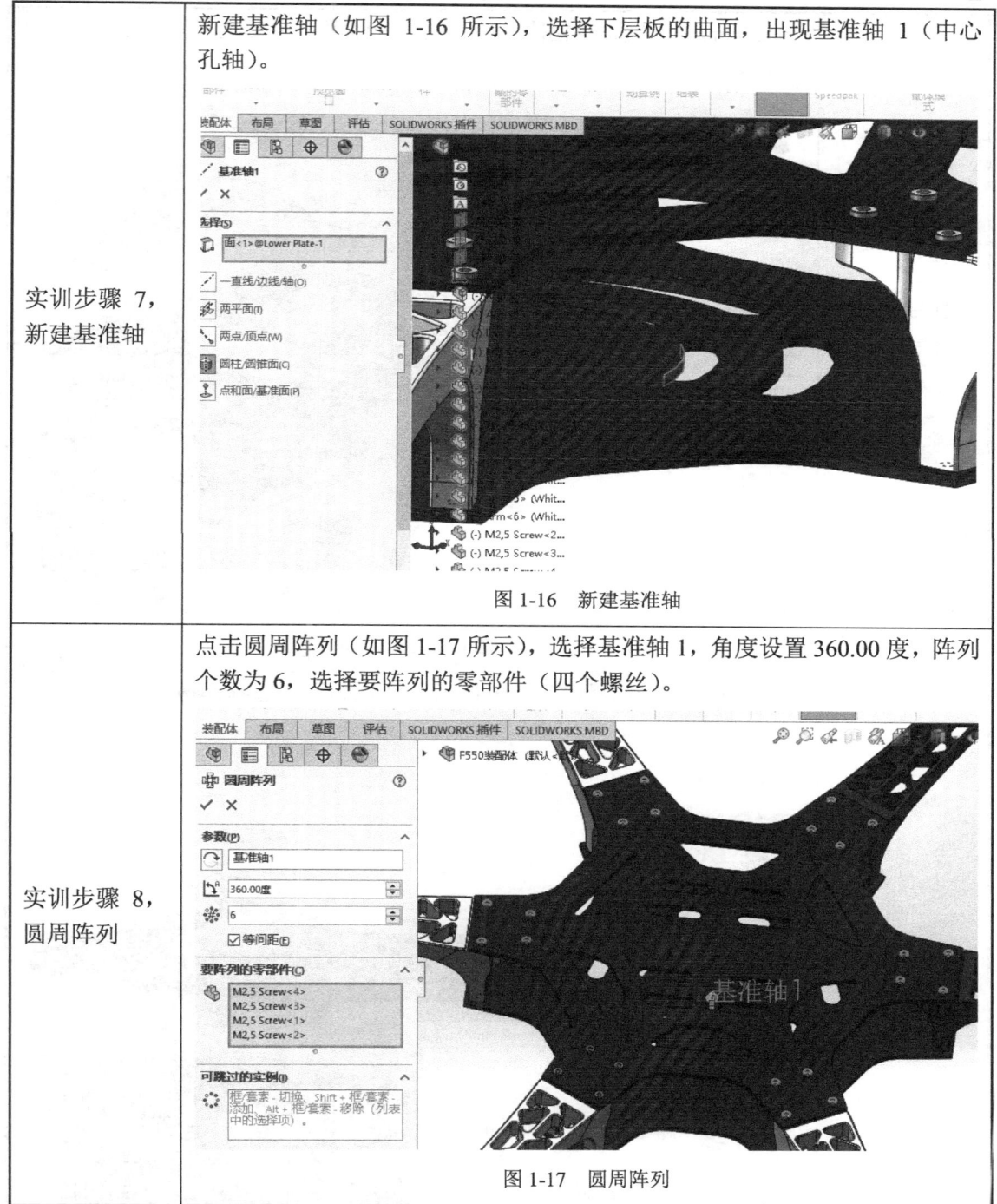

实训步骤 9，零件导入，装配电机	导入电机，配合选择如图 1-18 所示的两个曲面，然后选择同轴心。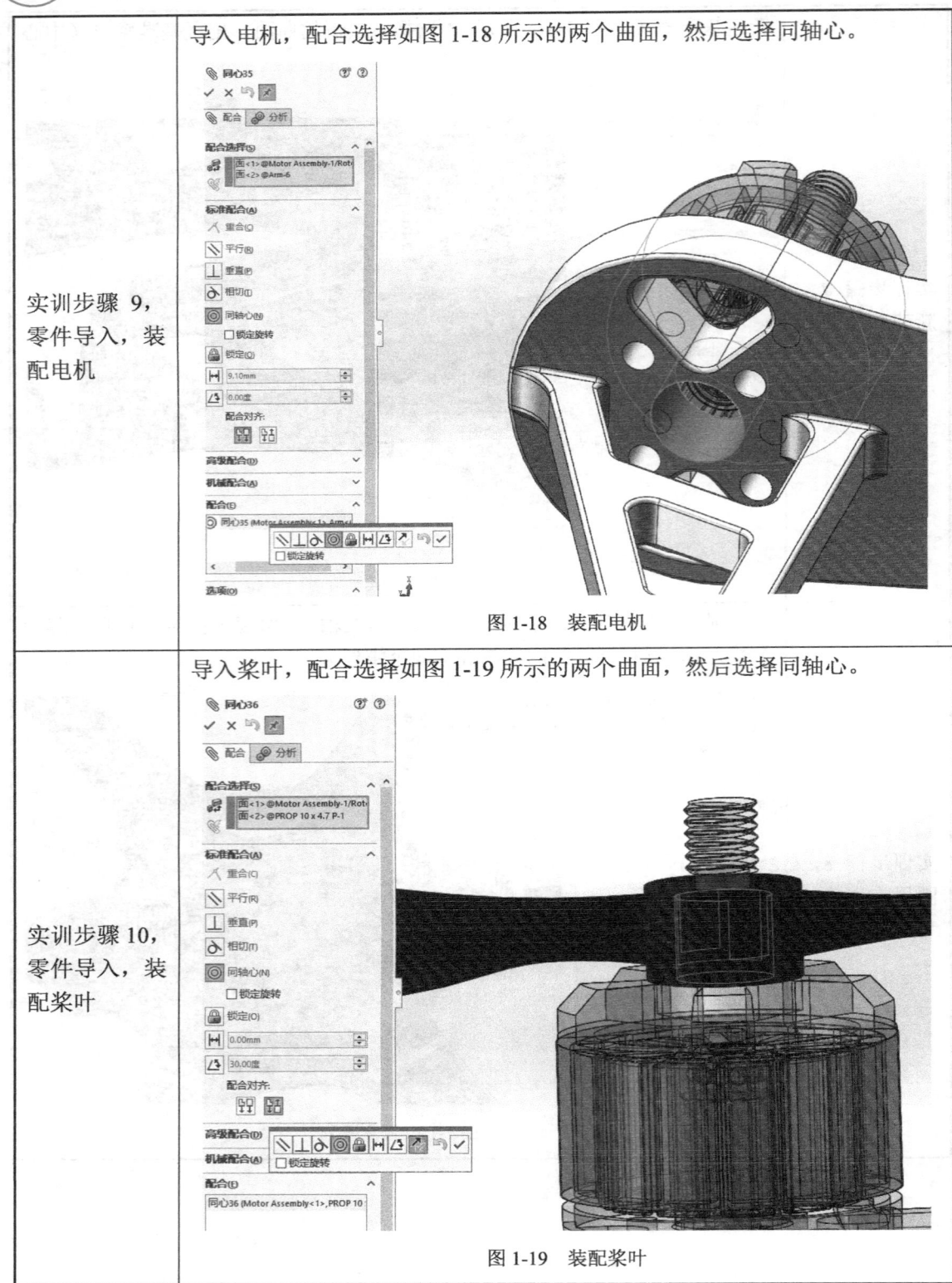图 1-18 装配电机
实训步骤 10，零件导入，装配桨叶	导入桨叶，配合选择如图 1-19 所示的两个曲面，然后选择同轴心。 图 1-19 装配桨叶

实训步骤11，零件导入，装配桨叶螺帽	导入桨叶螺帽，配合选择如图1-20所示的两个曲面，然后选择同轴心。 图1-20　装配桨叶螺帽
实训步骤12，圆周阵列	点击圆周阵列（如图1-21所示），选择基准轴1，角度设置360.00度，阵列个数为6，选择要阵列的零部件（电机、桨叶和螺帽）。 图1-21　圆周阵列

实训步骤13，圆周阵列	图1-22 圆周阵列

点击圆周阵列（如图1-22所示），选择基准轴1，角度设置360.00度，阵列个数为6，选择要阵列的零部件（下层板螺丝）。

注意事项及操作要点：
① 安装过程注意保存；
② 正确选择配合面、中心轴等，请注意检查；
③ 注意无人机零部件的正反面；
④ 注意无人机机头方向为两个红色机臂。

思考与改进

请与小组成员进行讨论，针对本次任务实施情况进行点评、分析和总结，并将改进意见填写在下方。

1.2 固定翼无人机的结构

 **课程思政**

请阅读以下教学案例，结合本项目所学习的专业知识和技能，从社会主义核心价值观、民族精神和创新思维等方面，按照"三全育人"的要求，分析案例中所蕴含的社会责任感、民族

自信和创新思维等思政元素。

> 新中国第一架自制飞机是初教-5 初级教练机，如图 1-23 所示。该机于 1954 年 7 月 3 日在南昌首飞上天。初教-5 的制造成功和顺利首飞，结束了中国不能自行制造飞机的历史，掀开了中国航空工业发展史上崭新的一页。
>
> 1954 年，中国航空工业迈出了从修理到制造这一极为关键的第一步，成功地将国产飞机送上了蓝天。当年，共制造初教-5 飞机 9 架，爱姆-11 发动机 18 台。中国航空工业第一次向部队提供了自己生产的飞机。
>
>
>
> 图 1-23 新中国第一架自制飞机

任务 2　P-51 野马固定翼无人机虚拟装配

P-51 野马固定翼无人机的组装如图 1-24 所示。

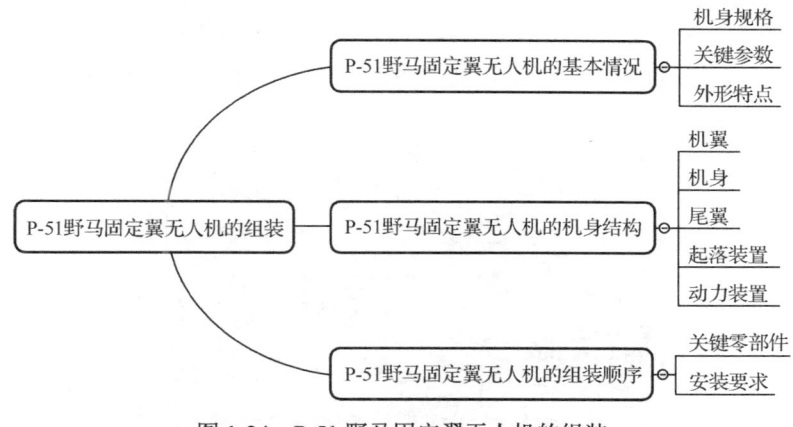

图 1-24　P-51 野马固定翼无人机的组装

知识要点

固定翼无人机因其优良的功能与模块化集成，在航测、救援、侦查等多个领域得到了广泛应用。对于无人机应用人员来说，了解固定翼无人机的结构组成及各部件功能是非常重要的。固定翼无人机大多由机翼、尾翼、机身、起落装置和动力装置 5 个主要部分组成，如图 1-25 所示，具体说明如下。

机翼的主要功用是为飞机提供升力,以支持其在空中飞行,同时起一定的稳定和操纵作用。机翼上一般安装有副翼、襟翼和扰流板。操纵副翼可使飞机滚转;放下襟翼能使机翼升力系数增大;扰流板主要用于增加阻力和降低升力,从而帮助飞机减速并保持稳定。

尾翼包括水平尾翼和垂直尾翼,其作用是操纵飞机俯仰和偏航,保证飞机能平稳飞行。水平尾翼由固定的水平安定面和可动的升降舵组成,有些高速飞机将水平安定面和升降舵合为一体,形成全动平尾。垂直尾翼则包括固定的垂直安定面和可动的方向舵。

机身的主要功用是装载武器、货物和各种设备,同时可将飞机的其它部件,如尾翼、机翼及发动机等,连接成一个整体。

起落装置大多由减震支柱和机轮组成,其作用是在起飞、着陆滑跑,地面滑行和停放时支撑飞机。

动力装置主要用于产生拉力或推力,使飞机前进。此外,它还可以为飞机上的用电设备提供电力。

图 1-25　固定翼无人机结构组成图

P-51 野马固定翼无人机是一款单座单发平直翼活塞式战斗机,如图 1-26 所示。它最初使用的是亚里森 V-1710 液冷发动机,但在 1942 年,英美合作将其发动机改进为梅林发动机,这一改进显著提升了 P-51 的性能。P-51 以其出色的性能、超长的航程和卓越的高空高速性能,成了不可或缺的护航战斗机。

图 1-26　P-51 野马固定翼无人机

任务描述

请在 Solidworks 软件中完成 P-51 野马固定翼无人机的组装,最终的效果如图 1-27 和图 1-28 所示。

项目一　无人机的系统与结构

 **任务实施**

实训步骤 1，展示效果图，分析并确定步骤	 图 1-27　P-51 野马固定翼无人机效果图 1  图 1-28　P-51 野马固定翼无人机效果图 2 确定步骤：按照机身、机翼、尾翼、起落装置、电机和螺旋桨的顺序进行组装。
实训步骤 2，导入机身	插入零部件并固定机身，选择固定，如图 1-29 所示。 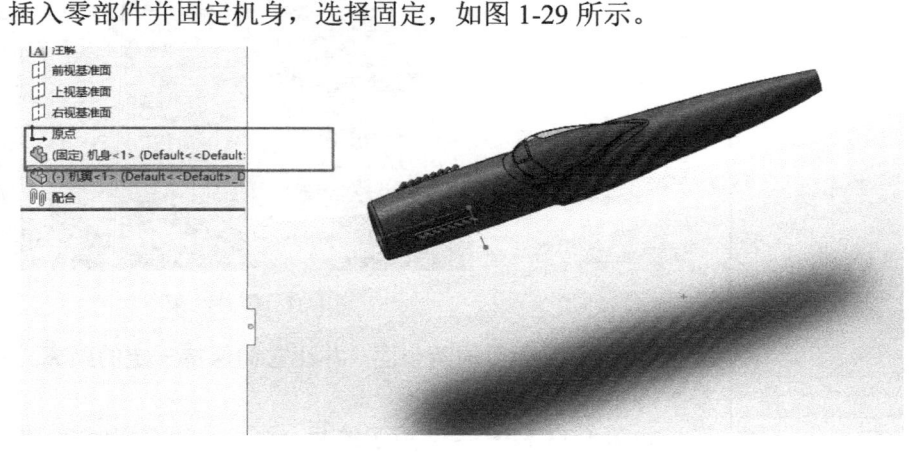 图 1-29　导入机身

15

	插入零部件并选择机翼，选择如图 1-30 所示的机翼的一个点和机身中的一条辅助线，配合方式为重合，零件约束如图 1-31 所示。 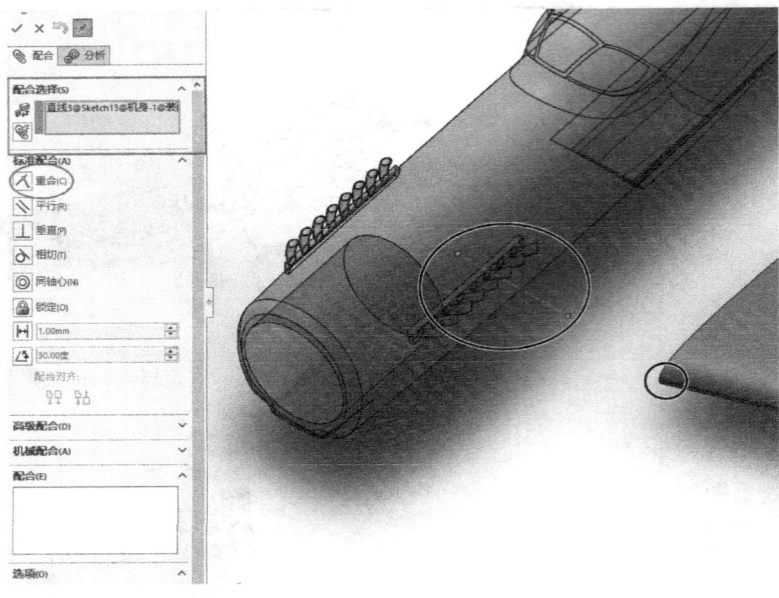 图 1-30 导入机翼
实训步骤 3，导入机翼，零件约束	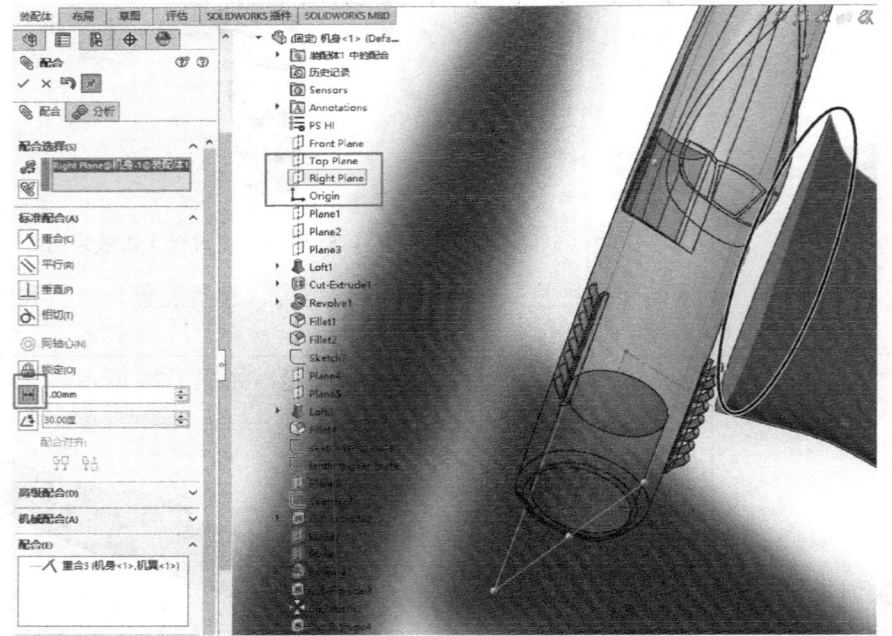 图 1-31 零件约束 选择如图 1-32 所示的两个面，并让它们保持一定的距离，配合方式为距离，参数为 10.50 mm。 选择如图 1-33 和图 1-34 所示的两个面，并让它们保持一定的夹角。配合方式为角度，参数为 3.00 度。

项目一 无人机的系统与结构

| 实训步骤 3，导入机翼，零件约束 | 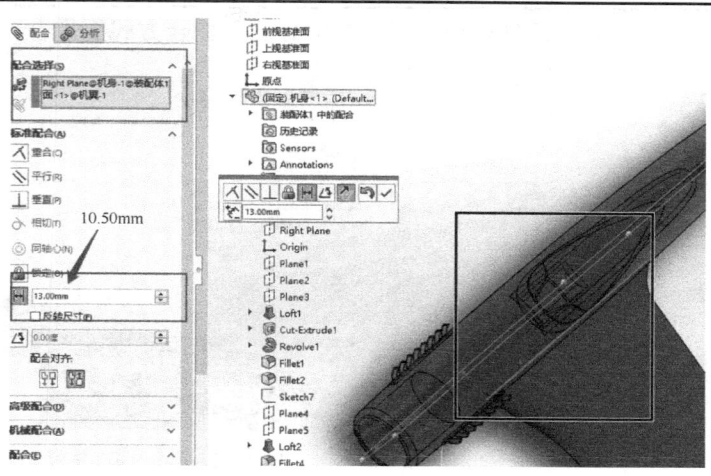
图 1-32 装配机翼

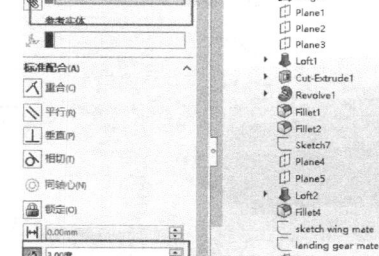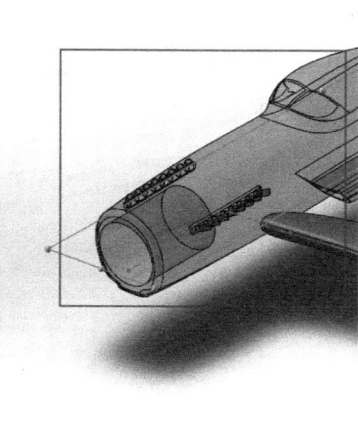
图 1-33 装配机翼-零件角度 1

注意：安装角前缘高于后缘，保证有正的迎角。如果装反了，点击反转尺寸。

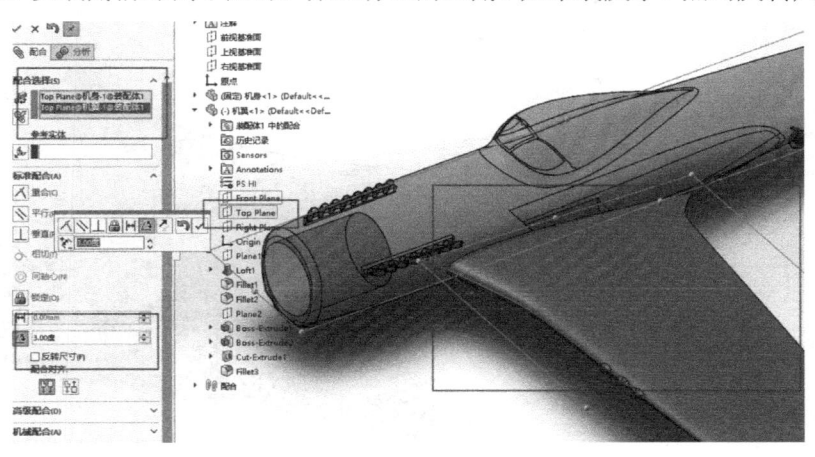
图 1-34 装配机翼-零件角度 2 |

选择机身和垂直尾翼的中心面，配合方式为重合，如图 1-35 所示。

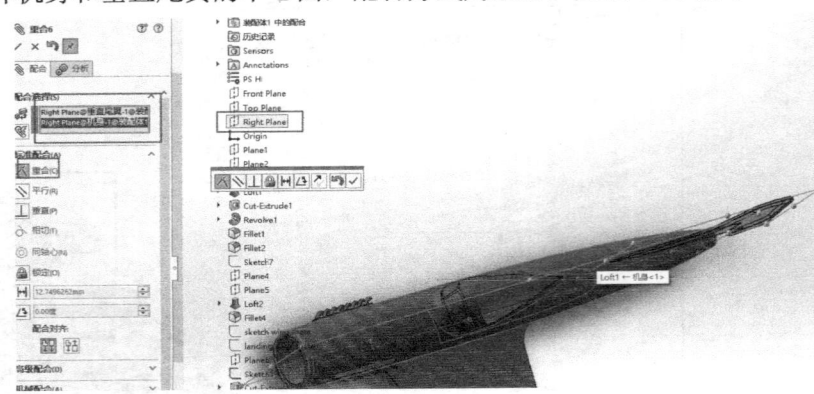

图 1-35　装配垂直尾翼 1

选择机身后端面和垂直尾翼后端面，配合方式为重合，如图 1-36 所示。

实训步骤 4，零件导入，装配垂直尾翼

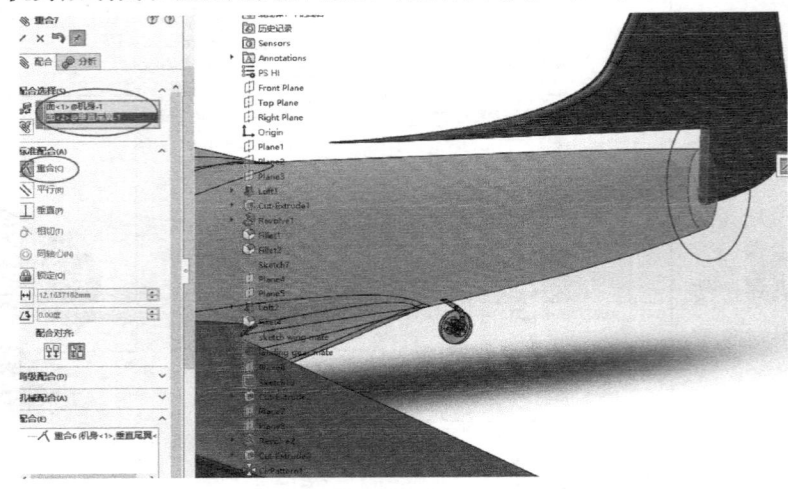

图 1-36　装配垂直尾翼 2

推动垂直尾翼，选择尾舵和机身，然后点击锁定，确保无空隙，如图 1-37 和图 1-38 所示。

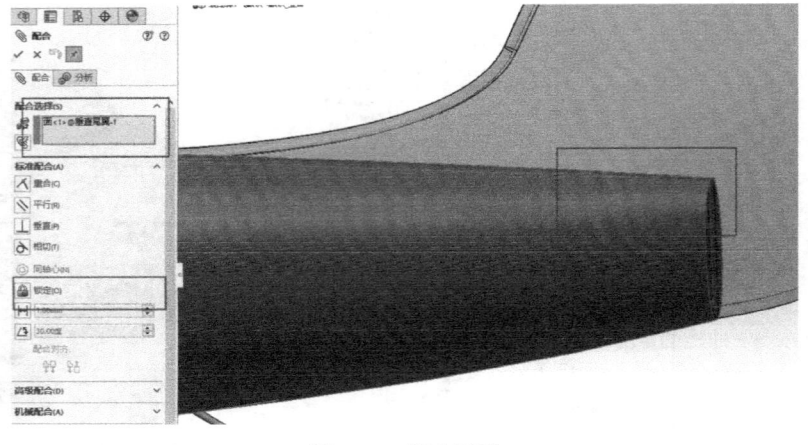

图 1-37　锁定尾翼

实训步骤 4，零件导入，装配垂直尾翼	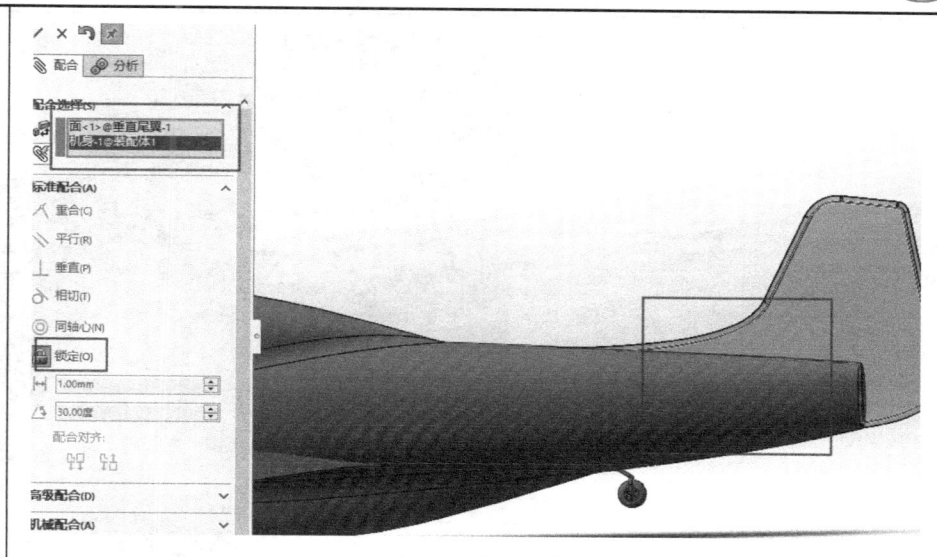 图 1-38　装配尾翼
实训步骤 5，零件导入，装配机身和水平尾翼	选择如图 1-39 所示的两个面，并让它们保持一定的距离，配合方式为距离，参数设置为 5.00 mm。 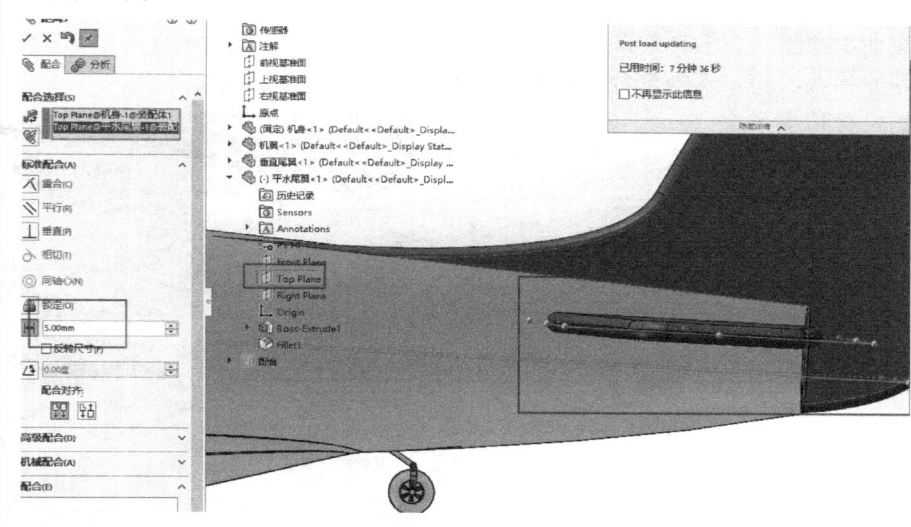 图 1-39　装配机身和水平尾翼 1 注意：水平尾翼的高度如果有误，则点击反转尺寸。 选择如图 1-40 所示的两个面，并选择配合。配合方式为距离，参数设置为 4 mm。

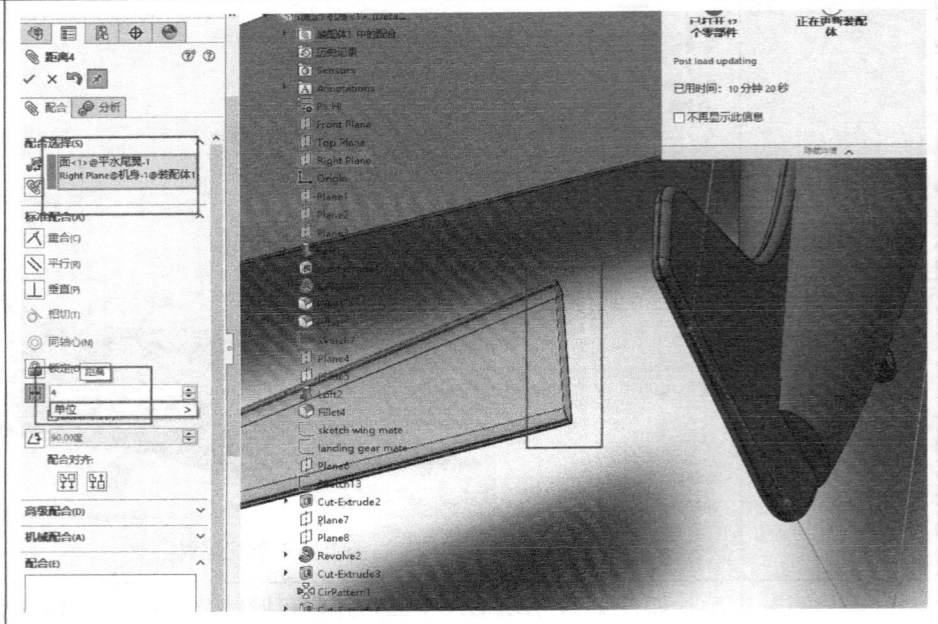

图 1-40 装配机身和水平尾翼 2

实训步骤 5，零件导入，装配机身和水平尾翼

选择如图 1-41 所示的机身的后端面和水平尾翼的一点，选择配合，配合方式为重合，水平尾翼效果图如图 1-42 所示。

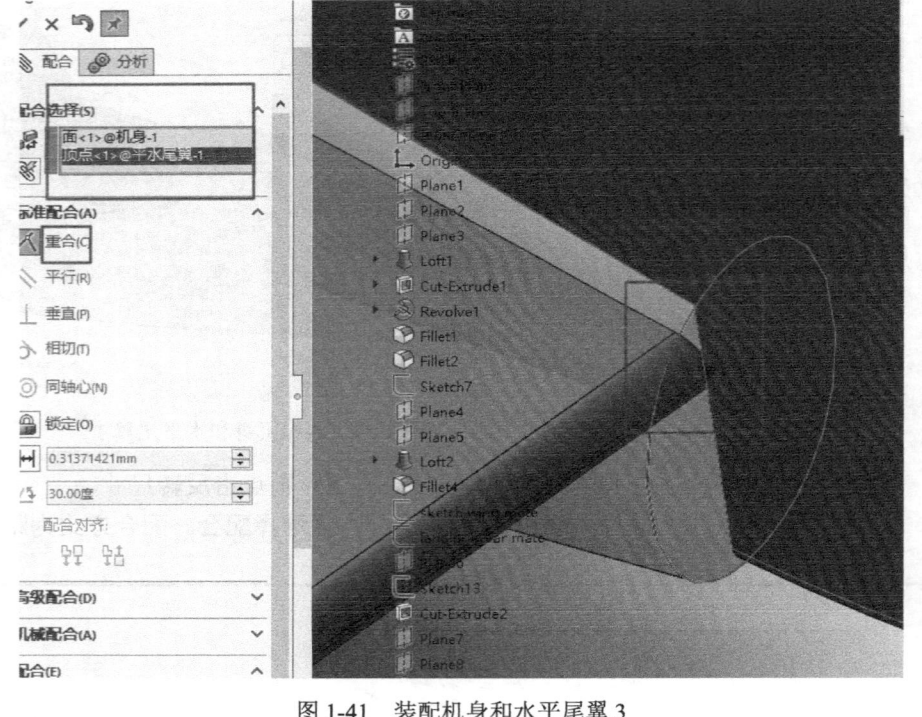

图 1-41 装配机身和水平尾翼 3

实训步骤 5，零件导入，装配机身和水平尾翼	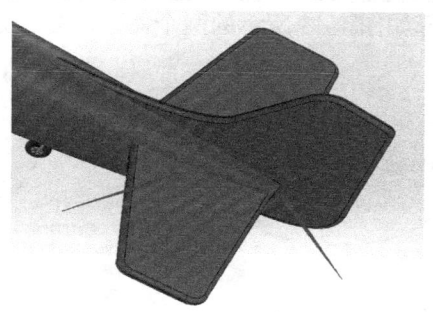 图 1-42　水平尾翼效果图
实训步骤 6，零件导入，装配起落架	导入起落架，选择如图 1-43 所示的两个中心面，点击配合，然后选择重合。 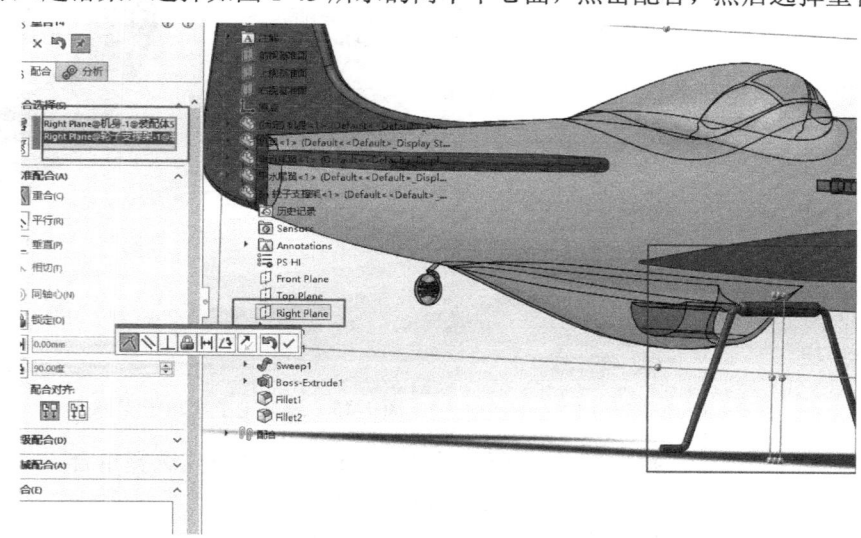 图 1-43　装配轮子支撑架 1 选择如图 1-44 所示的两个零部件，点击配合，然后选择锁定。 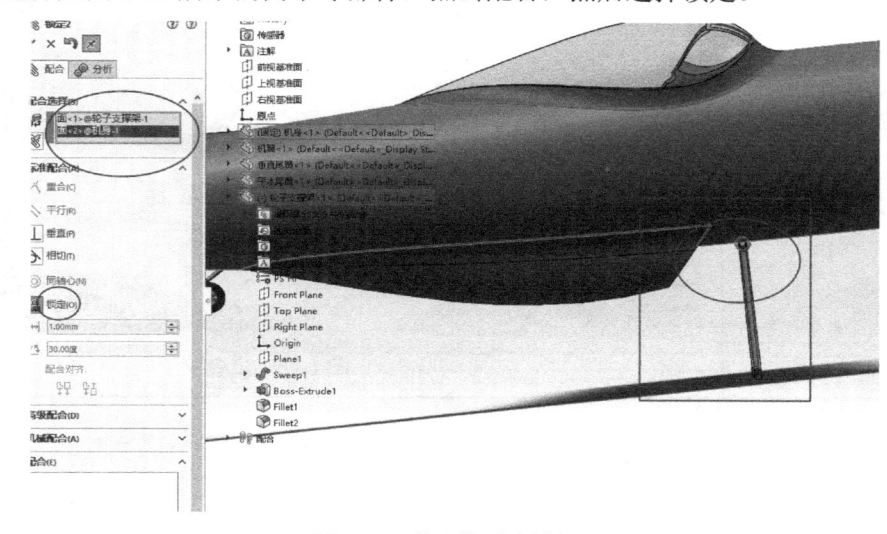 图 1-44　装配轮子支撑架 2

选择如图 1-45 所示的两个曲面，配合方式选择同轴心。

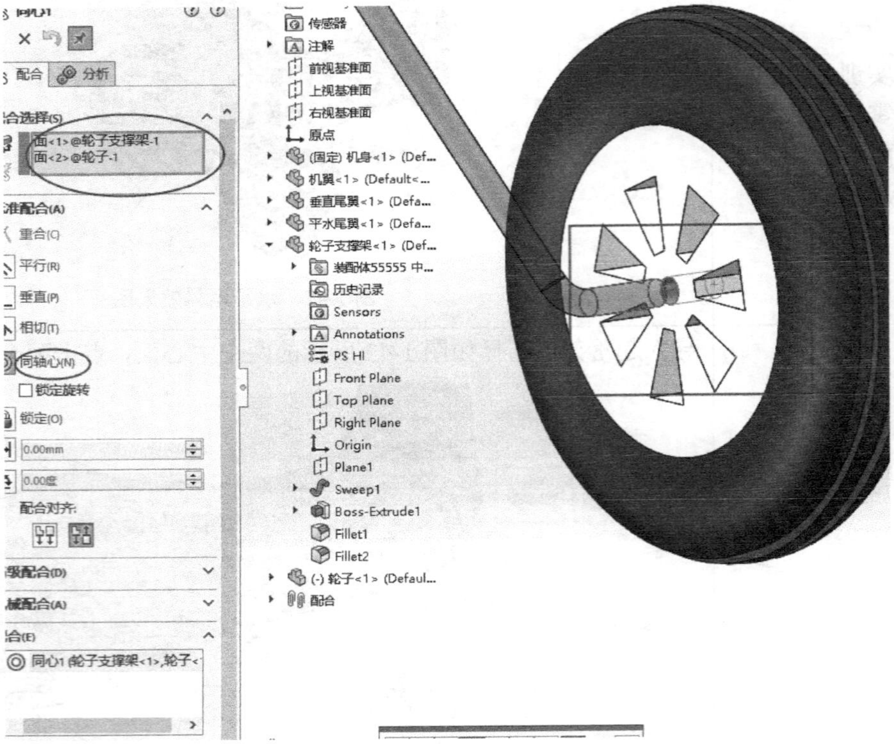

实训步骤 7，零件导入，装配轮子

图 1-45 装配轮子和轮子支撑架

选择如图 1-46 所示的两个平面，配合方式选择重合。

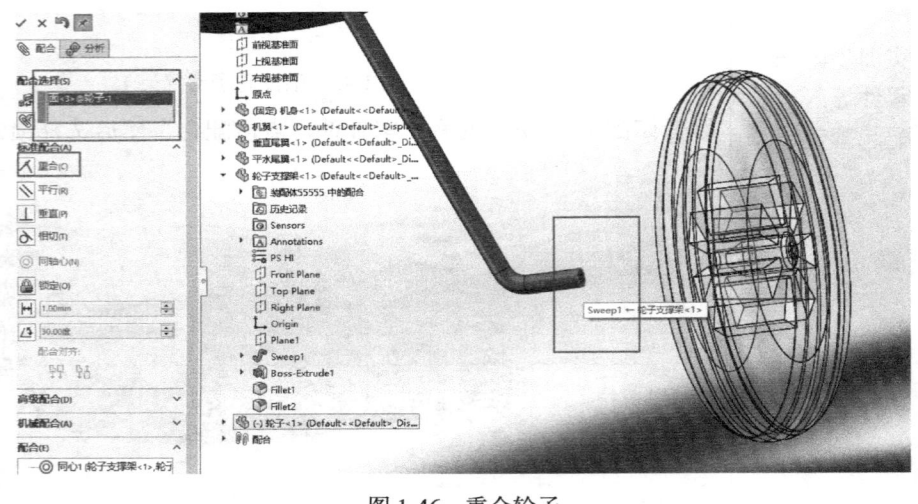

图 1-46 重合轮子

实训步骤 8，安装电机	选择如图 1-47 所示的两个曲面，配合方式选择同轴心。 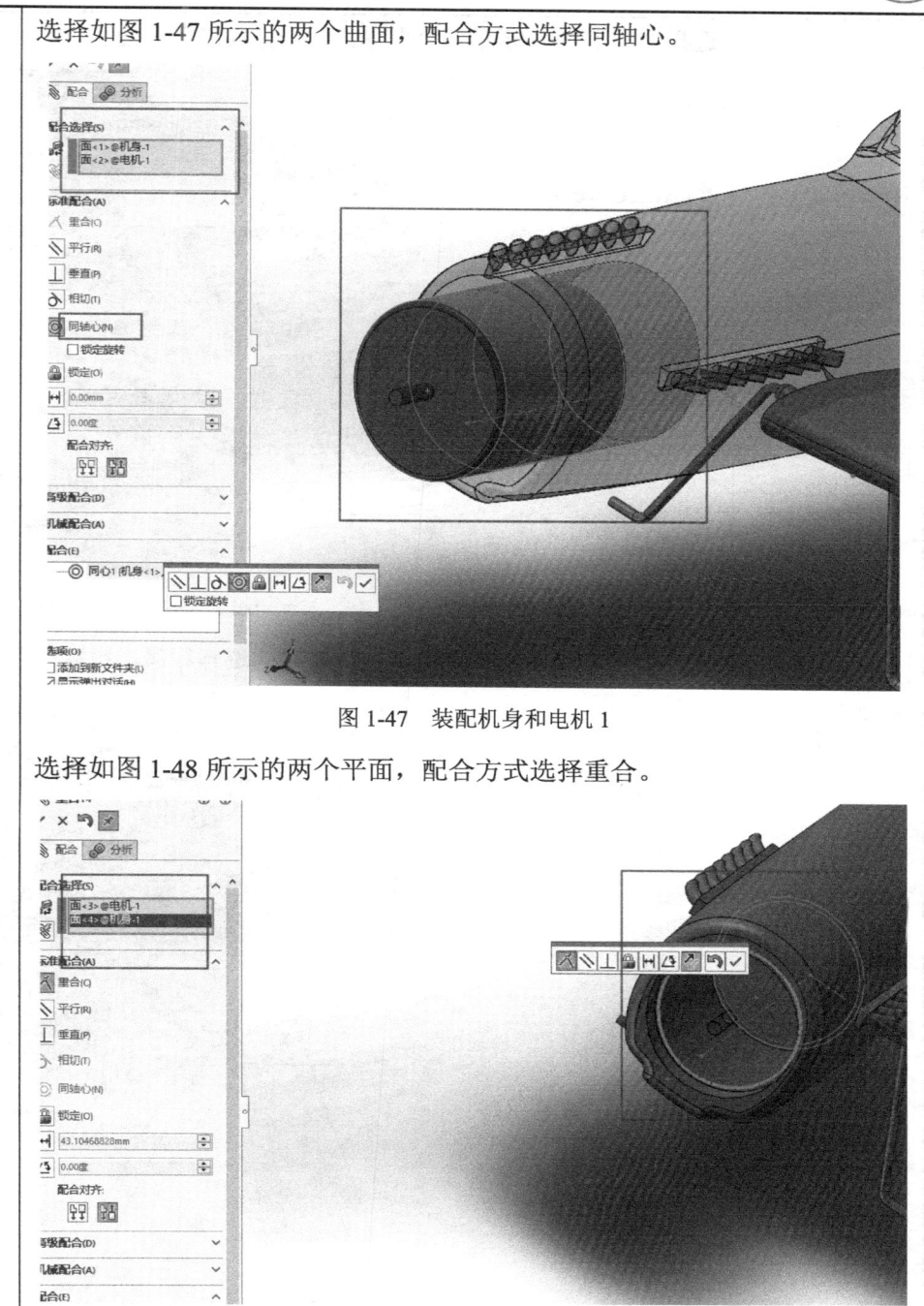 图 1-47 装配机身和电机 1 选择如图 1-48 所示的两个平面，配合方式选择重合。 图 1-48 装配机身和电机 2

实训步骤 9，安装桨叶

选择如图 1-49 所示的两个曲面，配合方式选择同轴心。

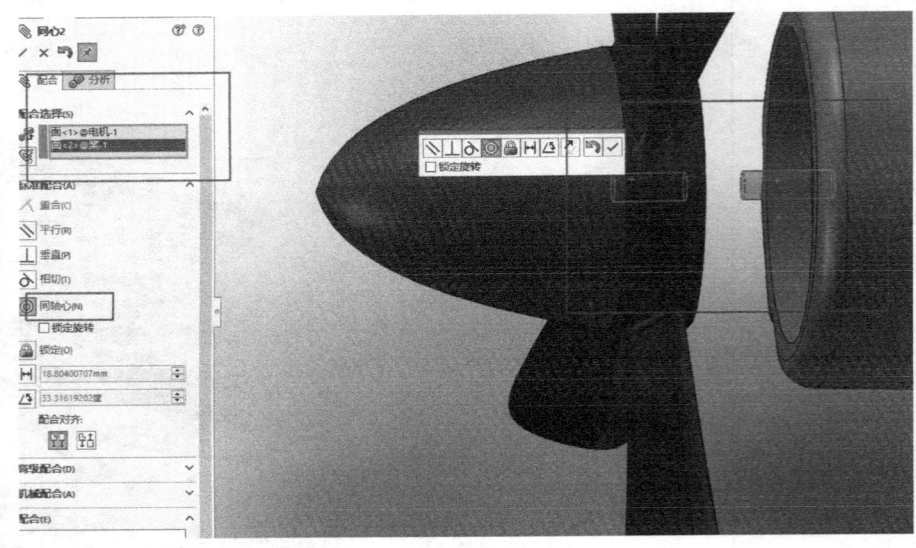

图 1-49　装配电机和桨叶 1

选择如图 1-50 所示的两个面，配合方式选择距离，参数设置为 2.00 mm。

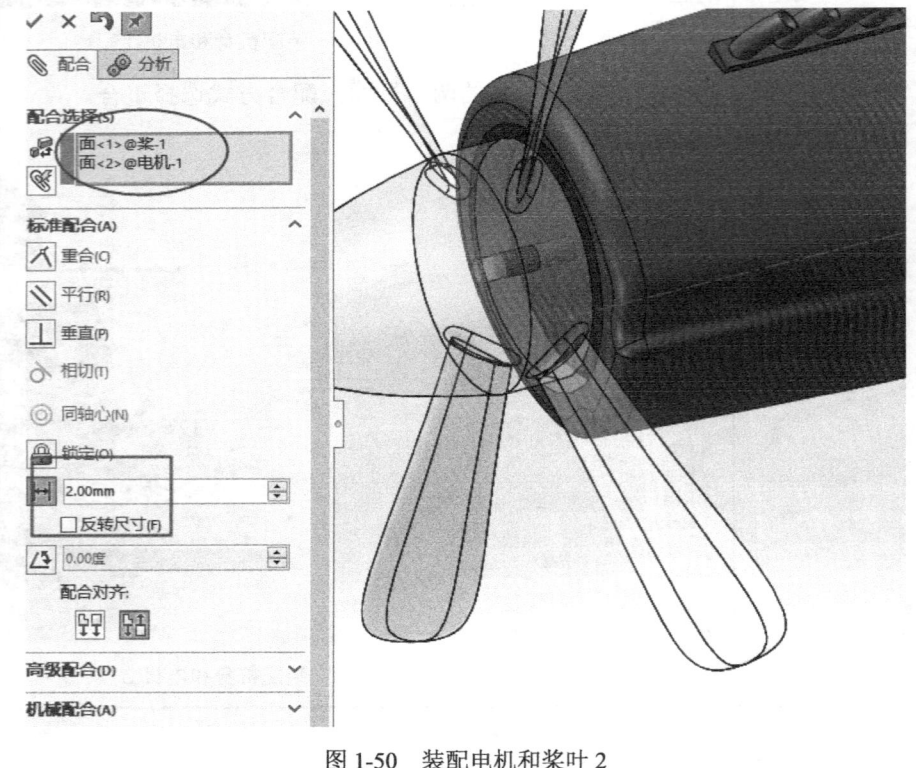

图 1-50　装配电机和桨叶 2

点击镜向零部件，如图 1-51 所示，选择基准面（机身纵面），点击要镜向的零部件：主机翼、水平尾翼和轮子，如图 1-52 所示。

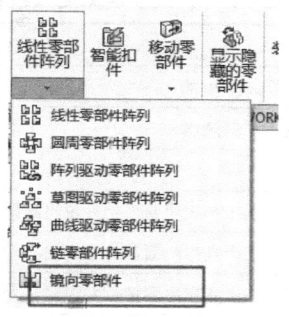

图 1-51　镜向零部件

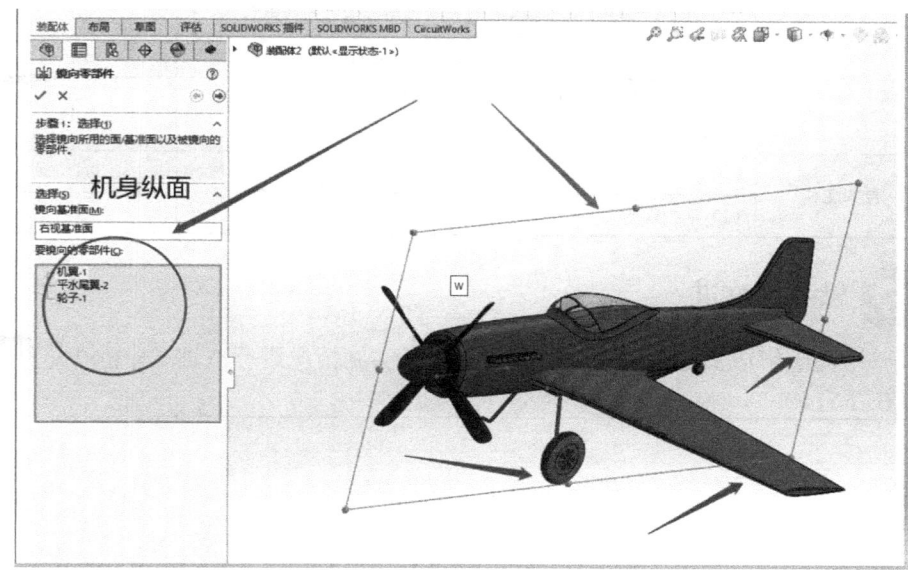

图 1-52　选择基准面和要镜像的零件

完成镜像，P-51 野马固定翼无人机虚拟装配效果图如图 1-53 所示。

图 1-53　P-51 野马固定翼无人机虚拟装配效果图

实训步骤 10，镜像

请根据任务完成情况填写表 1-2。

表 1-2　认识固定翼无人机结构实训任务评价单

姓名：		分数：	
考 核 内 容		配　分	得　分
职业素养	(1) 设备、工具及材料清点	10	
	(2) 操作安全	10	
操作规范	(1) 在固定翼无人机上指出机身部位并说出其材质	10	
	(2) 在固定翼无人机上指出机翼部位并说出其功用	10	
	(3) 在固定翼无人机上指出尾翼部位并说出其功用	10	
	(4) 在固定翼无人机上指出垂尾部位并说出其功用	10	
	(5) 在固定翼无人机上指出起落装置部位并说出其功用	10	
	(6) 在固定翼无人机上指出动力装置可安装的位置并说出其功用	10	
	(7) 在固定翼无人机上指出飞控系统部位可安装的位置并说出其功用	10	
结束工作	(1) 清点工具和设备	5	
	(2) 清扫现场	5	

思考与改进

请与小组成员进行讨论，针对本次任务实施情况进行点评、分析和总结，并将改进意见填写在下方。

课后习题

1. 电动动力系统主要由动力电机、动力电源和（　　）组成。
   A. 电池　　　　　　　　B. 调速系统　　　　　　　　C. 无刷电机
2. （　　）航空器平台结构通常包括机翼、机身、尾翼和起落架等。
   A. 单旋翼　　　　　　　B. 多旋翼　　　　　　　　　C. 固定翼
3. 相较于传统直升机，多轴的劣势是（　　）。
   A. 速度　　　　　　　　B. 载重能力　　　　　　　　C. 悬停能力
4. 相较于传统直升机，多轴最大的优势是（　　）。
   A. 气动效率高　　　　　B. 载重能力强　　　　　　　C. 结构与控制简单

项目二　无人机装调工具与材料

知识目标

认识无人机装调的常见工具和材料。

技能目标

能选择合适的无人机装调工具和材料。

素质目标

学会整理实训器材，养成良好的工作习惯。

2.1　无人机装调操作安全注意事项

在无人机装调过程中，经常会用到各种用电设备、仪器和电动工具，如示波器、直流电源、电烙铁和手电钻等。在操作过程中，要特别注意各种用电设备的安全操作，具体要求如下。

（1）认识了解电源总开关，学会在紧急情况下关断总电源。

（2）用电设备使用完毕后应拔掉电源插头，插拔电源插头时不要用力拉拽电线，以防止电线的绝缘层受损导致触电。若电线的绝缘皮剥落，应及时更换新线或者用绝缘胶布包好。

（3）发现有人触电要设法及时关断电源，或者用干燥的木棍等物体将触电者与带电的电器分开，不要直接用手救人。如触电者神智昏迷、停止呼吸，应立即进行人工呼吸，或马上送医院进行紧急抢救。

（4）避免用手或导电物（如铁丝、钉子、别针等金属制品）接触、探试电源插座内部；不触摸没有绝缘的线头；发现裸露的线头时，要及时与维修人员联系。

（5）使用插座的地方要保持干燥，避免用湿手触摸电器或用湿布擦拭电器。发现电器周围漏水时，应立即停止使用并通知维修人员进行绝缘处理，等漏水排除后再恢复使用。避免在潮湿的环境（如浴室）中使用电器，避免电器淋湿、受潮或在水中浸泡，以免漏电造成伤亡。

（6）不要在一个多口插座上同时使用多个电器，确保用电不超过电线、断路器允许的负荷能力。增设大型电器时，应经过专业人员检验同意，不得私自更换大断路器，以免失去保护作用而引起火灾。

（7）不要将插座电线缠绕在金属管道上，电线延长线不可经由地毯或挂在挂有易燃物的墙上，也不可搭在铁床上。

无人机组装与调试

（8）电器插头务必插牢，确保紧密接触，避免松动导致发热。

（9）若在使用电器过程中发生跳闸，应首先拔掉电源插头，然后联系维修人员查明跳闸原因，并检查电器故障，而后确定是否可以继续使用，以确保安全。

（10）遇到雷雨天气时，应停止使用电器，防止遭受雷击。长期搁置不用的电器容易因受潮或受腐蚀而损坏，在重新使用前需要认真检查。购买电器产品时，要选择有质量认定的合格产品。同时，要及时淘汰老化的电器，严禁电器超期服役。

（11）不要随意拆卸、安装电源线路、插座和插头等。

（12）不要破坏楼内安全指示灯等公用电器设备。

（13）发现电线断落时，千万不要靠近，要及时报告有关专业部门进行维修。当发现电气设备断电时，要及时通知维修人员抢修。

（14）当电器烧毁或电路超负载时，通常会出现冒烟、冒火花、发出奇怪的响声、导线外表过热，甚至烧焦产生刺鼻的怪味等异常现象。此时应立刻切断电源，检查用电器和电路，并联系维修人员处理。

2.2 无人机装调工具认知

一、无人机装调工具安全使用常识

无人机装调工具使用注意事项详见表 2-1。

表 2-1 无人机装调工具使用注意事项

使 用 前	使 用 中	使 用 后
应熟知工具的特点、性能和使用方法；应检查工具，确保工具具有良好的使用状况	对暂时不用的工具，存放位置要得当，应放在专用的工具袋或工具盒中，安放应平稳，使其不易脱落伤人；传递工具时，不要抛掷；传递带锋利刃口的工具时，要把柄部朝向接受工具的人	应检查工具使用状况，保持工具的良好状态；遵守实验室规章制度，归还工具并放置在指定位置

如图 2-1 所示是 2 套无人机装调工具，主要包括电装和工装两类。接下来将对这两类工具进行详细介绍。

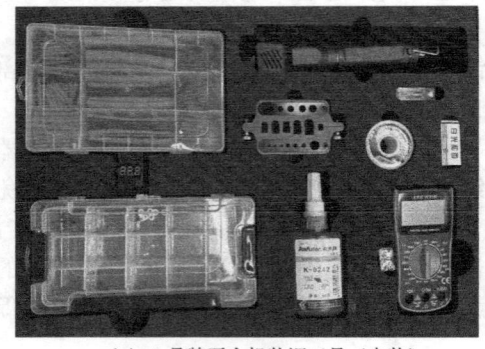
（a）A 品牌无人机装调工具（电装）

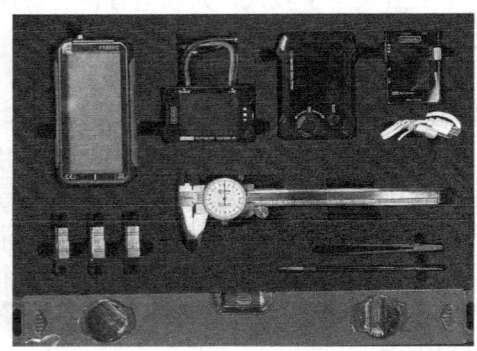
（b）B 品牌无人机装调工具（电装）

图 2-1 无人机装调工具

项目二 无人机装调工具与材料

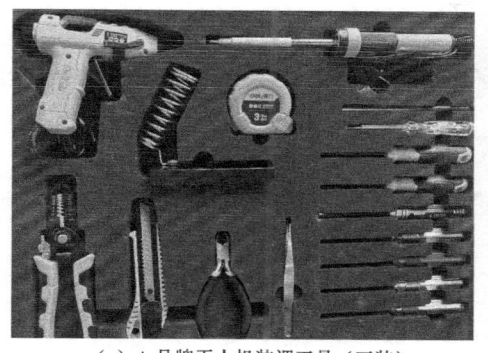
（c）A 品牌无人机装调工具（工装）

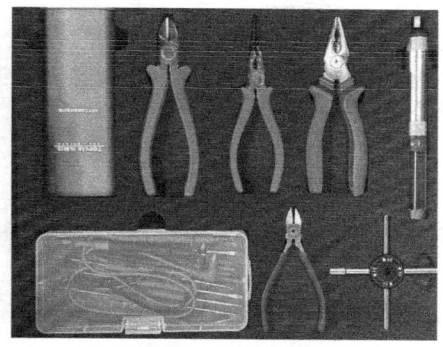
（d）B 品牌无人机装调工具（工装）

图 2-1 无人机装调工具（续）

二、常见的工装类无人机装调工具

1. 螺丝刀

螺丝刀，也称螺丝批，是一种用于拧转螺丝以使其就位的常用工具，如图 2-2 所示。它通常配有一个薄楔形头，可插入螺丝钉头的槽缝或凹口内，主要分为一字和十字两类。此外，常见的还有六角螺丝刀，包括内六角和外六角两种。螺丝刀套件在无人机生产流程中主要用于紧固零件的螺丝或螺母，如图 2-3 所示。

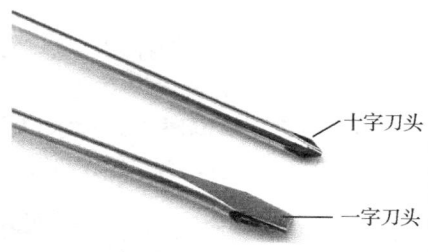

图 2-2 螺丝刀

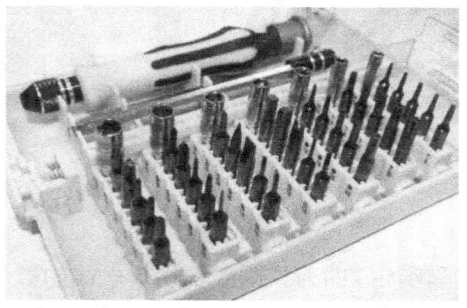

图 2-3 螺丝刀套件

使用方法：

将螺丝刀特化形状的端头对准螺丝的顶部凹坑，再根据规格标准，顺时针方向旋转以嵌紧，逆时针方向旋转则为松出（极少数情况下方向相反）。

注意事项：

使用时应注意选择与螺钉槽相同且大小规格相应的螺丝刀；切勿将螺丝刀当作錾子使用，以免损坏螺丝刀手柄或刀刃。

2. 十字套筒扳手

十字套筒扳手是一种利用杠杆原理拧转螺栓、螺钉、螺母和其他螺纹紧持螺栓或螺母的，具有开口和套孔固件的手工工具，如图 2-4 所示。在无人机装配过程中，当螺母端或螺栓端完全低于被连接面，且凹孔的直径不适合使用开口扳手、活动扳手或梅花扳手时，就会用到十字套筒扳手。

使用方法：

根据螺栓或螺母的尺寸选用合适的套筒头，沿螺纹旋转方向在柄部施加外力拧转螺栓或螺母。

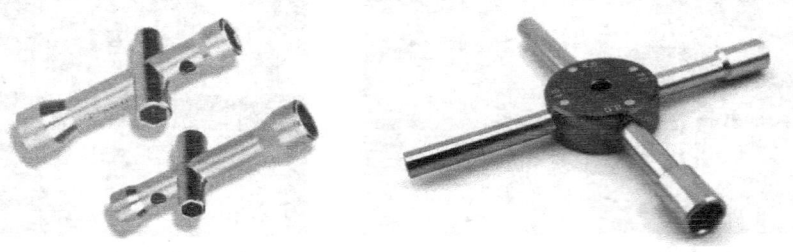

图2-4　十字套筒扳手

3．内六角扳手

内六角扳手通过扭矩施加对螺丝的作用力，大大降低了使用者的用力强度，如图2-5所示。内六角螺丝与一字、十字螺丝刀在使用时的受力方式不一样：一字和十字螺丝刀需要人用轴向力压住螺丝再拧，容易损坏螺丝头；而内六角螺丝则只需将内六角扳手插入螺丝头后施加旋转力即可，不易打滑，且能够拧得更紧。因此，在受力较大的地方，一般采用内六角螺丝进行连接。

4．斜口钳（斜嘴钳）和水口钳

从外观上来看，斜口钳（斜嘴钳）的钳头厚实，而水口钳的钳头则薄而锋利，如图2-6所示。

图2-5　内六角扳手

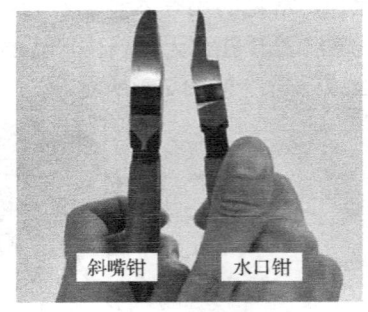

图2-6　斜口钳（斜嘴钳）和水口钳

斜口钳（斜嘴钳）的刀口既能剖切软电线的橡皮或塑料绝缘层，也能用于切剪电线和铁丝。斜口钳（斜嘴钳）在无人机生产流程中主要用于剪裁电线，其刀口还可用于刨切软电线的绝缘外层。

使用方法：

使用钳子时，通常用右手操作。将钳口朝内侧，便于控制钳切部位，同时用小指伸入两钳柄中间，以抵住钳柄，张开钳头。

注意事项：

使用钳子时要量力而行，不可将钳子用于剪切钢丝、钢丝绳和过粗的铜导线和铁丝，否则可能导致钳子崩牙和损坏。

水口钳是一种机械工具，常在制作模型时使用，用于剪断塑料或金属的连接部位，相较于用手拧更加省时省力。剪钳的形状像剪子，但其头部比普通的剪子更小、更厚，类似钳子头的后半部分。水口钳也用于剪断线材和剥电线，在无人机生产流程中主要用于剪裁电线。

5．剥线钳

剥线钳是电工、修理工和仪器仪表电工常用的工具之一，如图2-7所示。它用于剥除电线头部的表面绝缘层,使电线被切断的绝缘皮与电线分开。剥线钳的塑料手柄还能有效防止触电。

6．小型台钳

小型台钳又称虎钳、台虎钳,是用于夹持和固定工件的一种工具,使用范围广泛,如图 2-8 所示。它通常安装在钳工台上,以钳口的宽度为标定规格,常见规格为 75～300 mm。小型台钳因其体积小、重量轻,可以在多种场合使用,如工作台、办公桌等。在无人机装调时可以用它来夹紧碳管和碳纤维板,以进行简单的加工,也可以夹持电子元器件,以方便焊接。

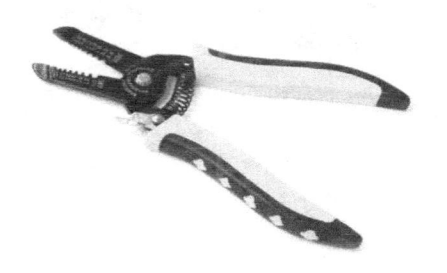

图 2-7　剥线钳 　　　　　　　　图 2-8　小型台钳

7．锉刀

在手工制作和加工零件时,如桌面机床加工、锯削加工、钻孔加工后,会残留锋利的毛刺,若不去除,容易割伤人或电线,碳纤维的材质结构(编织状)也容易被损坏。因此,必须用锉刀将棱角打磨平整。常用的锉刀有什锦锉和普通锉,如图 2-9 所示。

8．手电钻

手电钻是手工制作和维修的必备工具,可用于钻孔、攻螺纹、拧螺丝等,常用的手电钻有充电式手电钻和 220 V 插电式手电钻两种。

图 2-9　锉刀

9．游标卡尺

游标卡尺是一种测量长度、内外径、深度的量具,如图 2-10 所示。它由主尺和附在主尺上能滑动的游标两部分构成。游标卡尺的主尺和游标上有两副活动量爪,分别是内测量爪和外测量爪。内测量爪通常用来测量内径,外测量爪通常用来测量长度和外径。在无人机生产流程中,游标卡尺主要用于测量电机直径、直升机十字盘中的球头,以及拉杆的长度,其使用方法如图 2-11 所示。

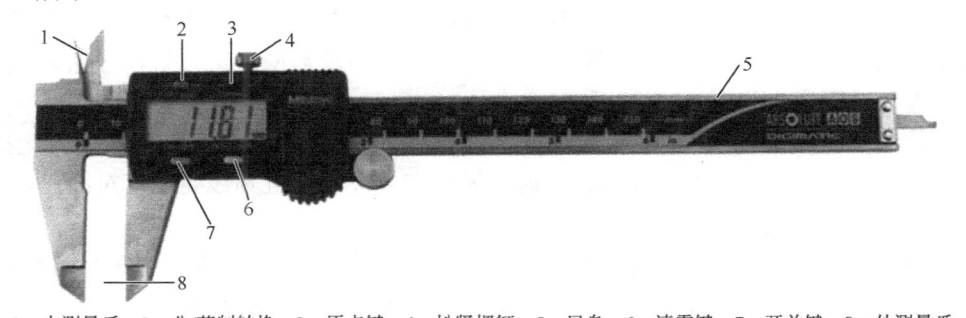

1—内测量爪；2—公/英制转换；3—原点键；4—松紧螺钉；5—尺身；6—清零键；7—开关键；8—外测量爪

图 2-10　游标卡尺

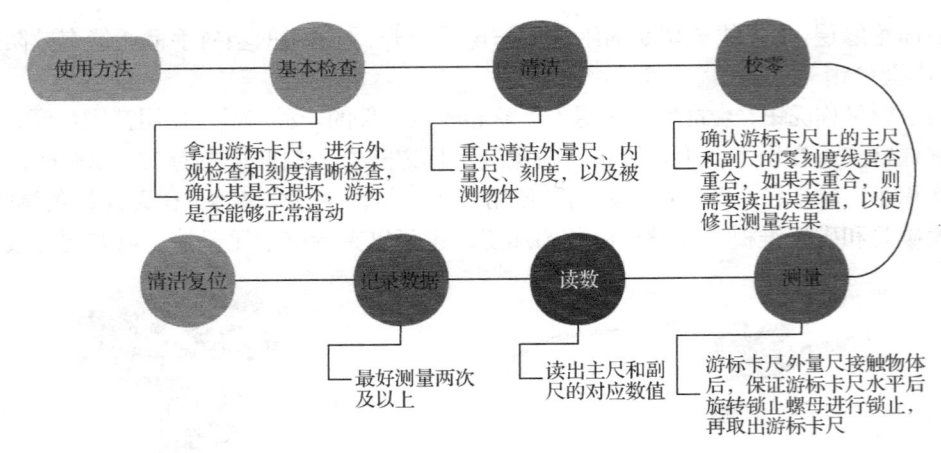

图 2-11　游标卡尺的使用方法

注意事项：
(1) 误差的潜在原因

使用游标卡尺测量时，多种因素都会导致产生误差，主要包括视差、卡尺不符合阿贝原理引起的误差、卡尺和工件之间的温度差异引起的不同热膨胀，以及刀刃爪的厚度和在测量小孔直径的过程中的量爪之间的间隙所带来的影响。虽然还有其他误差因素，如刻度的准确性、参考边缘垂直度、主叶片的刻度平整度和量爪的方形度等，但这些因素都包含在仪器的误差公差范围内。因此，只要游标卡尺在仪器的误差公差范围内，这些因素都不会造成问题。

(2) 外尺寸测量

当使用量爪的根部或尖端进行测量时，需要特别小心，因为在这种情况下可能会发生较大误差。不要使用游标卡尺来测量粗糙的物体，外尺寸测量方法如图 2-12 所示。

(3) 内尺寸测量

测量前，量爪应尽可能深地插入工件内部，使量爪尽量多地接触被测面。在内尺寸测量期间，读取最大的显示值；在沟槽宽度测量期间，读取最小的显示值。

(4) 处理

游标卡尺的量爪很锐利，因此必须小心处理，避免造成人身伤害。同时，避免损坏数显卡尺的刻度，不要刻入识别号码或使用电笔留下其他信息。此外，要轻拿轻放，避免游标卡尺与硬物相碰或掉在凳子或地板上而损坏卡尺。

(5) 使用前检查和设置原点

在外爪之间夹紧一张干净的纸，然后慢慢地拉出。在使用游标卡尺之前，关闭尖端并确保游标刻度（或显示器）归零。当使用游标卡尺时，替换电池后应复位（置零按钮）。游标卡尺使用前检查和设置原点如图 2-13 所示。

测量前应把游标卡尺揩干净，检查游标卡尺的两个测量面和测量刃口是否平直无损，把两个量爪紧密贴合时，应无明显的间隙，同时，游标和主尺的零位刻线要相互对准。

(6) 使用后的处理

使用完游标卡尺后，应彻底擦去水和油，然后用防腐油轻轻地涂抹，晾干后再存储。对于防水型游标卡尺，为了防止使用后生锈，也需要擦去游标卡尺上的水分。

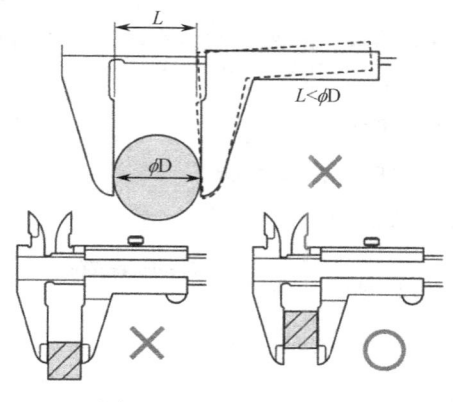

图 2-12　外尺寸测量方法

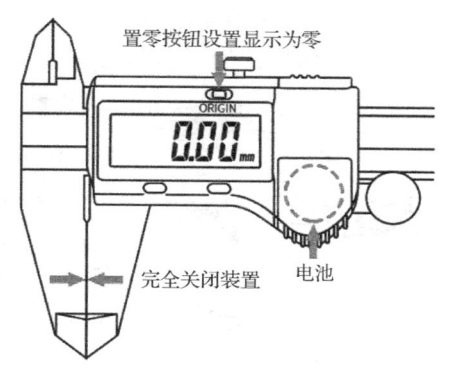

图 2-13　游标卡尺使用前检查和设置原点

（7）储存注意事项

避免阳光直射、高温、低温和高湿度环境，同时避免与刃具放在一起，不使用时应将游标卡尺置于干燥中性的地方，远离酸碱性物质，防止锈蚀。如果数显卡尺超过三个月不用，入库前应卸下电池。在储存期间，不要让游标卡尺的外量爪完全封闭。

10．镊子

镊子是用于夹取块状药品、金属颗粒、毛发、细刺及其他细小物品的工具，如图 2-14 所示。在无人机生产流程中，镊子可用于夹持导线、元件及集成电路引脚等。

使用方法及注意事项：用大拇指和食指夹住镊子，使镊子后柄位于掌心，视需要可加上中指。注意不要太用力，以避免手发抖。

图 2-14　镊子

三、常见的电装类无人机装调工具

1．电烙铁

电烙铁是电子制作和电器维修过程中的必备工具，主要用途是焊接元件及导线。电烙铁在无人机生产流程中主要用于锡焊，将导线、电子元器件引脚与印制电路板连接在一起。按机械结构不同，分为外热式电烙铁和内热式电烙铁；按功能不同，分为无吸锡电烙铁和吸锡式电烙铁；按用途不同，分为大功率电烙铁和小功率电烙铁。选用电烙铁时，主要根据功率大小和电烙铁头的形状来决定。

使用方法：

（1）右手持电烙铁，左手用尖嘴钳或镊子夹持元件或导线。焊接前，电烙铁要充分预热。电烙铁头刃面上要"吃锡"，即带上一定量的焊锡；

（2）将电烙铁的头刃面紧贴在焊点处，电烙铁与水平面大约呈 60°角，将电烙铁头在焊点处停留的时间控制在 2~3s；

（3）抬开电烙铁头，左手仍持元件不动。待焊点处的锡冷却凝固后，再松开左手；

（4）用镊子转动引线，以确认其不松动，随后可用斜口钳（斜嘴钳）剪去多余的引线。

使用电烙铁时的注意事项如图 2-15 所示。

从本质上讲，焊台也是电烙铁的一种，它是随电子焊接技术的发展，为满足更高要求而出现的新型焊接工具，如图 2-16 所示。从外观上看，其最明显的区别是多了一个调温台；从性能上看，焊台的主要区别在于其温度控制精准、升温快。将风枪和焊台组合在一起的设备被称为风枪焊台一体机，如图 2-17 所示。

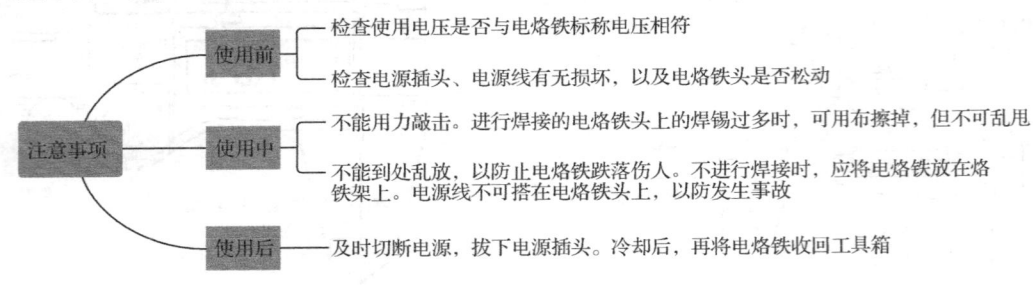

```
                ┌─ 使用前 ─┬─ 检查使用电压是否与电烙铁标称电压相符
                │         └─ 检查电源插头、电源线有无损坏，以及电烙铁头是否松动
                │
                │         ┌─ 不能用力敲击。进行焊接的电烙铁头上的焊锡过多时，可用布擦掉，但不可乱甩
  注意事项 ─────┤ 使用中 ─┤
                │         └─ 不能到处乱放，以防止电烙铁跌落伤人。不进行焊接时，应将电烙铁放在烙
                │            铁架上。电源线不可搭在电烙铁头上，以防发生事故
                │
                └─ 使用后 ─── 及时切断电源，拔下电源插头。冷却后，再将电烙铁收回工具箱
```

图 2-15　使用电烙铁时的注意事项

2. 热风枪

热风枪，亦称热风台或热风拆焊台，是一种利用发热电阻丝的枪芯吹出的热风来进行元件安装与拆卸的工具，如图 2-18 所示。热风枪在无人机生产流程中主要用于焊接或拆卸电路板上的电子元器件，以及固定网管。

图 2-16　焊台　　　　　图 2-17　风枪焊台一体机　　　　　图 2-18　热风枪

热风枪的安装方法和拆卸方法如图 2-19 和图 2-20 所示。

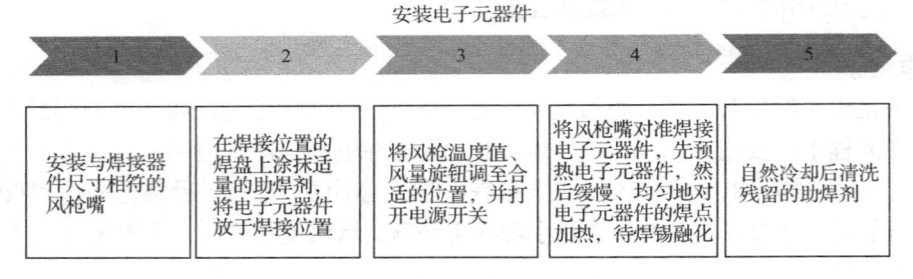

安装电子元器件

1	2	3	4	5
安装与焊接器件尺寸相符的风枪嘴	在焊接位置的焊盘上涂抹适量的助焊剂，将电子元器件放于焊接位置	将风枪温度值、风量旋钮调至合适的位置，并打开电源开关	将风枪嘴对准焊接电子元器件，先预热电子元器件，然后缓慢、均匀地对电子元器件的焊点加热，待焊锡融化	自然冷却后清洗残留的助焊剂

图 2-19　热风枪的安装方法

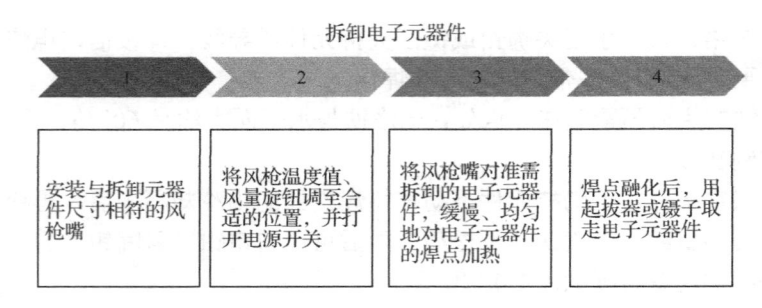

拆卸电子元器件

1	2	3	4
安装与拆卸元件尺寸相符的风枪嘴	将风枪温度值、风量旋钮调至合适的位置，并打开电源开关	将风枪嘴对准需拆卸的电子元器件，缓慢、均匀地对电子元器件的焊点加热	焊点融化后，用起拔器或镊子取走电子元器件

图 2-20　热风枪的拆卸方法

使用热风枪时的注意事项如图 2-21 所示。

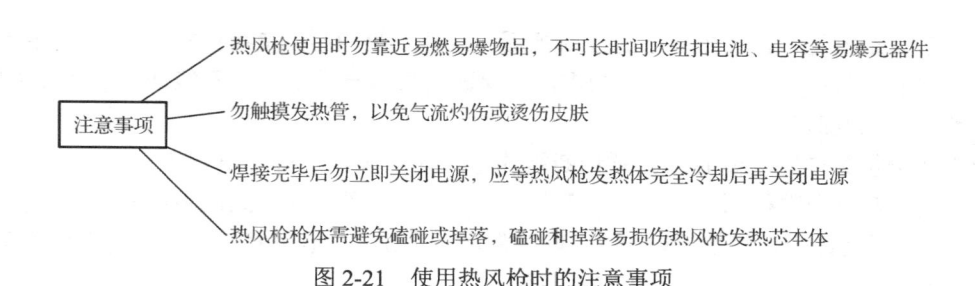

注意事项
- 热风枪使用时勿靠近易燃易爆物品，不可长时间吹纽扣电池、电容等易爆元器件
- 勿触摸发热管，以免气流灼伤或烫伤皮肤
- 焊接完毕后勿立即关闭电源，应等热风枪发热体完全冷却后再关闭电源
- 热风枪枪体需避免磕碰或掉落，磕碰和掉落易损伤热风枪发热芯本体

图 2-21　使用热风枪时的注意事项

3．吸锡器

吸锡器是一种用于修理电器的工具，其主要用途为收集拆卸焊盘电子元器件时融化的焊锡，如图 2-22 所示。它分为手动和电动两种。

使用方法：

（1）把吸锡器的活塞向下压至卡住；

（2）用电烙铁加热焊点至焊料熔化；

（3）如果一次未能吸干净，可重复操作多次；

（4）在移开电烙铁的同时，迅速将吸锡器的咀贴上焊点，并按动吸锡器的按钮。

图 2-22　吸锡器

4．万用表

万用表的主要功能是测量交/直流电压、电阻和直流电流等，如图 2-23 所示。功能较多的万用表还可测量交流电流、电容、三极管放大倍数和频率等。万用表一般分为数字式万用表和机械式万用表两类。在无人机生产流程中，万用表主要用于检测焊接的电路是否存在短路情况。此外，在无人机组装与调试、维修过程中，万用表还经常用于测量锂电池电压、飞控电源输入电压、电调 BEC 电压、摄像头电压、图传电压、线路通断和分电板分电情况等。

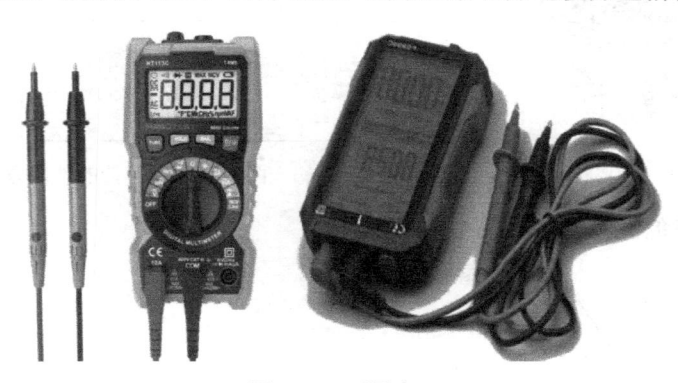

图 2-23　万用表

操作规程：

（1）在使用万用表前，应熟悉其各项功能，并根据被测量的对象正确选用档位、量程及表笔插孔；

（2）在被测数据大小不明时，应先将量程开关置于最大值，然后从大量程向小量程切换，使仪表指针指示在满刻度的 1/2 以上处即可；

（3）在测量电阻时，选择适当的倍率档后，将两表笔相碰，使指针指在零位，如指针偏离零位，应调节"调零"旋钮，使指针归零，以保证测量结果准确。如不能调零或数显表发出低电压报警，则应及时进行检查；

（4）在测量某电路电阻时，必须切断被测电路的电源，不得带电测量；

（5）使用万用表进行测量时，要注意人身和仪表设备的安全。测试中不得用手触摸表笔的金属部份，也不允许带电切换档位开关，以确保测量准确，并避免发生触电和烧毁仪表等事故。

使用万用表时的注意事项如图2-24所示。

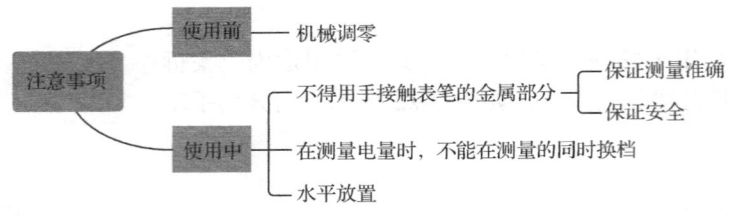

图2-24 使用万用表时的注意事项

5. 功率计

功率计是用于测量电功率的仪器，如图2-25所示，一般特指在直流和低频技术中用于测量功率的仪器。在无人机生产流程中，功率计主要用于校准无人机内电流计，以确保无人机电量计算准确。

功率计的使用方法如图2-26所示。

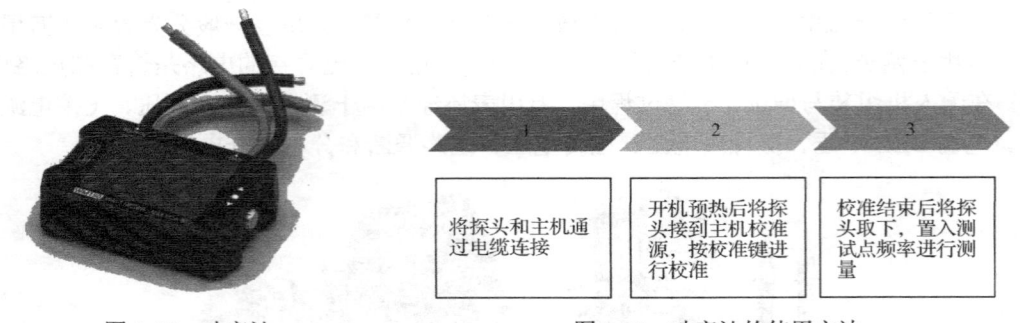

图2-25 功率计

图2-26 功率计的使用方法

使用功率计时的注意事项如图2-27所示。

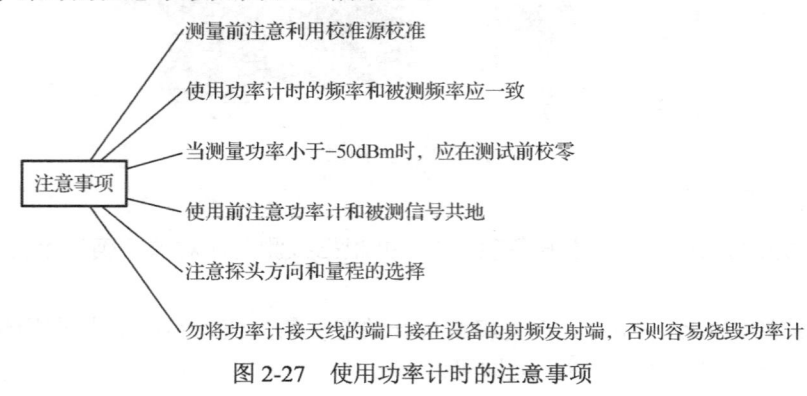

图2-27 使用功率计时的注意事项

6．舵机测试器

舵机测试器主要用于检测舵机的虚位、抖动和中位，也可用于测量无刷电机的接线和转向的对应关系，如图 2-28 所示。舵机测试器是专门用来测试舵机的仪器，其输出的信号为 50 Hz 低占空比的 PWM 波，这一信号同样适用于控制电调。在无人机生产流程中，舵机测试器主要用于测试舵机号、电机转向和电调等。

特点：

（1）方便检测并设定服务器的虚位、抖动和中位；

（2）可连接三组舵机或电调，具有单片机控制性强、稳定性好、精度高的特点。通过旋转旋钮即可检测舵机；

（3）如果连接电子调速器（有刷和无刷均可），则可摆脱遥控设备进行手动调速，这对于检测调速器和马达的性能非常实用，省去了繁琐地连接遥控器和接收机等步骤。

7．桨平衡器

螺旋桨安装在无人机上进行高速旋转，转速高达数万转。如果桨的平衡性不好，会影响飞行的平稳性，产生振动、噪声等。因此，桨的动平衡和静平衡都非常重要，良好的静平衡是实现动平衡的基础。桨平衡器被用来检测桨的静平衡。理想的静平衡状态是桨在任意角度均能自行静止。如果某桨在静止时总是一边"下沉"，则应找出该桨两侧的差异，并进行修正、再试，直到达到合格标准。

8．热熔胶枪

热熔胶枪是一款非常方便快捷的粘胶工具，如图 2-29 所示。其相较于液体胶水的最大优势在于粘固的速度快、效率高，而其缺点是胶体较重，对于一些对起飞重量有严格要求的无人机而言不太适合。热熔胶枪在无人机生产流程中主要用于临时固定无人机装配的组件，其使用方法参考图 2-30。

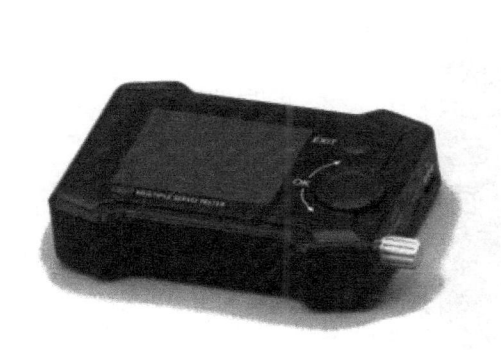

图 2-28　舵机测试器　　　　　　图 2-29　热熔胶枪

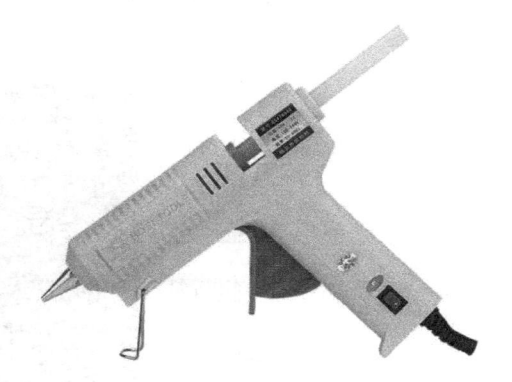

注意事项：

（1）使用时，将胶棒推至导管顶端，避免导管隔空加热；

（2）插上电源预热 1～3min，枪嘴温度较高，切勿用手触摸；

（3）在使用过程中，将热熔胶枪平稳放置，以防止倒胶；

（4）当胶棒快用完时，从枪尾插入新胶棒，使其与原胶棒接触后即可继续使用，切勿从进胶口拉出胶条。

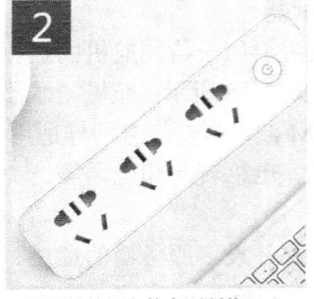

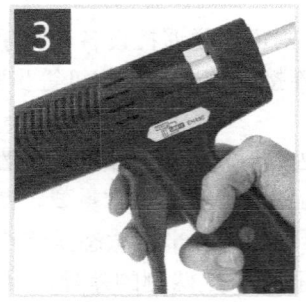

图 2-30　热熔胶枪的使用方法

9. 数显可调直流稳压电源

数显可调直流稳压电源（如图 2-31 所示）采用高频调制技术，其工作原理是通过将开关电源的电压和电流展宽，实现电压和电流的大范围调节，同时扩大了直流电源供应器的应用领域。

在无人机生产流程中，数显可调直流稳压电源主要用于提供电源进行测试。

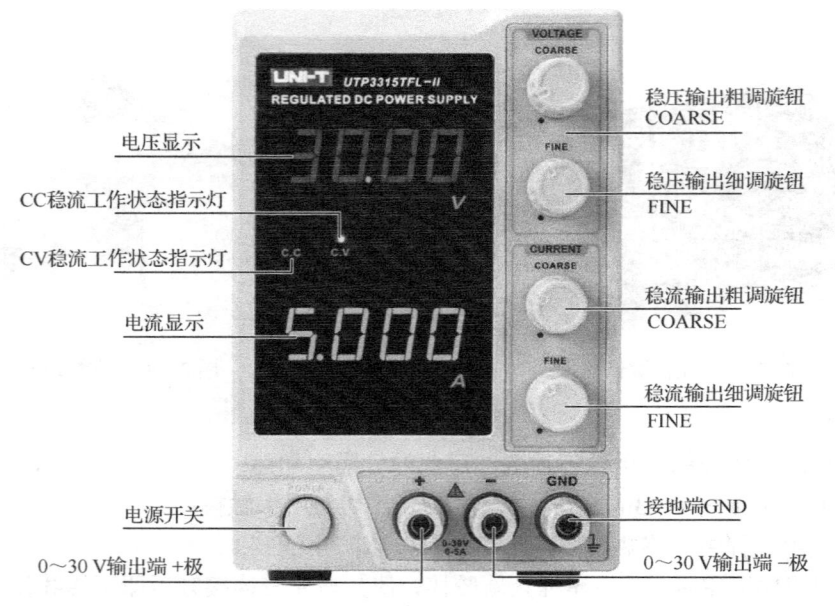

图 2-31　数显可调直流稳压电源

数显可调直流稳压电源的使用展示如图 2-32 所示。

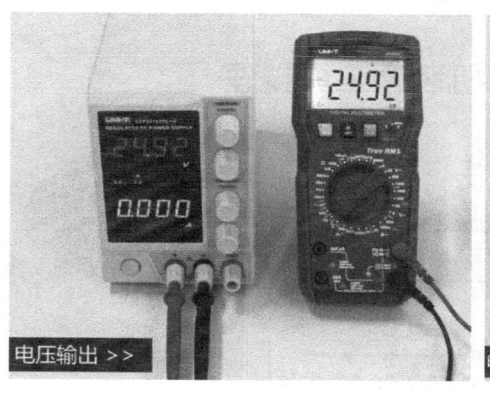

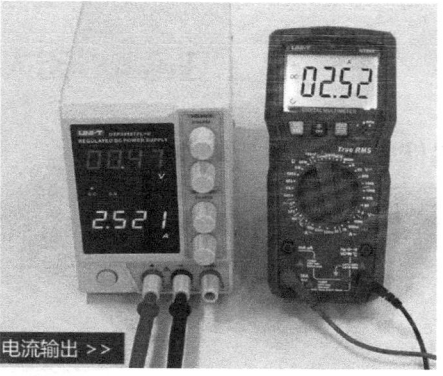

图 2-32 数显可调直流稳压电源的使用展示

10．DS213 手持小型示波器

DS213 手持小型示波器是一种利用示波管来显示电信号波形的测量仪器，它是应用最广泛的仪器之一，如图 2-33 所示。该示波器不仅可以用来观察信号的波形，还可以测量信号的电压、频率、周期等参数。在无人机生产流程中，DS213 手持小型示波器主要用于测量供电噪声、观察 PWM 信号等波形。

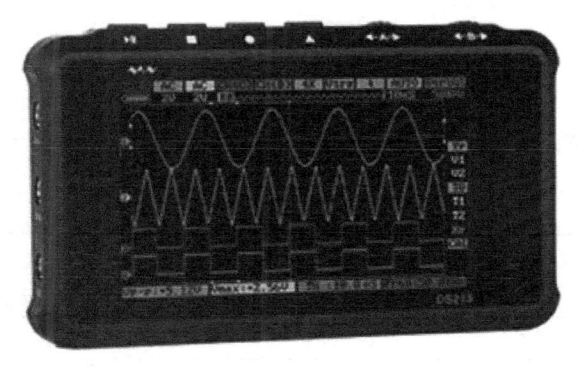

图 2-33 DS213 手持小型示波器

DS213 手持小型示波器的主要功能为测量信号波形，同屏显示波形参数；测量交/直流电压、电阻、电容，检测通断状态，以及测试二极管。DS213 手持小型示波器的通道说明如图 2-34 所示。

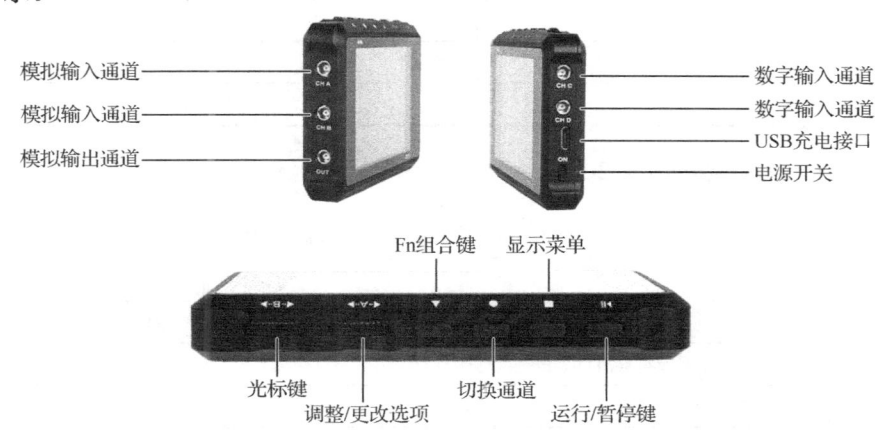

图 2-34 DS213 手持小型示波器的通道说明

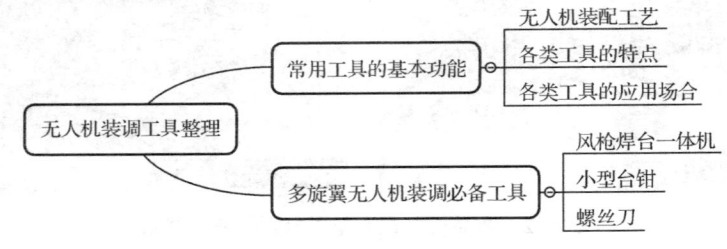

任务 1　无人机装调工具整理

无人机装调工具整理如图 2-35 所示。

图 2-35　无人机装调工具整理

任务描述

请根据学习内容，与小组成员共同挑选一套多旋翼无人机的组装调试工具，并利用这套工具完成无人机装调的一些基本操作。

任务实施

根据小组讨论、分析、归纳的结果，生成任务报告单，详见表 2-2。

表 2-2　任务报告单

序　号	工　具　名　称	用　　途
1		
2		
3		
……		

请根据任务完成情况填写表 2-3。

表 2-3　无人机装调工具使用实训任务评价

姓名：		分数：	
考　核　内　容		配　分	得　分
职业素养	（1）设备、工具及材料清点	5	
	（2）操作安全	5	

续表

考核内容		配 分	得 分
操作规范	（1）用斜口钳（斜嘴钳）剪一根长约 20 cm 的导线，并用剥线钳在其一端剥去绝缘层	10	
	（2）用小型台钳夹紧香蕉插头的一端，将剥去绝缘层的导线从香蕉插头的另一端伸入	10	
	（3）用电烙铁焊接香蕉插头，并用万用表测量焊接好的香蕉插头的导通性	10	
	（4）用锂电池测电器测量无人机锂电池的单芯电压和总电压	10	
	（5）用游标卡尺测量电机的直径大小	10	
	（6）用内六角扳手将电机安装在无人机机架上	10	
	（7）检测电机安装是否水平	10	
	（8）用气吹的方法对电机或飞控电路板进行清尘去灰处理	10	
结束工作	（1）清点工具和设备	5	
	（2）清扫现场	5	

思考与改进

请与小组成员进行讨论，针对本次任务实施情况进行点评、分析和总结，并将改进意见填写在下方。

2.3 无人机装调材料认知

1. 碳纤维、玻纤维、塑料、铝合金、轻木

在组装无人机时要选取适合的材料，如碳纤维、玻纤维、塑料、铝合金、轻木等。铝合金一般用于一些连接件，如管夹、折叠脚架等；轻木则常用于固定翼无人机。多旋翼无人机主要采用碳纤维、玻纤维和塑料等。

2. 泡沫板、碳纤维复合材料

泡沫板多用于小型固定翼无人机，其具有重量轻、制作简单、相对耐摔、容易修复等特点，如图 2-36 所示。根据材料的不同，泡沫板可分为 KT 板、EPO 板、EPS 板和 EPP 板等；根据发泡放大比例（发泡后的体积相较于发泡前的增大倍数）的不同，泡沫板可分为低发泡（15 倍以下）到高发泡（40 倍以上）不等。放大倍数越小，材料的硬度越高、韧性越差。

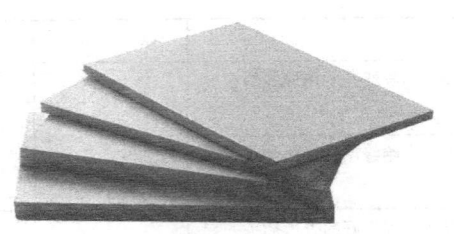

(a) 泡沫板原材料　　　　　　　(b) 泡沫板制成的小型固定翼无人机

图 2-36　泡沫板

碳纤维复合材料主要是由碳元素组成的一种特殊纤维，其含碳量因种类不同而有所差异，一般都在 90%以上。碳纤维复合材料如图 2-37 所示。

3. 香蕉插头

香蕉插头，简称香蕉头，成对使用，如图 2-38 所示。其中，一头凸出的为公头，一头下凹的为母头，它是一种快速插拔的电源接头。其主要参数包括直径大小和允许通过的电流大小。根据直径的不同，香蕉插头有多种型号可供选择：2.0 mm、3.0 mm、3.5 mm、4.0 mm、5.5 mm、6.0 mm、8.0 mm。

图 2-37　碳纤维复合材料

4. XT60 插头、XT90 插头

XT60 插头中的接头采用的是 3.5 mm 的香蕉插头。其外壳端部的一边为直边，另一边为斜边，这种设计可以防止正负极接反。XT60 插头通常用作电源接头，成对使用，其中，一头凸出的为公头，一头下凹的为母头。各种插头可以自由焊接以实现转接，如 XT60 插头和 T 插头的转接头。XT90 插头和 XT60 插头的外观相似，只是尺寸稍大，其内部的香蕉插头为 4.5 mm。XT60 插头、XT90 插头如图 2-39 所示。

图 2-38　香蕉插头 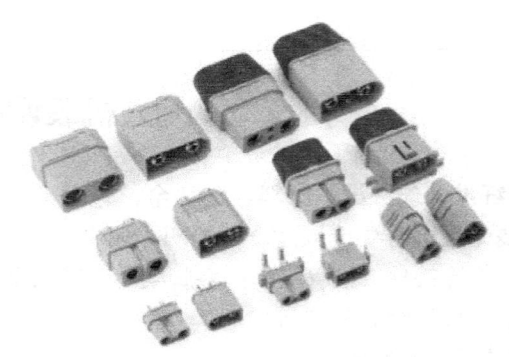　　　　　　　图 2-39　XT60 插头、XT90 插头

5. 杜邦线

杜邦线有各种型号，既有单独一根一根的，也有组合在一起的，如图 2-40 所示。无人机中常用的有 3 根组合的 3P 杜邦线，主要用于飞控和电调的连接、接收机的连接等。

6. XH2.54/2S 3S 4S 5S 6S 硅胶线平衡充接头

XH2.54 硅胶线平衡充接头主要用于锂电池的平衡充电，如图 2-41 所示。XH2.54 后的 2S

表示其有两块电芯,共 3 根线,其中包含 1 根地线;3S 电池则共 4 根线,以此类推。

图 2-40　杜邦线

图 2-41　XH2.54 硅胶线平衡充接头

7. AWG 硅胶线

AWG 硅胶线的特点包括耐高温、线身柔软有弹性、绝缘性能好等,如图 2-42 所示。在无人机装配中,常用作主电源线。其型号根据粗细来命名,型号的数字越大,表示线越细。例如,26AWG 的线径为 0.14 mm^2,而 24AWG 的线径为 0.2 mm^2。

8. 热熔胶

热熔胶需配合上文提到的热熔胶枪使用,如图 2-43 所示。它是一种具有可塑性的、无毒无味的绿色环保胶粘剂。在一定温度范围内,热熔胶的物理状态随温度的变化而变化,但其化学特性保持不变。热熔胶可用于粘接塑料、电气元配件和泡沫板等材料。

图 2-42　AWG 硅胶线

图 2-43　热熔胶

9. 纤维胶带、液体泡沫胶、双面泡沫胶

纤维胶带是泡沫板固定翼无人机常用的胶带,如图 2-44(a)所示。它的主要特点是便携,能够在户外飞行的时候对损坏的无人机表面进行快速修补。液体泡沫胶一般是指液体的、专门用来粘接泡沫板的胶,如图 2-44(b)所示。双面泡沫胶主要用于粘接各种电子元件,如图 2-44(c)所示。

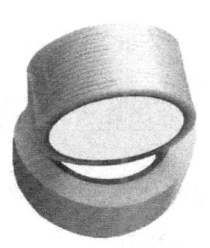

(a)纤维胶带　　　　(b)液体泡沫胶　　　　(c)双面泡沫胶

图 2-44　粘胶

10. 尼龙扎带

尼龙扎带具有良好的耐酸性、耐腐蚀性和绝缘性，不易老化且承受力强，如图2-45所示。其操作温度为-20℃至+80℃（尼龙-66）。尼龙扎带可用于无人机装调过程中的导线捆扎和固定、零配件的固定等。尼龙扎带具有绑扎快速、绝缘性好、自锁禁固、使用方便等特点。

11. 魔术扎带

魔术扎带，又名魔术贴束线带或粘扣带扎带，如图2-46所示。它与普通的扎带有所不同：普通的扎带设计有止退功能，只能越扎越紧；而魔术扎带采用魔术贴制作原理，一面是细小柔软的纤维，另一面则是较硬的像小毛爪的结构，能反复粘贴，主要用于电池的固定。

12. 魔术贴

魔术贴，也称"魔术粘""魔鬼沾""魔鬼毡"或"尼龙搭扣"，是一种纤维紧固物，如图2-47所示。其原理和魔术扎带一样，在无人机装调时，可用于粘贴需要频繁装拆的物品，如电池、U-BOX等。

图2-45 尼龙扎带

图2-46 魔术扎带

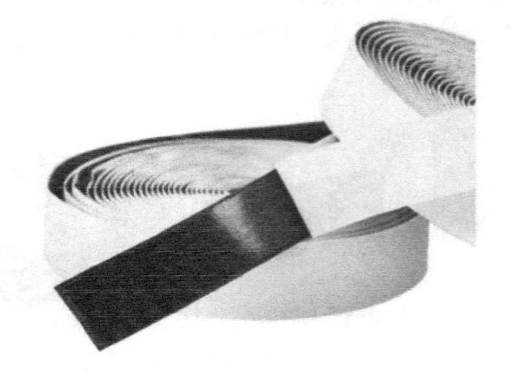

图2-47 魔术贴

13. 焊锡

焊锡是在焊接线路中用于连接电子元器件的重要工业原材料，广泛应用于电子工业、家电制造业、汽车制造业、维修业和日常生活中，是电子行业中必不可少的材料，如图2-48所示。焊锡的规格主要根据其直径来确定。

14. 热缩管

热缩管是一种特制的聚烯烃材质（也可称为EVA材质）热收缩套管，如图2-49所示。其具有高温收缩、柔软阻燃、绝缘防蚀等功能。它被广泛用于各种线束、焊点、电感的绝缘保护，以及金属管、棒的防锈、防蚀处理。热缩管的主要选择依据是其内孔直径大小和收缩率。

15. 螺栓、螺母、螺钉

螺栓在机械制造中广泛应用于可拆卸连接，通常与螺母（往往再加上一个或两个垫圈）配套使用，如图2-50（a）所示。螺母与螺栓相配使用，由于无人机在飞行过程中会产生震动，为防止螺母松动，通常采用防松螺母，如图2-50（b）所示。螺钉通常单独（有时会加上垫圈）使用，主要起紧固或紧定作用，应拧入机体的内螺纹。自攻螺钉如图2-50（c）所示。

图 2-48　焊锡　　　　　　　　　　　　图 2-49　热缩管

（a）螺栓　　　　　　　（b）防松螺母　　　　　　（c）自攻螺钉

图 2-50　螺栓、螺母、螺钉

16．尼龙柱/隔离柱、铝柱、铜柱

尼龙柱/隔离柱采用优质的尼龙新料加工而成，具有无毒、质轻、优良的机械强度、耐磨性和较好的耐腐蚀性，主要用于固定和隔离电路板和零件，如图 2-51（a）所示。铝柱和铜柱分别采用铝合金或铜制作，如图 2-51（b）和（c）所示。它们硬度高，相较于尼龙柱/隔离柱更加牢固可靠，但是重量相对较重，其主要作用也是固定和隔离电路板和零件。

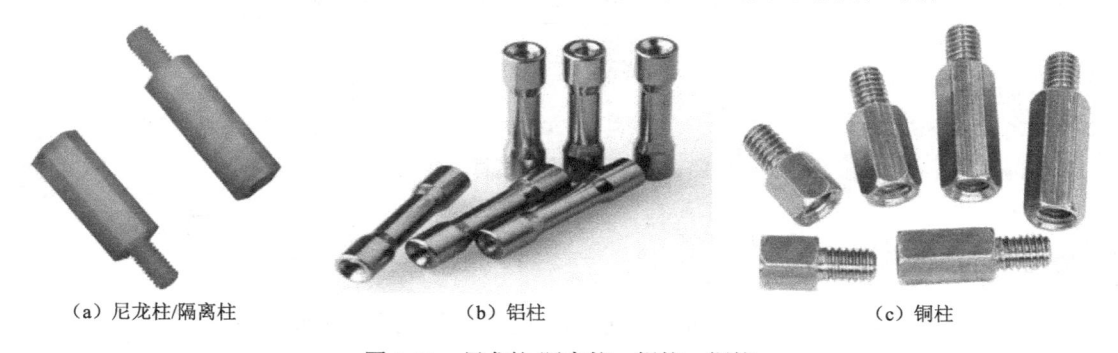

（a）尼龙柱/隔离柱　　　　　　　（b）铝柱　　　　　　　　　（c）铜柱

图 2-51　尼龙柱/隔离柱、铝柱、铜柱

17．低电量报警器（BB 响）

低电量报警器（BB 响），简称电压显示器，主要具备两个功能：电压显示和低压报警，如图 2-52 所示。它适用于 1～8 S 的锂电池检测，能够自动检测锂电池每个电芯的电压和总电压，并支持反向连接保护。它可以随时了解电池的工作状态，使电池不会因为过放电或过充电而受损。当电压低于设定值时，蜂鸣器就会响起，且红色 LED 灯会闪烁。

18．减振器

无人机在飞行过程中会产生振动，如果飞控和机架之间是刚性连接，则这些振动会传递给

无人机组装与调试

飞控，进而影响其内部的各种传感器，导致飞控对当前的飞行情况做出误判，从而形成恶性循环，加剧振动，影响飞行。一些飞控内部已经内置了减振器，大大降低了振动对传感器的影响。除了飞控使用减振器，航拍无人机的云台也需要安装减振器。减振器主要由玻纤维或碳纤维，以及减振球制作而成，如图2-53所示。

图 2-52　低电量报警器（BB 响）　　　　图 2-53　减振器

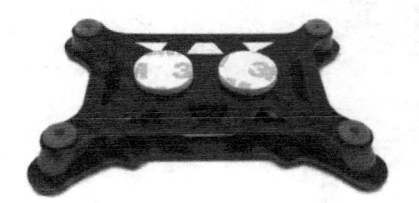

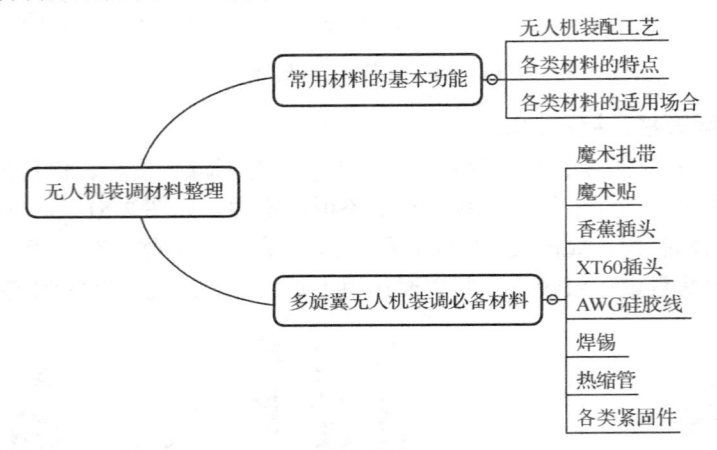

任务2　无人机装调材料整理

无人机装调材料整理如图2-54所示。

无人机装调材料整理
- 常用材料的基本功能
  - 无人机装配工艺
  - 各类材料的特点
  - 各类材料的适用场合
- 多旋翼无人机装调必备材料
  - 魔术扎带
  - 魔术贴
  - 香蕉插头
  - XT60插头
  - AWG硅胶线
  - 焊锡
  - 热缩管
  - 各类紧固件

图 2-54　无人机装调材料整理

📋 任务描述

请根据本学习内容，与小组成员共同挑选一套多旋翼无人机的组装调试材料。

🖌 任务实施

根据小组讨论、分析、归纳的结果，生成任务报告单，详见表2-4。

表 2-4　任务报告单

序　号	材　料　名　称	用　　途
1		
2		

续表

序 号	材 料 名 称	用　　途
3		
……		

思考与改进

请与小组成员进行讨论，针对本次任务实施情况进行点评、分析和总结，并将改进意见填写在下方。

课后习题

1. 在组装无人机时要选取适合的材料，如碳纤维、玻纤维、塑料、铝合金和轻木等。铝合金一般用于一些连接件，如管夹、折叠脚架等，轻木则常用于 _____ 无人机。碳纤维、玻纤维和塑料等主要用于 _____ 无人机。

2. AWG 硅胶线的特点包括耐高温、线身柔软有弹性、绝缘性能好等。在无人机装配中，AWG 硅胶线常用作主电源线。其型号根据粗细来命名，型号数字越大，表示线越 _____。

3. 低电量报警器（BB 响），简称电压显示器，主要具备两个功能：电压显示和 _____。

项目三　无人机装配工艺

知识目标

认识无人机常见的装配工艺。

技能目标

能正确并安全地使用无人机装调工具和材料进行装配。

素质目标

学会整理实训器材，养成良好的工作习惯。

课程思政

请阅读以下教学案例，结合本项目所学习的专业知识和技能，从社会主义核心价值观、民族精神和创新思维等方面，按照"三全育人"的要求，分析案例中所蕴含的社会责任感、民族自信和创新思维等思政元素。

> 徐丁丁从业41年来，始终坚定前行在中国航空螺旋桨系统研发的道路上。他是中国航空螺旋桨系统研发领域的专家，主持研制了多种型号的运输机、预警机，以及国产大型灭火/水上救援水陆两栖飞机"鲲龙"AG600的螺旋桨系统。
>
> 多年来，他持续跟踪分析国外航空螺旋桨系统的前沿技术，主持制定了我国航空螺旋桨系统的发展规划，编写了多项论证方案和设计方案，立志为我国螺旋桨飞机提供高效率、高可靠性、低噪声和重量轻的优质螺旋桨。
>
> 他带领团队成员绘制并修改了千余张图纸，在经历了数千次的图纸修改、几万次的数据核对，以及数不清的模拟实验后，这款六叶复合材料的螺旋桨终于研发成功。它被装配在飞机上，飞向了万众瞩目的阅兵式上空，使中国成为继美国、英国、俄罗斯之后第4个能够制造大型复合材料航空螺旋桨的国家。
>
> 2020年11月24日，徐丁丁走进人民大会堂，被授予"全国劳动模范"荣誉称号。

3.1　机械装配工艺

常见的机械装配工艺包括以下几种。

1. 铆接

铆接是一种不可拆卸的连接方式，它在近代无人机所采用的铝合金薄壁结构中，是应用最为广泛的连接方式。然而，由于无人机目前较多地使用复合材料，因此铆接方式应用较少。

普通铆接的铆接过程：制作铆孔—放铆钉—铆接，如图 3-1 所示。

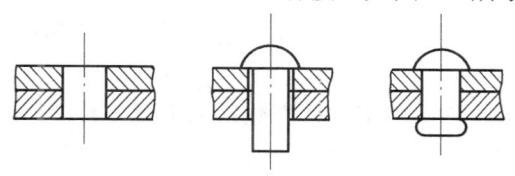

图 3-1　普通铆接的铆接过程

2. 螺纹连接

螺纹连接是无人机装配中的主要连接方式之一，它具有强度高、可靠性好、构造简单、安装方便，以及易于拆卸的特点。

（1）普通螺栓连接

普通螺栓连接是最基础且应用最广泛的螺纹连接方式，如图 3-2 所示。它能够承受较大载荷，安装方便，适用于组件连接、接头连接和部件连接。

（2）螺钉连接

螺钉连接通过螺钉与基体上的螺纹孔进行连接，且以被连接件上的螺纹孔代替螺母，这种连接方式适用于安装通路不畅的特殊结构。其工艺过程与普通螺栓连接基本相同，如图 3-3 所示。

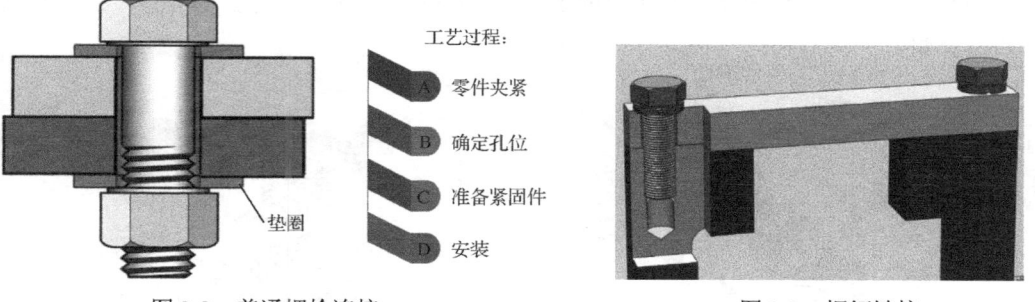

图 3-2　普通螺栓连接

图 3-3　螺钉链接

任务 1　认识螺旋桨

螺旋桨的基本情况如图 3-4 所示。

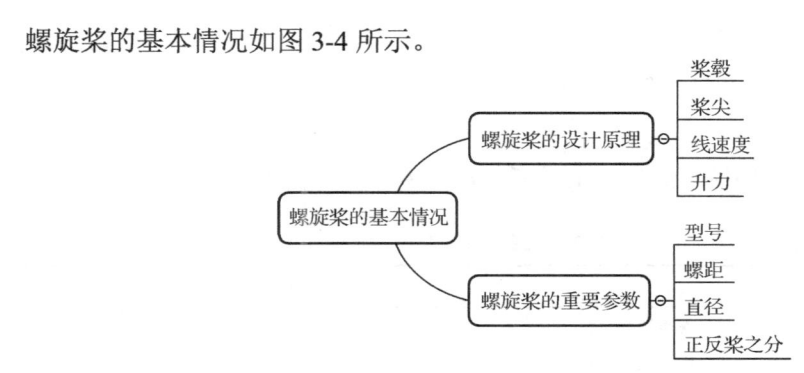

图 3-4　螺旋桨的基本情况

无人机组装与调试

知识要点

多旋翼无人机多采用定距螺旋桨,即桨距是固定的。该螺旋桨安装在无刷电机上,通过电动机旋转带动螺旋桨旋转。

螺旋桨的外形设计:从桨毂到桨尖的半径逐渐增大,线速度也逐渐增大($v=r\omega$),而升力保持一致。

螺旋桨的型号:通常用形如"XXXX"型数字来表示,其中,前两位数字表示螺旋桨的直径,后两位数字表示螺旋桨的螺距,单位均为英寸(in)。这里的螺距是指桨叶旋转一圈时,在旋转平面上移动的距离。此外,螺旋桨型号也常用"X×Y"型数字来表示,其中,X 表示螺旋桨的直径,Y 表示螺旋桨的螺距,单位均为英寸(in)。需要注意的是,1 in 约等于 25.4 mm。

正反桨之分:从多旋翼上方观察(俯视/顶视),螺旋桨有正反桨之分。正桨是指按逆时针方向旋转的螺旋桨,而反桨是指按顺时针方向旋转的螺旋桨。

自测题

请判断图 3-5 所示的 F450 无人机是正桨还是反桨?

任务描述

请与小组成员一起找出图 3-6 所示的 F450 无人机各个螺旋桨的正确转向,并判断它们是正桨还是反桨。

图 3-5　F450 无人机 1　　　　　　　图 3-6　F450 无人机 2

任务实施

根据小组讨论、分析、归纳的结果,生成任务报告单,详见表 3-1。

表 3-1　任务报告单

序　号	任 务 名 称	任　务　报　告
1	识别螺旋桨	螺旋桨参数: 螺旋桨长度: 螺旋桨螺距: 螺旋桨材质:

续表

序 号	任务名称	任务报告
2	拆下螺旋桨	顺时针旋转的螺旋桨为 _____ 桨; 逆时针旋转的螺旋桨为 _____ 桨; 正桨有 _____ 只,反桨有 _____ 只
3	检查螺旋桨	螺旋桨的状态(有无破损、故障等):

思考与改进

请与小组成员进行讨论,针对本次任务实施情况进行点评、分析和总结,并将改进意见填写在下方。

课程思政

请阅读以下教学案例,结合本项目所学习的专业知识和技能,从社会主义核心价值观、民族精神和创新思维等方面,按照"三全育人"的要求,分析案例中所蕴含的社会责任感、民族自信和创新思维等思政元素。

> 刘芳,特级技师,是中国运载火箭技术研究院的高级技能专家,同时也是北京航天万源科技有限公司的技能领军人才。她从事航天电子产品无线电装接工作17年,期间获得了4项国家级奖项和6项省部级奖项。她还先后荣获北京市政府技师特殊津贴、中央企业技术能手,以及第三届"北京大工匠"等荣誉称号。
>
> 从职校大专生到特级技师,再到创立刘芳劳模创新工作室,并成为北京航天万源科技有限公司的领军人才,这17年来,刘芳始终坚守在航天生产一线,圆满完成了载人航天、探月探火等多项重点型号的高密度复杂军工电子产品的装配任务。
>
> 刘芳所从事的无线电装接工作,搭建的是火箭的"神经"与"脉络",她需要焊接的芯片往往只有指甲盖儿大小。可以说,成败就在"毫厘"之间。她会针对每一道工序反复总结、提炼技术,想尽办法提高产品质量和生产效率。她不仅练就了"巴掌大空间巧布千根导线""盲装百根金针,一根也不歪""点一下就准的袖珍焊点"等多项绝活,还承担起多项国家重点型号重点产品的"打版"任务。

3.2 电气装配工艺

1. 锡焊基本知识

锡焊是一种使金属连接在一起的方法,主要用于将导线、电子元器件引脚与印制电路板连接起来。这一焊接过程要同时满足机械连接和电气连接两个目的,其中,机械连接起到固定作用,而电气连接则起到电气导通作用。在电子元器件及各类接插头的生产装配中,锡焊技术被广泛应用。

手工焊接中的锡焊原理是通过加热的电烙铁将固态焊锡丝加热熔化,再借助助焊剂的作用,使熔化的焊锡流入被焊金属之间,待冷却后形成牢固可靠的焊接点。锡焊是通过润湿、扩散和冶金结合这三个物理、化学过程来完成的,整个过程中被焊件未受到任何损伤。放大1000倍的焊点剖面如图3-7所示。

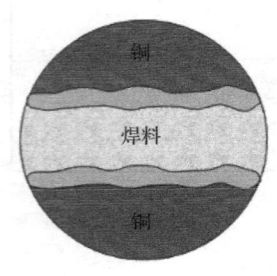

图3-7 放大1000倍的焊点剖面

2. 焊接材料

(1) 锡铅合金焊料

焊锡是连接电子元器件与线路板之间的介质,在电子线路的安装和维修中经常使用。焊锡主要由锡和铅两种金属按一定比例熔合而成,其中,锡所占的比例稍高。

纯锡为银白色,有光泽,且富有延展性,在空气中不易氧化,它的熔点为232℃。锡能与大多数金属熔合形成合金。但纯锡的材料呈脆性,为了增加材料的柔韧性并降低焊料的熔点,必须加入另一种金属与锡熔合,以改善锡的性能。

(2) 助焊剂

助焊剂在焊接工艺中能帮助和促进焊接过程。助焊剂的主要作用有以下几点。

① 破坏金属氧化膜,使焊锡表面清洁,从而有利于焊锡浸润和焊点合金的生成。
② 能覆盖在焊料表面,防止焊料或金属继续氧化。
③ 增强焊料和被焊金属表面的活性,降低焊料的表面张力。
④ 焊料和焊剂相熔,可增加焊料的流动性,进一步提升了浸润能力。
⑤ 能加快热量从烙铁头向焊料和被焊物表面传递。
⑥ 合适的助焊剂还能使焊点更加美观。

助焊剂分为无机类、有机类和树脂类三大类。在电子产品的焊接中,使用比例最大的是松香,即树脂类助焊剂。

使用松香作为助焊剂时应注意,松香反复加热使用后会碳化发黑,此时将失去助焊作用,并可能影响焊点质量。此外,在温度达到600℃时,松香的绝缘性能下降,焊接后的残留物对发热电子元器件会产生较大的危害。目前,普遍使用氢化松香,这是一种高活性松香,性能更加稳定,助焊作用也更强。

(3) 阻焊剂

在浸焊和波峰焊过程中,要求焊料只能在规定的焊点上进行焊接,而其他不需要焊接的区域则需要进行隔离。这需要通过阻焊剂来实现,阻焊剂是一种耐高温的涂料。

阻焊剂主要覆盖在印刷板的板面上,起到保护作用,防止印刷电路板受到热冲击或机械损伤。同时,它还能防止短路、虚焊等情况发生,有效提高了焊接效率和质量。

3. 手工焊接技术

(1) 电烙铁的握法

电烙铁要拿稳对准,通常有三种握法,如图3-8所示,具体选择哪种握法需根据实际的焊接情况来确定。

① 反握法:用五指将电烙铁的柄握在手掌内,这种握法适用于大功率电烙铁,特别适合

焊接散热量大的被焊件。

② 正握法：适用于使用较大的电烙铁，弯形烙铁头一般也用此握法。

③ 握笔法：用握笔的方式握电烙铁，这种握法适用于小功率电烙铁，特别适合焊接散热量小的被焊件。

（2）焊锡丝的拿法

焊锡丝一般有两种拿法：连续锡丝拿法和断续锡丝拿法，如图 3-9 所示。

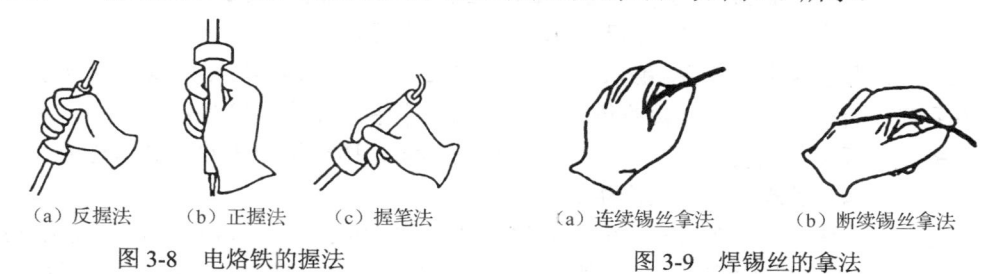

图 3-8　电烙铁的握法

图 3-9　焊锡丝的拿法

4．印刷线路板的焊接五步法

印刷线路板的焊接五步法如图 3-10 所示。

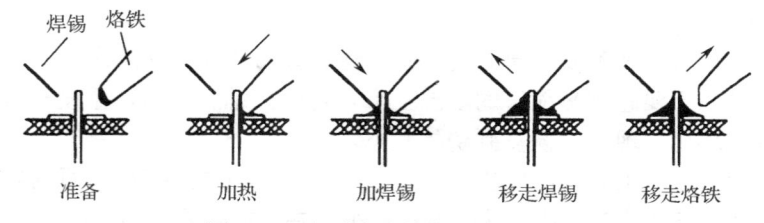

图 3-10　印刷线路板的焊接五步法

注意事项：

（1）锡丝的成分中含铅，而铅是对人体有害的重金属，因此，在操作时应佩戴手套，或在操作后洗手，避免食入。同时，人的鼻子应距离电烙铁不小于 30 cm 或配置抽风吸烟罩；

（2）使用电烙铁时要配置烙铁架。烙铁架一般放置在工作台的右前方，以便于使用。电烙铁用完后，一定要稳妥地放于烙铁架上，并注意导线等物不要碰到烙铁头。

任务 2　香蕉插头的焊接

香蕉插头的基础知识已在上一项目中进行介绍，香蕉插头焊接的基本情况如图 3-11 所示。

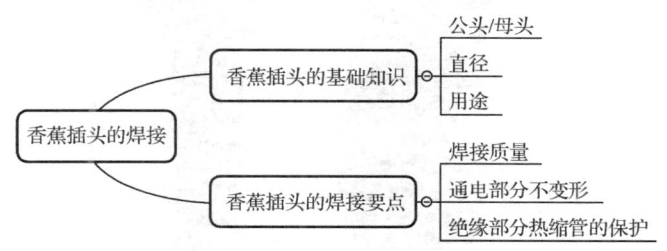

图 3-11　香蕉插头焊接的基本情况

知识要点

1. 热缩管的使用方法

（1）准备材料，了解电缆的直径大小，或者通过长度与宽度计算出相应的直径，选择直径稍大于电缆直径的热缩管。

（2）清除电缆上的毛刺、尖角，以防在回缩过程中刺穿热缩管导致开裂。必须预先使用快干型清洗剂清洗电缆连接部分的油污和杂质，以保持干净。

（3）计算需要包裹的长度后，截取相应长度的热缩管。切割热宿管时，切口应整齐、光滑，不得产生毛刺或裂口，以避免加热收缩时产生的应力集中，导致裂口蔓延。

（4）将热缩管套入电缆的一端，然后将套好的热缩管移动至合适的位置。对于有弯电缆，要将弯角处的热缩管整理好，以防产生皱纹。

（5）加热的工具一般为热风枪、烘箱或吹风机。在加热过程中，应从左到右或从右到左单向加热，也可以从中间向两头加热，以避免空气留在热缩管内。应确保热缩管加热收缩后紧紧包裹住电缆，但不可让热源过于靠近热缩管表面或集中在某一处加热，否则热缩管会产生薄厚不均或烧伤现象。

2. 注意事项

（1）热缩管与加热设备不要靠得太近，必须注意火与热缩管的距离，即 4~5 cm，均匀移动。在加热收缩时，不要超过热缩管的耐温上限。对于热缩管而言，温度一旦超过耐温上限，会导致产品发生"熔化"现象，恢复到初始状态。

（2）选择合适的加热工具，在加热烘烤时，火焰的外焰与热缩管表面成 45°。一定要注意来回移动，使热缩管整体受热，从一端慢慢移向另一端。加热要均匀，避免产生气泡，保证热缩管收缩后的外形美观，待冷却后再进行修整。

（3）热缩管有不同的热缩倍率。热缩管的规格一般是指套管收缩后允许的最大内径与收缩倍率相乘的积。例如，如果热缩管的收缩倍率是 2∶1，那么可以选择使用比产品直径大一倍的热缩管。比如，被套物体的直径是 20 mm，则最大可以选择使用直径为 40 mm 的热缩管。

（4）对于线材等直线物体，选择与产品外径大小相近的热缩管规格即可；电站、电器柜等母排的防护需选用母排热缩管；对密封有要求的场合，应选用防水热缩管。热缩管的收缩性能展示如图 3-12 所示。

图 3-12 热缩管的收缩性能展示

任务描述

请通过小组合作，取 18 号 AWG 硅胶线 100 mm，一头焊接公头香蕉插头，另一头焊接母头香蕉插头，焊接完毕后进行插拔测试，要求首尾相接进行插拔。香蕉插头焊接制作完成效果如图 3-13 所示。

图 3-13　香蕉插头焊接制作完成效果

任务实施

1. 剥去约 3 mm 的 AWG 硅胶线外皮，给导体上锡，以防止导体散开，影响后续的焊接。导线上锡如图 3-14 所示。

2. 固定好待焊接的香蕉插头，准备好尖头电烙铁，最好在焊接时垫上焊接板以隔热。选择 25 W 的电烙铁即可，因为焊锡和电烙铁的接触面积较大（包围式接触），能够很好地熔化焊锡形成熔池。将

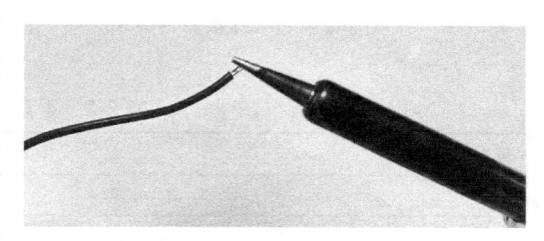

图 3-14　导线上锡

电烙铁从香蕉插头侧面的圆孔中伸入，同时从上方添加焊锡。香蕉插头上锡如图 3-15 所示。

3. 待熔化的焊锡量足够后，从上方插入导线，保持一段时间，等待焊锡充分填充并包裹导线。在此过程中，保持导线与香蕉插头平行（移动可能会导致虚焊）。之后，从侧面取出电烙铁，等待焊锡冷却。焊接导线如图 3-16 所示。

图 3-15　香蕉插头上锡　　　　　　图 3-16　焊接导线

4. 完成香蕉插头的焊接后，确认没有问题，再将热缩管套上。使用热风枪或电吹风的高温档，吹烤包裹部分，使其紧贴。热缩管收缩如图 3-17 所示。

无人机组装与调试

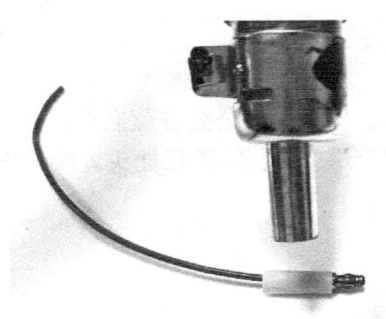

(a) 使用热风枪收缩热缩管　　　　(b) 收缩完成效果图

图 3-17　热缩管收缩

5. 将 100 mm 的 18 号 AWG 硅胶线一头焊接公头香蕉插头，另一头焊接母头香蕉插头，并在焊接完成后进行插拔测试。首尾相接插拔五次，检查接头无松动现象即可。

6. 检查热缩管的绝缘覆盖情况，如图 3-18 所示。确认公头香蕉插头的全部触头露出，母头香蕉插头则全部包裹。公头香蕉插头和母头香蕉插头完全插入后，应无金属部分露出。

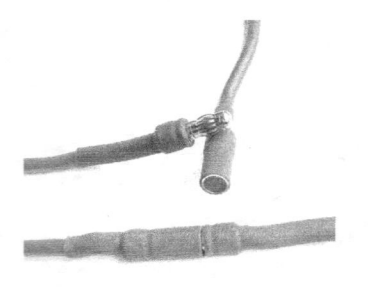

图 3-18　检查热缩管的绝缘覆盖情况

请根据任务完成情况填写表 3-2。

表 3-2　香蕉插头焊接实训任务评价

姓名：		分数：	
考 核 内 容		配　　分	得　　分
职业素养	(1) 设备、工具及材料清点	10	
	(2) 操作安全	10	
操作规范	(1) 用斜口钳（斜嘴钳）剪下一截约 20 cm 的导线，并用剥线钳在其一端剥去约 1 cm 的绝缘层	20	
	(2) 用台钳将香蕉插头的一端固定，再将剥去绝缘层的一端伸入香蕉插头的另一端，并用焊锡丝焊接连接处	20	
	(3) 在接口处套上热缩管并加热固定	20	
结束工作	(1) 清点工具和设备	10	
	(2) 清扫现场	10	

思考与改进

请与小组成员进行讨论，针对本次任务实施情况进行点评、分析和总结，并将改进意见填写在下方。

任务 3　XT60 插头的焊接

任务描述

请通过小组合作，取 4 根 14 号 AWG 硅胶线，每根长 100 mm，其中包括两根红色和两根黑色。其中一组红线和黑线焊接 XT60 插头公头，另一组红线和黑线焊接 XT60 插头母头。完成焊接后，在组内进行插拔测试。XT60 插头的焊接如图 3-19 所示。

图 3-19　XT60 插头的焊接

任务实施

焊接 XT60 插头是一个需要一定技巧和注意事项的过程。以下是焊接 XT60 插头的一些基本步骤。

1．准备工具和材料：确保备有焊接工具、耐热硅胶导线、XT60 插头和可能需要的热缩管。

2．热硅胶导线剥线：如图 3-20 所示，使用剥线钳剥去耐热硅胶导线的外皮，露出铜线。导线的长度应正好能插满 XT60 插头的空腔。同时，导线不宜过粗，否则无法实施焊接。

3．镀锡：使用电烙铁给导线镀上焊锡，并准备焊接。

4．上锡：小心地给 XT60 插头上锡，切忌灌锡太多，以内表面上锡均匀即可。过多的焊锡可能会在焊接导线时溢出，导致接头外表面粗糙。另外，需要注意将公头和母头对插后再焊接，以避免高温的铜将塑料传热部分熔掉，从而导致变形。硅胶线上锡和 XT60 插头上锡分别如图 3-21 和图 3-22 所示。

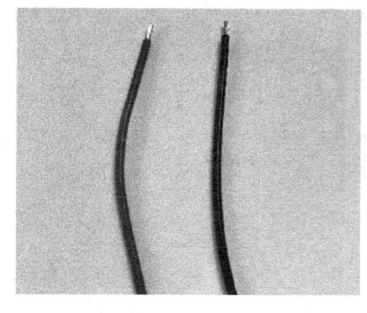

图 3-20　热硅胶导线剥线

图 3-21　硅胶线上锡　　　图 3-22　XT60 插头上锡

5．焊接：将镀好锡的导线插入 XT60 插头的焊接处，并进行焊接。注意不要让焊锡溢出，以免造成接头外表面粗糙。焊接 XT60 插头如图 3-23 所示。

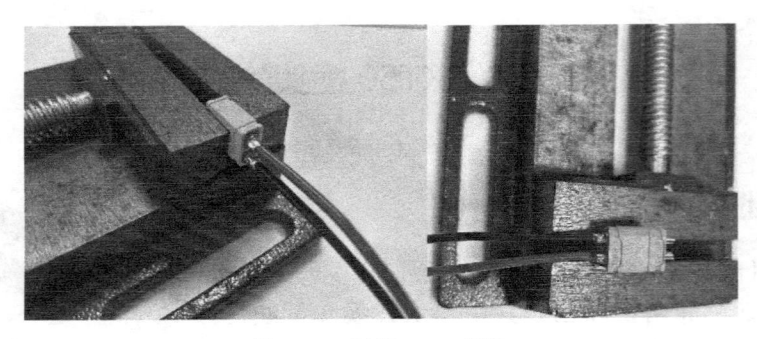

图 3-23 焊接 XT60 插头

6. 使用热风枪：如果使用热缩管，应在焊接导线之前将其套在导线上。使用热风枪加热，将热缩管紧固在插头上，这样可以保护接头，并具备一定的防水功能。利用热风枪收缩热缩管如图 3-24 所示。

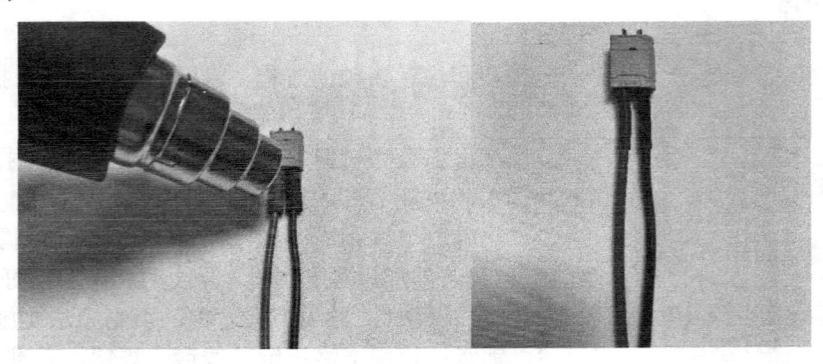

图 3-24 利用热风枪收缩热缩管

7. 散热和定位：如果是焊接新手操作或者使用的是功率较小的电烙铁，建议在焊接时将与插头配对的另一头插上，这样可以有效地帮助插头散热，并避免长时间焊接导致的高温熔化插头塑料。同时，如果塑料熔化，另一半插头还可以给焊接的插头起到定位作用，防止内部金属部分偏移原来的位置。

8. 焊接温度：选择合适的焊接温度，温度过高容易熔化 XT60 插头。

9. 焊接技巧：在焊接时，可以先在插头和线头上分别上锡，然后再将它们连接起来。在连接后，可以轻轻吹气，帮助焊点快速冷却凝固。

10. 安全注意事项：在焊接过程中，注意安全，避免烫伤和火灾风险。检查硅胶线的正负极，其中，红色为正级，对位+号，黑色为负极，对位−号。最后对 XT60 插头进行检查和插拔测试，如图 3-25 所示。

图 3-25 对 XT60 插头进行检查和插拔测试

请根据任务完成情况填写表 3-3。

表 3-3 XT60 插头焊接实训任务评价

姓名：		分数：	
考核内容		配分	得分
职业素养	（1）设备、工具及材料清点	10	
	（2）操作安全	10	
操作规范	（1）注意将公头和母头对插后再焊接，以避免高温的铜将塑料传热部分熔掉，从而导致变形	20	
	（2）如果使用热缩管，应在焊接导线之前将其套在导线上	20	
	（3）小心地给 XT60 插头上锡，切忌灌锡太多，以内表面上锡均匀即可。过多的焊锡可能会在焊接导线时溢出，导致接头外表面粗糙	20	
焊接质量	检查硅胶线的正负极，其中，红色为正极，对位+号，黑色为负极，对位-号。最后对 XT60 插头进行插拔测试	10	
结束工作	（1）清点工具和设备	5	
	（2）清扫现场	5	

思考与改进

请与小组成员进行讨论，针对本次任务实施情况进行点评、分析和总结，并将改进意见填写在下方。

任务 4　练习中心板的焊接

任务描述

取 50 mm 的 20 号 AWG 硅胶线（模拟电调线），红色和黑色各 4 根，并将这些线焊接在练习中心板上。注意红色为正，黑色为负。将电池接口 XT60 插口焊接到分电板上，一般分电板上会标注"+"和"-"，确保红线对应正极。练习中心板如图 3-26 所示。

任务实施

无人机中心板的焊接是无人机组装过程中的一个重要环节。以下是一些关键的焊接技巧和注意事项。

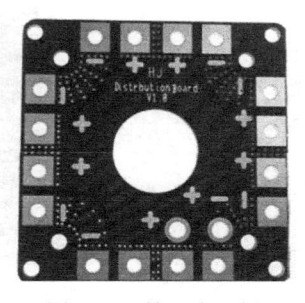

图 3-26　练习中心板

1. 焊接前的准备：确保备有合适的焊接工具，如 40 W 以上的大功率电烙铁、焊锡丝、助焊剂（推荐使用松香，避免使用具有腐蚀性的助焊膏）。如果预算充足，可以考虑购买带调温和风枪功能的焊台，以满足不同焊接场景的温度需求。

2. 焊接电调：在焊接电调的 AWG 硅胶线时，要确保焊接点牢固，避免虚焊。可以先对分电板上的焊接点和电调线进行上锡处理，这样可以方便后续的焊接工作。

3. 注意焊接温度：使用高温度焊接电源线，使用低温度焊接数据线。电烙铁不能长时间放置在中心板上，以防止烧毁中心板。

4. 焊接电调线（20 号 AWG 硅胶线）与中心板：红线对应正极，避免出现虚焊，可以用手轻微拽动电调线，不掉落即可。

5. 安全注意事项：焊接时注意安全，避免烫伤和火灾风险。焊接过程中产生的烟雾可能有毒，因此建议使用排烟设备。

6. 焊接完成后的检查：完成焊接后，检查所有连接是否牢固，没有虚焊，并确保所有的电线都正确连接到相应的焊点上。焊点要光滑、饱满、圆润，焊锡应覆盖整个焊点和接线部分。

练习中心板的焊接如图 3-27 所示。

图 3-27 练习中心板的焊接

请根据任务完成情况填写表 3-4。

表 3-4　练习中心板焊接实训任务评价

姓名：		分数：	
考核内容		配　分	得　分
职业素养	（1）设备、工具及材料清点	10	
	（2）操作安全	10	
操作规范	（1）红色硅胶线焊接正级，即+号	10	
	（2）黑色硅胶线焊接负级，即−号	10	
	（3）焊接电调时，要确保焊接点牢固，避免虚焊。可以先给中心板上的焊接点和电调线进行上锡处理	10	
焊接质量	（1）焊点不能太大，避免浪费焊锡	10	
	（2）焊点要光滑、饱满、圆润，焊锡应覆盖整个焊点和接线部分	10	
	（3）对焊接的硅胶线进行拉扯试验。焊接完成冷却后，用手拖拽，测试其是否牢固	10	
	（4）用万用表的通断档检查电路是否连通：红线与红线连通，黑线与黑线连通，红线与黑线不通	10	
结束工作	（1）清点工具和设备	5	
	（2）清扫现场	5	

思考与改进

请与小组成员进行讨论，针对本次任务实施情况进行点评、分析和总结，并将改进意见填写在下方。

课后习题

1. 无人机装配的连接技术主要包括机械连接技术、焊接技术和胶接技术等，其中，机械连接技术又分为_____和螺栓连接。
2. _____是通过压力使导体间形成永久性电连接的一种工艺方法。
3. 常见的焊料包括铅焊料、_____、共晶焊料等。
4. 在无人机系统电子产品中，主要的气候环境防护工艺措施包括防霉菌、_____、_____。
5. 简述中心板焊接的质量要求和注意事项。
6. 简述 XT60 插头、XT90 插头在焊接时的关键技术要求。

项目四　多旋翼无人机的组装与调试

知识目标

1. 掌握电动系统的基本组成，以及电机与电调的连接方式；
2. 掌握多旋翼无人机开源飞控的安装方法，以及固件烧写方法；
3. 巩固焊接技术的运用，熟练使用焊接工具完成分电板、电调及电源插头的焊接；
4. 掌握无人机遥控器的通道定义和通道反向设置方法；
5. 了解飞控映射通道和遥控器定义通道的区别。

技能目标

1. 能正确并安全地使用无人机装调工具和材料进行装配；
2. 能够在实际安装过程中辨别机头方向，并区分正、反桨；
3. 能够在焊接时确保电调及电源插头稳固且饱满地焊接在分电板上，避免虚焊、漏焊；
4. 能够自行定义无人机遥控器通道；
5. 能够根据飞控说明书，完成多旋翼无人机各硬件之间的连接；
6. 能够独立完成多旋翼无人机的飞控调试，同时能够自行安装和调试一架多旋翼无人机。

素质目标

做事认真细致，仔细检查每一步的操作，因为每一步的成功都离不开前期的努力和准备。无人机的顺利起飞和飞控的正常工作，依赖于每一根线的正确焊接和每一个接口的正确连接。任何一点错误都可能导致无人机无法正常工作。

课程思政

思政·铸魂

请阅读以下教学案例，结合本项目所学习的专业知识和技能，从社会主义核心价值观、民族精神和创新思维等方面，按照"三全育人"的要求，分析案例中所蕴含的社会责任感、民族自信和创新思维等思政元素。

汪滔，作为大疆创新科技有限公司的创始人之一，是中国无人机行业的开拓者和领军人物。他的创业历程充满着机遇和挑战，是一段充满激情和创新的故事。

汪滔出生于 1980 年，是湖南省岳阳市人。他自小喜欢机械和电子。2002 年，他考入

项目四　多旋翼无人机的组装与调试

了中国科学技术大学，主修机械工程专业。在大学期间，他曾参加过多项机器人比赛，展现出了出色的机械设计和控制技能。毕业后，汪滔进入了一家机械制造公司工作，但他并不满足于此。他认为机械制造行业缺乏创新性和前瞻性，需要有更加先进的技术来推动行业的发展。于是，他决定离开公司。

2006 年，汪滔和几位创业伙伴一起成立了大疆创新科技有限公司。创业初期的公司面临着巨大的困难和挑战：无人机技术的研发需要大量的资金和人力，而市场需求尚不明确，产品销售也非常困难。然而汪滔和他的团队没有放弃，他们不断进行技术研发和产品改进，同时积极寻找投资和市场机会。在他们的努力下，公司逐渐开始获得市场份额和投资，其发展也逐渐步入正轨。大疆的无人机产品开始受到越来越多的关注和认可。2013 年，大疆推出了 Phantom 系列无人机，一经推出就受到了广泛的关注和赞誉。Phantom 系列无人机的高性能、易操作和低价格，让无人机技术进入了大众市场，成了消费级无人机的代表品牌。

4.1　F450 多旋翼无人机的组装与调试

F450 多旋翼无人机是市场上广受欢迎的多旋翼无人机之一，由大疆公司生产。该无人机搭配飞行控制系统使用，能够稳定地悬停在空中，适用于各种应用领域，如农业、搜救、考古、地质等。

无人机组装的基本任务是将硬件按照需求合理安装，并根据硬件配置与使用要求安装合适的调参软件。在组装过程中，每完成一道工序都要进行仔细的质量检查。待全部组装工作完成后，要对整机进行严格的质量检查和运行调试。所有的质量检查和运行调试情况都要及时、准确地记录下来。

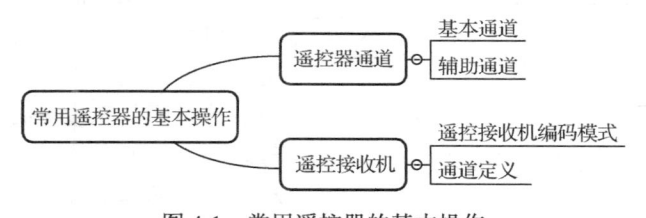

任务 1　常用遥控器的基本操作

常用遥控器的基本操作如图 4-1 所示。

图 4-1　常用遥控器的基本操作

知识要点

遥控器和遥控接收机（如图 4-2 所示）是遥控接收链路的重要组成部分，它们负责将地面操控人员的控制指令传送到机载飞控上，以便飞控按照指令执行相应操作。这些遥控设备的质量不仅影响着飞行任务完成的质量，更关乎飞行安全问题。

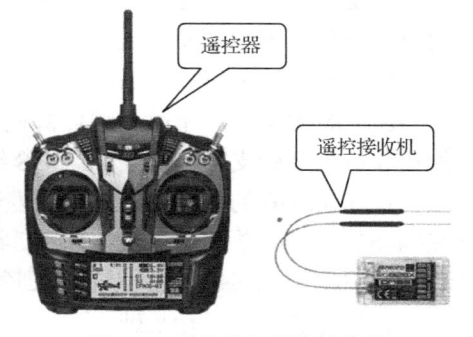

图 4-2　遥控器和遥控接收机

63

1. 遥控器通道

遥控器通道数指的是遥控的自由度，即通过遥控接收机能控制多少个部件（如舵机、电调等）或者实现多少种功能（如激活或调整某个参数）。

遥控器的通道越多，其价格越高。常见的遥控器有 6 通道、7 通道、8 通道、9 通道和 12 通道等。遥控器的基本通道如图 4-3 所示。

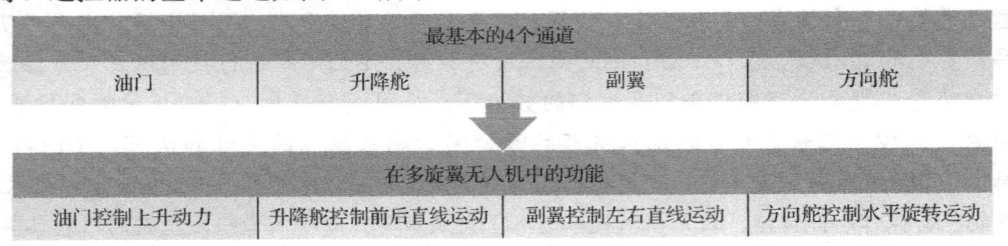

图 4-3 遥控器的基本通道

2. 遥控接收机模式

遥控接收机模式是指接收机编码的模式，主要包括 PWM 编码（Pulse Width Modulation 脉冲宽度调制）、PPM 编码（Pulse Position Modulation 脉冲位置调制）、S.BUS 编码（Serial Bus 串行通信协议）。

大多数遥控器能配对多种编码模式的遥控接收机，且有些遥控接收机可兼容两种编码模式。遥控接收机编码模式如图 4-4 所示。

（1）PWM 编码

PWM 编码是由周期性跳变的高低电平组成的方波，主要用于控制单个电调或单个舵机。每一路 PWM 编码只能传输一路信号，各自驱动不同的电调和舵机。

（2）PPM 编码

PPM 编码简单地将多个脉冲组合成一组，并以组为单位周期性发送，通过组内各个脉冲之间的宽度来传输相应通道的控制信号。在一些场合中，PPM 编码不需要直接驱动设备，而是需要先集中获取遥控接收机的

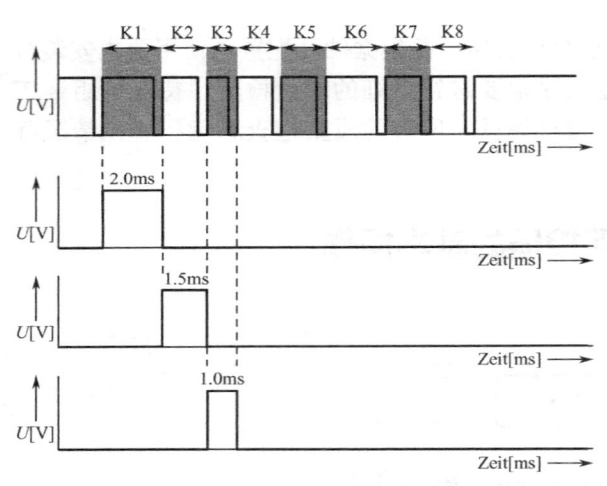

图 4-4 遥控接收机编码模式

多个通道的值，再将遥控接收机的信号传输给飞控。因此，每个通道一组物理连线的方式就显得过于繁琐。PPM 编码广泛应用于教练线和模拟器中。

（3）S.BUS 编码

S.BUS 编码是一个串行通信协议，最早由日本厂商 FUTABA 引入，随后 FrSky 的很多遥控接收机也开始支持该协议。S.BUS 编码是一种全数字化接口总线，这里的"数字化"指的是该协议使用现有的数字通信接口作为通信的硬件协议，并采用专用的软件协议，这使得 S.BUS 编码非常适合在单片机系统中使用，特别是与飞控连接。总线可以连接多个设备，这些设备通过一个 HUB 与总线相连，从而得到各自的控制信息。S.BUS 编码使用 RS232C 串口的硬件协议作为自己的硬件运行基础，采用 TTL 电平（3.3 V），并使用负逻辑（低电平为"1"，高电平为"0"）。S.BUS 编码的波特率为 100 K（注意：不兼容波特率 115200），并采用 8 位数据位、

2位停止位和偶效验（8E2）的串口通信。

S.BUS 编码是一个遥控接收机串行总线的输出，通过这根总线，可以获得遥控器上所有通道的数据。目前，很多模型和无人机电子设备都支持 S.BUS 编码总线的接入。使用 S.BUS 编码总线获取通道数据，不仅效率高，还能节省硬件资源，只需要一根线即可获取所有通道的数据。

3．遥控器使用注意事项

（1）请不要在夜晚或雷雨天气使用遥控器，恶劣的天气环境有可能导致遥控器失灵。

（2）请不要在雨雪或有水的地方使用遥控器。如果有液体进入系统内部，可能会导致遥控器运行不稳定或失灵。

（3）2.4 GHz 无线电波段完全不同于之前所使用的低频无线电波段。使用时请确保模型产品在使用者的视线范围内，大的障碍物将会阻断无线电频率信号，从而导致遥控器失灵或模型失控。

（4）在使用过程中，严禁紧握发射机天线，否则将会大大减弱无线电传播信号的质量和强度，导致遥控失灵或模型失控。

（5）使用前必须确保遥控器与模型安装正确，否则可能导致模型发生严重损坏。

（6）关闭时，请务必先关闭遥控器接收机电源，然后关闭发射机。如果关闭发射机电源时遥控器接收机仍在工作，将有可能导致遥控器失控，或者因引擎继续工作而引发事故。

（7）操控时，请先确认模型所有舵机的动作方向与操控方向一致。如果不一致，请调整至正确的方向。

（8）当遥控距离持续较远时，有发生失控的可能。请适当缩短遥控的距离。

4．FS-i6X 遥控器基本介绍

FS-i6X 遥控器和 FS-iA6 遥控接收机组成了一个 6 通道 2.4 GHz AFHDS 2A（第二代增强型自动跳频数字系统）。该系统可兼容固定翼、滑翔机和直升机等。遥控器规格（FS-i6X）详见表 4-1。

表 4-1 遥控器规格（FS-i6X）

通道个数	6～10（默认 6）
适用机型	固定翼、滑翔机、直升机
频率范围	2.408～2.475 GHz
发射功率	不高于 20 dBm
波段个数	135
波段宽度	500 KHz
2.4 GHz 模式	第二代增强型自动跳频数字系统（含第一代系统）
调制方式	GFSK
摇杆分辨率	4096 级
低电压报警	低于 4.2 V
数据输出	PS/2 接口 PPM 编码
充电接口	无
天线长度	26mm（双天线）
机身重量	392 g
输入电源	6 V DC 1.5AA×4
显示方式	STN 半透正显，LCD128×64 点阵，VA 73×39 mm，LCD 白色背光
外形尺寸	174 mm×89 mm×190 mm
在线更新	有
外形颜色	黑色
认证	CE0678，FCC ID：N4ZFLYSKYI6X

为了保证信号质量,天线应与模型机身垂直放置。操控时,请不要用天线直接对准遥控接收机。

5. 遥控器硬件说明

(1) 微调杆

遥控器一共有 4 组微调杆,可用于调节副翼(通道 1),俯仰(通道 2),油门(通道 3)和偏航方向(通道 4)的舵机中位。每拨动一次微调杆,对应的数据会变化 1 个单位。如果持续拨动微调杆,微调位置会开始快速变化。此外,当微调位置回到中立点时,声音提示会发生变化。

(2) 电压状态

遥控器硬件说明和遥控接收机电池的电压状态,如图 4-5 和图 4-6 所示。如遥控接收机未与发射机连接或绑定,图 4-6 不会显示遥控接收机电池的电压状态。

图 4-5 遥控器硬件说明

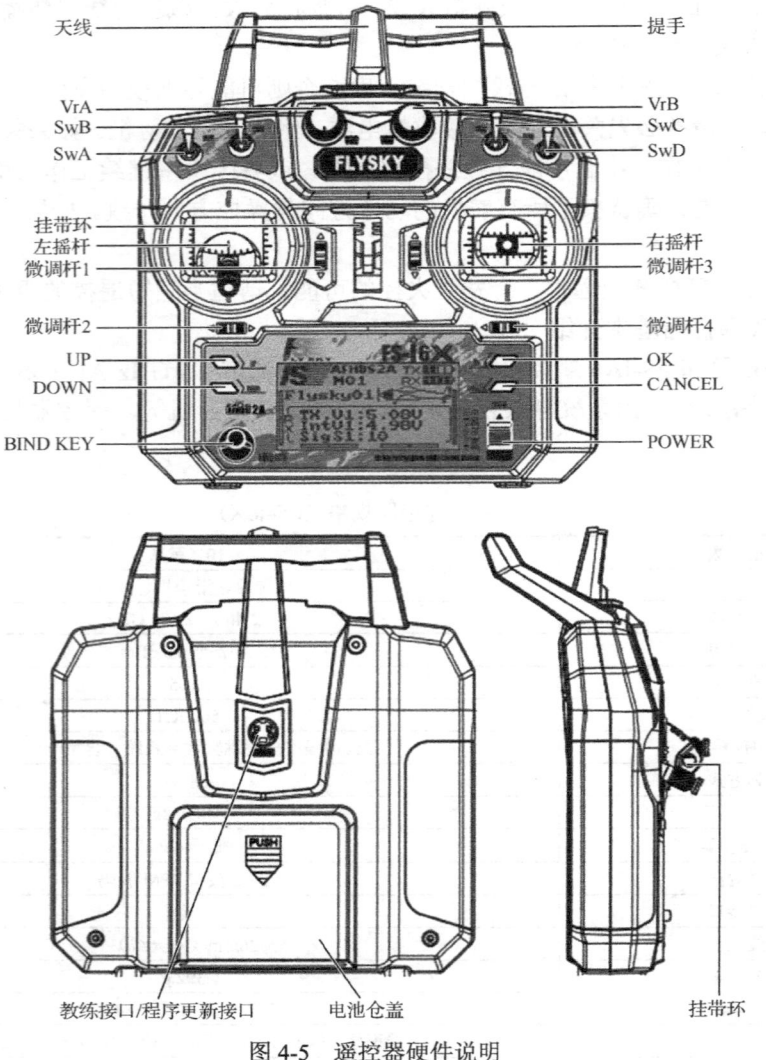

图 4-6 遥控接收机电池的电压状态

6. 遥控接收机

（1）遥控接收机天线

为保证信号质量，安装遥控接收机时请尽量避开电子调速机及其他金属部件，如图 4-7 所示。

图 4-7　安装遥控接收机

（2）接口

接口用于连接模型部件和遥控接收机，遥控接收机接口连线如图 4-8 所示。其中，CH1～CH6 可连接舵机、电源或其他部件；B/VCC 在对码时用于连接对码线，而在正常操作时用于连接电源线。

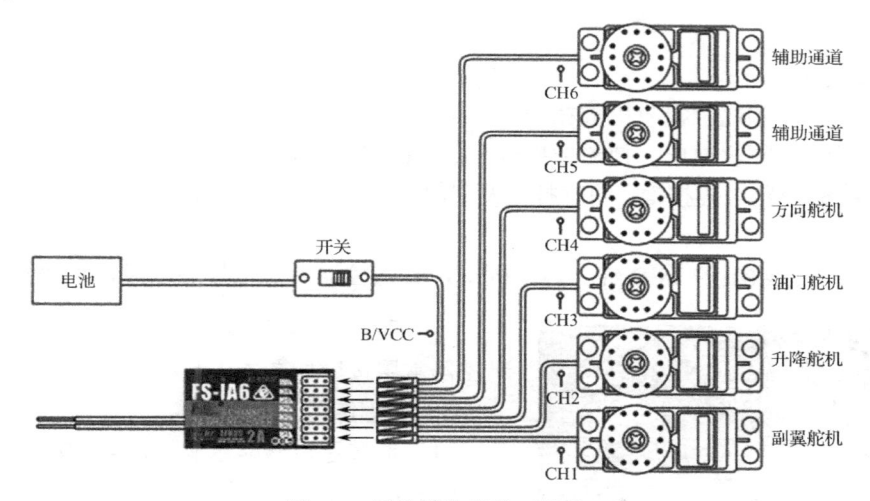

图 4-8　遥控接收机接口连线

7. 对码

遥控器和遥控接收机在出厂前已对码成功。如果要使用其他发射机或遥控接收机，请按照如下步骤进行对码。

（1）将对码线连接到遥控接收机上的 B/VCC 接口。
（2）将电源线连接到遥控接收机上的任意其他接口。
（3）打开发射机电源，同时常按发射机"BIND KEY"键，进入对码状态。
（4）将对码线和电源线从遥控接收机上断开，然后重新将电源线连接到 B/VCC 接口。
（5）检查发射机、遥控接收机和模型是否正常工作。如有异常，重复以上步骤重新对码。

📋 任务描述

通过小组合作，熟悉遥控器的基本操作。首先，熟悉进入菜单、保存并退出等基本操作。

接着，完成下列操作，并从中选取至少 3 个操作录制操作视频，且录制时要求带有讲解。

（1）选择模型 05。
（2）设置模型 05 为可变螺距直升机。
（3）模型复位。
（4）调节遥控器显示屏亮度（对比度）到 13，选择保存并退出。
（5）选择摇杆模式为 03，选择保存并退出。
（6）进入辅助通道，将 CH5 通道设为 none。
（7）进入辅助通道，将 CH6 通道设为 SwB。
（8）进入正逆转，设置 CH4 通道为反向，设置 CH6 通道为正向。
（9）设置 CH4 通道的最大舵量为 50%。
（10）进入通道显示，查看一共有几个通道，并找到 CH3 通道对应的摇杆。
（11）进入开关分配，选择飞行模式为 SwD，选择空闲模式为 SwB。

任务实施

1. 对码过程

（1）将发射机和遥控接收机放在一起，且二者的距离在 1m 以内。
（2）将遥控接收机通电，使遥控接收机的 LED 红灯快闪。
（3）长按遥控器对码按键，同时打开发射机电源开关。遥控接收机将寻找与之最近的遥控器进行对码。
（4）当遥控接收机的 LED 红灯停止闪烁，且遥控器上有信号显示时，说明对码成功。

2. 遥控器常用按键

遥控器常用按键如图 4-9 所示。

图 4-9 遥控器常用按键

3. 巩固练习

（1）调节遥控器显示屏亮度到 10。
（2）将 CH5 通道设为 none。
（3）将 CH6 通道设为 SwB。
（4）将 CH7 通道设为 SwC+SwB。
（5）将 CH8 通道设为 SwA+SwD。

思考与改进

请与小组成员进行讨论，针对本次任务实施情况进行点评、分析和总结，并将改进意见填写在下方。

项目四 多旋翼无人机的组装与调试

任务 2　F450 多旋翼无人机的组装

F450 多旋翼无人机的组装如图 4-10 所示。

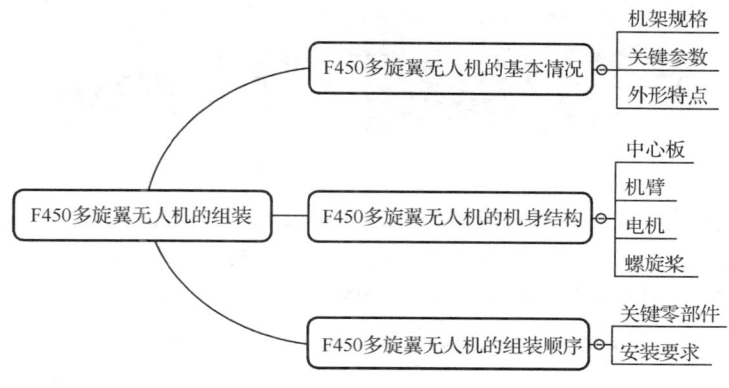

图 4-10　F450 多旋翼无人机的组装

知识要点

（1）多旋翼无人机的组装步骤：本次实训依次进行分电板焊接、机臂安装、电机安装和桨叶安装。

（2）正反桨的概念：反桨 CW 顺时针旋转、正桨 CCW 逆时针旋转。

（3）电机的安装位置：左上和右下电机顺时针旋转；左下和右上电机逆时针旋转，电机转向如图 4-11 所示，这样安装后不会射桨。

（4）香蕉插头：在电机一侧的为公头，在电调一侧的为母头。（凸为公头、凹为母头，香蕉插头的类型如图 4-12 所示。）

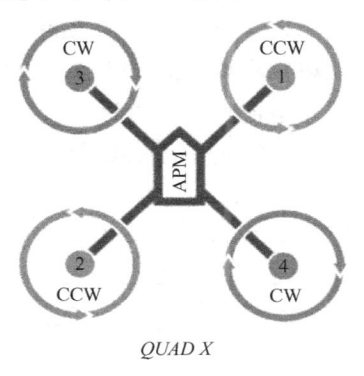

图 4-11　电机转向

图 4-12　香蕉插头的类型

（5）电调：全称为电子调速器，英文为 Electronic Speed Controller，简称 ESC。根据电机的不同，可将其分为有刷电调和无刷电调。电调最基本的功能是通过飞控板给定的 PWM 编码信号进行电动机调速。在无刷电动机中，电调将充当换相器的角色，因为无刷电动机缺少电刷进行换相，需要靠电调进行电子换相。电调实物接线如图 4-13 所示。此外，电调还为遥控接收机、飞控和舵机供电。同时，电调还具备一些其他的辅助功能，如启动保护和刹车等。

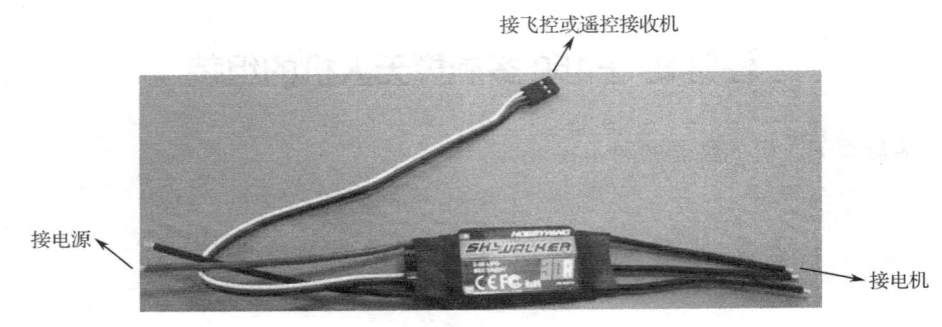

无人机组装与调试

接飞控或遥控接收机

接电源

接电机

图 4-13　电调实物接线

（6）动力系统：由电池、电机和电调组成，F450 多旋翼无人机动力系统接线示意如图 4-14 所示。电调输入端的红、黑线需并联接到电池的正、负极上，以输入电流。电调输出端的 3 根黑线连接到电机，用以调整电机的转速。电调的 BEC 信号输出线，用于输出 5 V 电压给飞控供电，并接收飞控的控制信号。遥控接收机连接在飞控上，输出遥控信号，并从飞控上得到 5 V 供电。

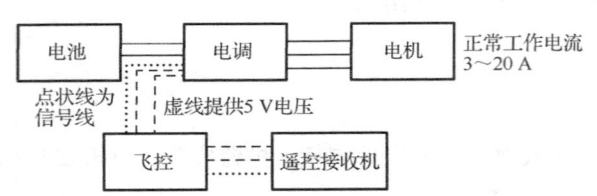

电池 —— 电调 —— 电机　正常工作电流 3～20 A

点状线为信号线　虚线提供5 V电压

飞控 —— 遥控接收机

注意：
1. 电池与电调之间的两条粗线：灰色线（实际应用中为红色线）为"+"电源线，黑色线（实际应用中为黑色线）为"−"电源线；
2. 电调和电机之间为3根较细的电机线；
3. 电调和遥控接收机分别通过3P杜邦线（图中虚线与点状线）与飞控连接，其中，虚线（实际应用中为红色线和棕色线）提供5V电压，点状线（实际应用中为橙色线）为信号线。

图 4-14　F450 多旋翼无人机动力系统接线示意

图 4-15　中心板

（7）分电板：也称中心板，如图 4-15 所示。它相当于一种电路管理器，与电源线、电调进行焊接，可以将电源均衡分配，使得每个电调得到稳定且相等的电压和电流。

（8）分电板焊接检查项目：焊点要光滑、饱满，焊锡要覆盖整个焊点和接线。焊接温度一般设在 300℃～350℃，可根据具体的焊盘尺寸和导线粗细进行调整。焊接完成并冷却后，用手拖拽测试其是否牢固。最后，用万用表的通断档检查电路是否连通。检查电路是否联通详见表 4-2。

表 4-2　检查电路是否联通

组　合	是否连通
红线与红线	连通
黑线与黑线	连通
红线与黑线	不通

任务描述

通过小组合作，完成 F450 多旋翼无人机的组装与调试，并进行自评和互评。

本次实训主要包括零部件的清点与认识，香蕉插头的焊接，中心板的焊接，电调、硅胶线与 XT60 插头的焊接，以及电机与机架的安装。

任务实施

1. 准备工作：清点实训器材

F450 多旋翼无人机实训器材如图 4-16 所示，具体包括以下内容。

图 4-16 F450 多旋翼无人机实训器材

（1）F450 多旋翼无人机零件包。
（2）飞控包。
（3）工具箱。
（4）风枪焊台一体机。
（5）迷你台虎钳。
（6）遥控器（包含遥控接收机）。
（7）1222 透明盒。
（8）长方形手提透明塑料盒（大号），大小为 36.3 cm×26.7 cm×10 cm。
（9）长方形手提透明塑料盒（小号），大小为 25.2 cm×19 cm×8 cm。
（10）透明胶带纸。
（11）F450 多旋翼无人机的上下中心板、4 个机臂、4 个电机（2212/920 kv）、4 个电调、4 个高脚架和 2 对桨叶。
（12）飞控清单：1 个飞控控制板、1 个 GPS 定位传感器、1 个 LED 灯、1 根安卓数据线、1 个 GPS 支撑脚架、1 根 GPS 电源线和 1 个 USB 接口。
（13）香蕉插头（凸为公头、凹为母头）。
（14）XT60 插头一对。
（15）魔术贴、魔术扎带。
（16）内六角十字组合套筒。
（17）多功能螺丝刀。
（18）美工刀。
（19）精钢钳。
（20）硅胶线，包括 12AWG 和 18AWG 两种规格。
（21）杜邦线。
（22）热缩管。
（23）镊子。

（24）螺栓、螺丝（多种规格）。

2. 香蕉插头焊接

香蕉插头焊接的详细步骤可参考项目三的任务 2。注意事项有以下几点。

（1）电烙铁头不要过度加热，以免烧坏电子元器件或电烙铁头本身。

（2）焊接时要保持稳定的手势和焊接角度，以免焊接不牢固，导致虚焊。

（3）使用时要将电烙铁放置在专门的烙铁架上，以免烫伤桌面或其他物品。

（4）使用后应及时关闭电源，并等待电烙铁冷却后再收拾工具。

3. 中心板焊接

在中心板上将电调（ESC）和 XT60 插头公头电源线焊接完成的过程中，中心板起到了电源分配的作用，且它也是机架的组成部分之一。这个过程需要用到 1 个中心板、4 个电调（ESC）和 1 个 XT60 插头公头电源线。

（1）给中心板的焊点预上锡，如图 4-17 所示。这一步的目的是方便后续电调的焊接。

（2）焊接电调如图 4-18 所示，电调的电源线分为正极和负极，黑色负极线应焊在"–"号负极焊点上，红色正极线应焊在"+"号正极焊点上。一定要注意不要焊错正、负极。

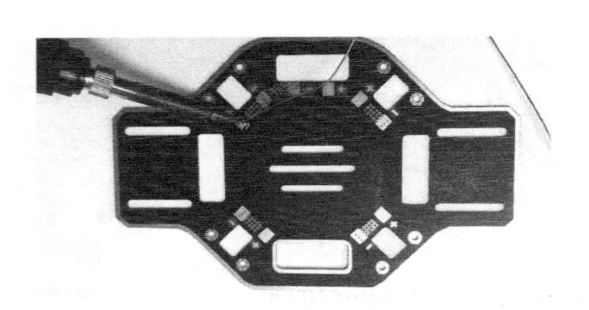

图 4-17　预上锡 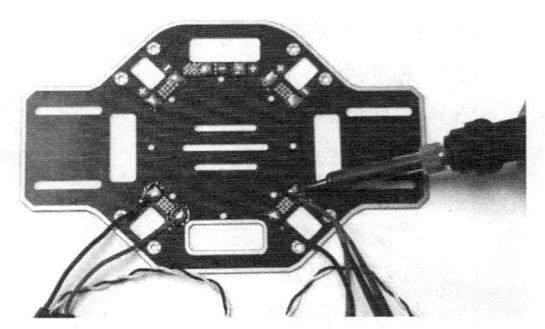　　　　　　　　　　图 4-18　焊接电调

（3）焊接 XT60 插头公头电源线如图 4-19 所示，其焊法与电调一样。由于该电源线的线头较粗，焊接时必须使锡丝完全包住线头，以避免虚焊。

（4）在焊接飞控电源模块的 PMU 电源线时，可以采用就近原则，将其焊接在电调的正、负极焊点上。焊接完成后，可以使用 3M 胶或魔术扎带将 PMU 电源模块固定在中心板的前端或后端。中心板焊接完成效果展示如图 4-20 所示。

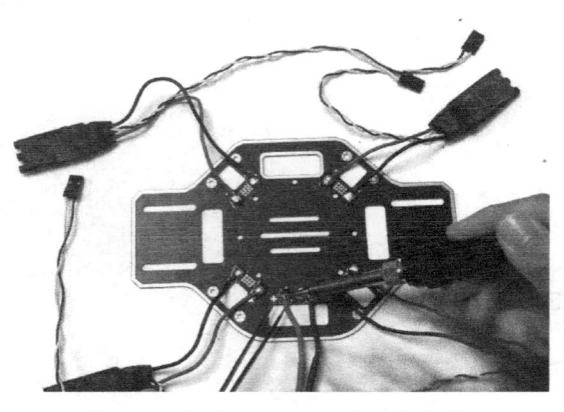

图 4-19　焊接 XT60 插头公头电源线 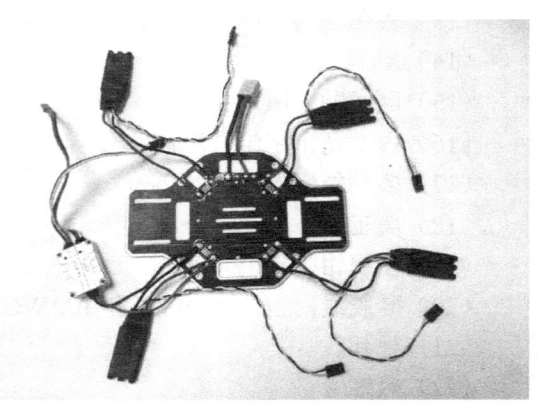　　　　图 4-20　中心板焊接完成效果展示

（5）最后，使用万用表检查电路是否连通。万用表检查中心板焊接质量如图4-21所示。

注意事项有以下几点。

（1）焊接时，可以用镊子夹住电源线，以避免被烫伤。将线头与焊点叠在一起后，用电烙铁的刀头轻轻按在上面，直到焊锡熔化包住线头，确保焊点的焊锡与线头熔合。确定熔合后，刀头应快速离开焊点，等待焊锡冷却即可。此外，也可以用手拖拽，测试其是否牢固。

（2）电调与中心板之间的焊点不能出现虚焊，因为飞行器启动后电流较大，虚焊可能会导致二者发热严重甚至脱落，进而造成飞行中的严重事故。

图4-21　万用表检查中心板焊接质量

（3）前后四个焊点不宜过大，否则会阻挡后续电池的安装。

（4）焊点要光滑、饱满，焊锡应覆盖整个焊点和线头。

（5）切勿焊错正、负极。

4．机架组装

（1）安装机臂，如图4-22所示。机臂与上、下中心板的连接方式为：此处只安装下中心板，待后续飞控安装完成后再安装上中心板。

（2）安装电机，如图4-23所示。F450多旋翼无人机共有4个机臂和4个电机。需要注意的是，其机臂的颜色是有区别的，通常默认将红色机臂视为机头，且在安装电机时需要先分清电机的正、反桨。

图4-22　安装机臂　　　　　　　　　　图4-23　安装电机

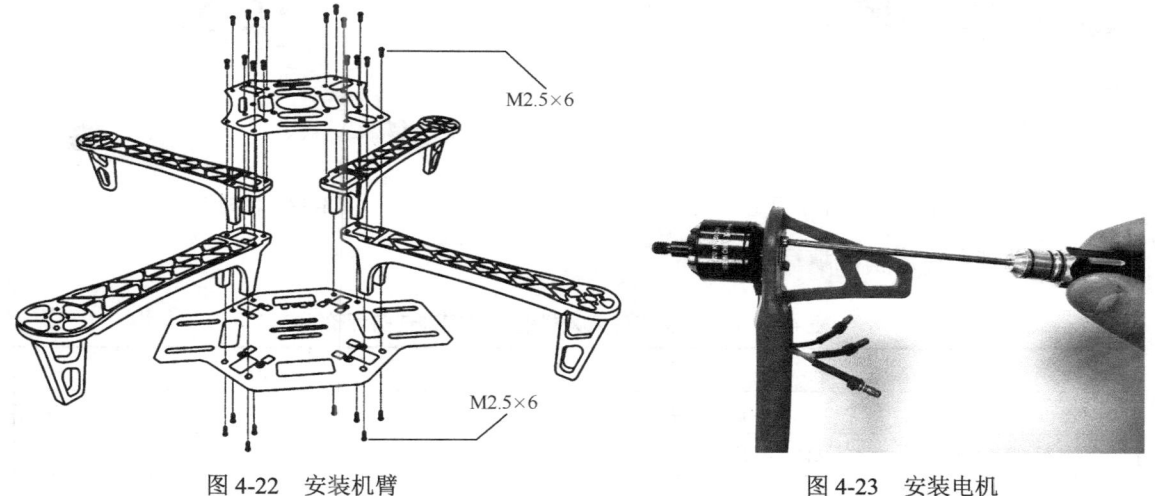

在安装时，每个电机需要用4个螺丝进行固定，电机线需沿着机臂的方向，然后使用配套螺丝将其安装在机臂上，可以用螺丝胶进行辅助固定。一定要注意螺丝的长度，不要顶到电机的铜线圈，否则电机可能会报废。螺丝安装完成后，可以将电机线绕到机臂底部。最后，依次将另外3个电机安装完成即可。电机安装完成效果如图4-24所示。

（3）电机线和电调线的连接如图4-25所示。只需将电机的公头与电调的母头进行连接即可，3根线没有固定的安装顺序，可以任意连接，后期调整电机转向时再进行相应的更改。

无人机组装与调试

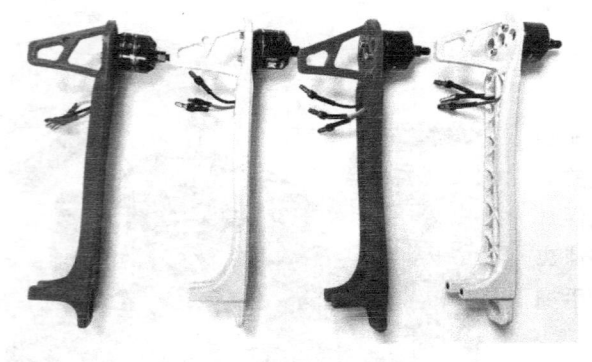

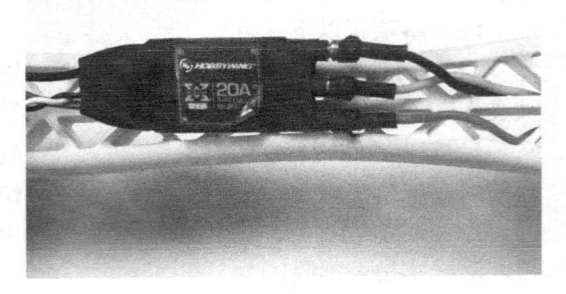

图 4-24　电机安装完成效果　　　　　　　图 4-25　电机线和电调线的连接

（4）扎带固定如图 4-26 所示。全部连接完成后，还需要使用扎带将电调进行固定。首先，将线绕到合适的长度；其次，用扎带穿过机臂进行固定，并剪掉多余的扎带；最后，用相同的方法固定剩下的电调。

（5）机架组装完成如图 4-27 所示。下一步，安装好飞控即可进行调试。需要注意的是，电机的安装位置不能出错：左上和右下电机为顺时针旋转；左下和右上电机为逆时针旋转。这样安装后，才能避免发生射桨现象。

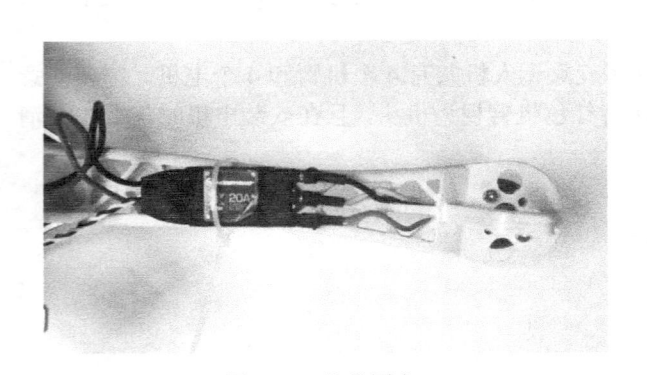

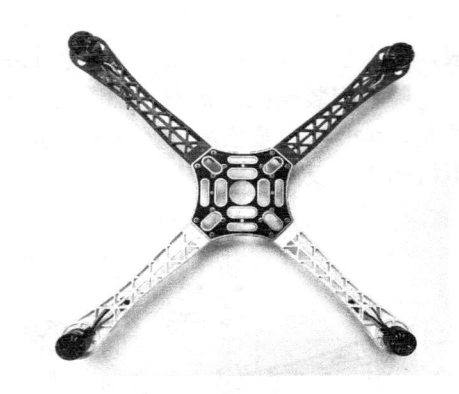

图 4-26　扎带固定　　　　　　　图 4-27　机架组装完成

请根据任务完成情况填写表 4-3。

表 4-3　F450 多旋翼无人机的组装实训任务评价

姓名：		分数：	
考核内容		配　分	得　分
职业素养	（1）设备、工具及材料清点	10	
	（2）操作安全	10	
操作规范	（1）将电机安装在底座上，把香蕉插头焊接在电机的电源线上，然后将电机和底座安装在机臂上，其他的电机也依次进行安装	10	
	（2）将准备好的旋转卡扣安装到下中心板上，调整位置，以确保中心板旋转卡扣下端的螺丝安装孔能够与下中心板的螺丝安装孔对准，然后拧紧 4 个螺丝	5	
	（3）将机臂直管安装在下中心板的旋转卡扣内并拧紧螺丝，其他机臂依次进行安装	10	
	（4）将电池仓组好并安装在下中心板的正下方	5	

续表

考核内容		配　分	得　分
操作规范	(5) 反转无人机,在下中心板下方固定好起落架,组装起落架并用螺丝把起落架和下中心板锁紧	5	
	(6) 在电机的正下方安装电调,将电调的电源线牵引到下中心板的触点位置并焊接好,同时留出信号线准备下一步连接	10	
	(7) 将飞控安装在下中心板的正中间位置,然后完成包括电调信号线在内的整个电子系统的连线,并固定好 LED 和 PMU 模块	10	
	(8) 盖上上中心板,使中心板旋转卡扣上端的螺丝安装孔能够与上中心板的螺丝安装孔对准,并拧紧螺丝	5	
	(9) 组装好 GPS 后,水平放置无人机,将组装好的 GPS 固定在上中心板上的合适位置	5	
	(10) 给无人机装上螺旋桨	5	
结束工作	(1) 清点工具和设备	5	
	(2) 清扫现场	5	

思考与改进

请与小组成员进行讨论,针对本次任务实施情况进行点评、分析和总结,并将改进意见填写在下方。

任务 3　F450 多旋翼无人机的调试（基于塔罗飞控）

F450 多旋翼无人机的调试如图 4-28 所示。

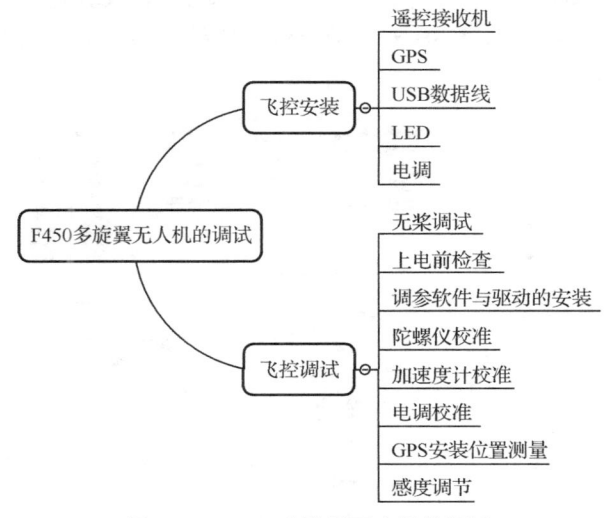

图 4-28　F450 多旋翼无人机的调试

无人机组装与调试

知识要点

1. 进行多旋翼无人机调试的原因

将机架、飞控、动力系统和通信系统等多旋翼无人机硬件组装后,为了实现多旋翼无人机的良好飞行并满足其功能要求,必须进行合理的调试。调试工作关系着多旋翼无人机的飞行性能及安全。

根据调试过程中是否需要安装螺旋桨,调试可分为无桨调试和有桨调试。在一般情况下,需要先进行无桨调试,再进行有桨调试。无桨调试和有桨调试内容详见表 4-4。

表 4-4 无桨调试和有桨调试内容

无桨调试	有桨调试
首次通电测试; 飞控调试; 遥控器调试; 解锁飞控;	根据电机转向正确安装螺旋桨; 在安全防护网内试飞

2. 飞行控制系统

飞行控制系统（Flight Control System）简称飞控,是控制无人机飞行姿态和运动的设备。它通常集成了高精度的感应器元件,包括陀螺仪、加速度计、角速度计、气压计、GPS、指南针和控制电路等。飞控通常由传感器、控制器和执行器三部分组成。传感器用于测量无人机的姿态、速度和位置等信息。控制器用于处理传感器数据,计算无人机的飞行轨迹和动作,并将指令发送给执行器。执行器则用于控制无人机的姿态、速度和方向等。

任务描述

请通过小组合作,为 F450 多旋翼无人机安装塔罗飞控,并进行调试,任务完成后进行自评和互评。

任务实施

1. 认识和清点塔罗飞控配件包

塔罗飞控配件包如图 4-29 所示,具体包括主控器、PMU 飞控电源模块、GPS 模块、LED 指示灯、飞控调参线（数据线）、USB 安卓数据线、软杜邦线（多轴飞控链接线、舵机线、杜邦线）8 根,以及 GPS 支架。

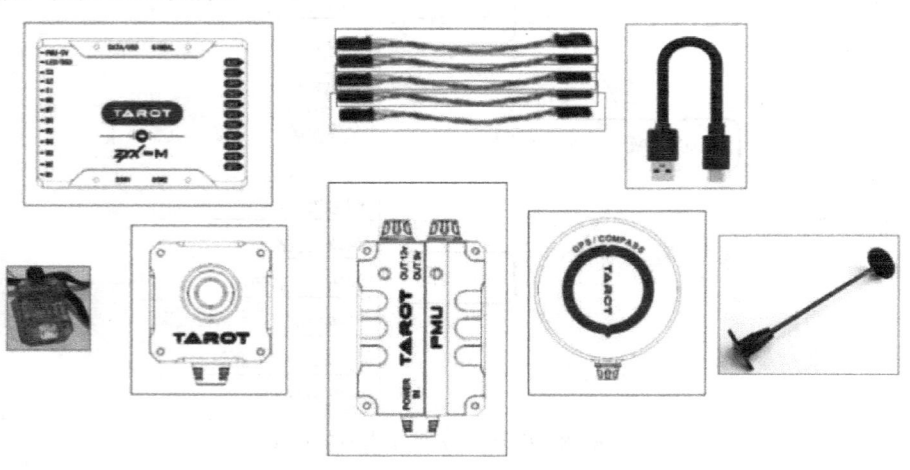

图 4-29 塔罗飞控配件包

项目四 多旋翼无人机的组装与调试

2. 调参软件安装、飞控连接测试

（1）下载并安装调参软件，其图标如图 4-30 所示。

（2）飞控驱动程序的安装如图 4-31 所示，选择 64 位安装程序。

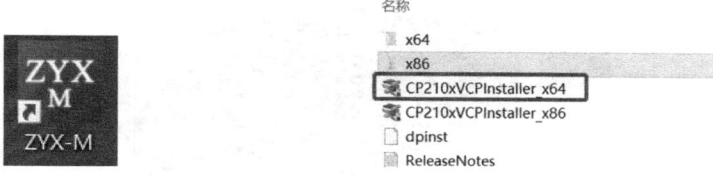

图 4-30　调参软件图标　　　　　图 4-31　飞控驱动程序的安装

（3）飞控连接测试如图 4-32 所示，将飞控连接到电脑后，可在设备管理器中找到端口信息，这代表已成功安装驱动，飞控连接没有问题。

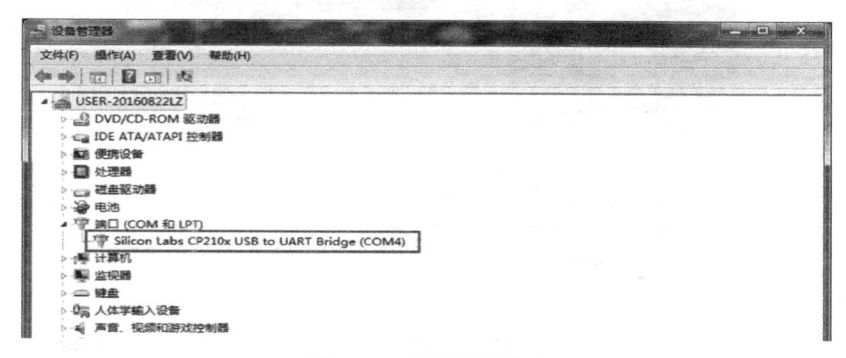

图 4-32　飞控连接测试

3. 飞控连线

飞控连线及其注意事项如图 4-33 和图 4-34 所示，请按照图示完成飞控与 PMU 模块、LED 模块、4 个电调、调参模块、遥控接收机和 GPS 模块的连线。

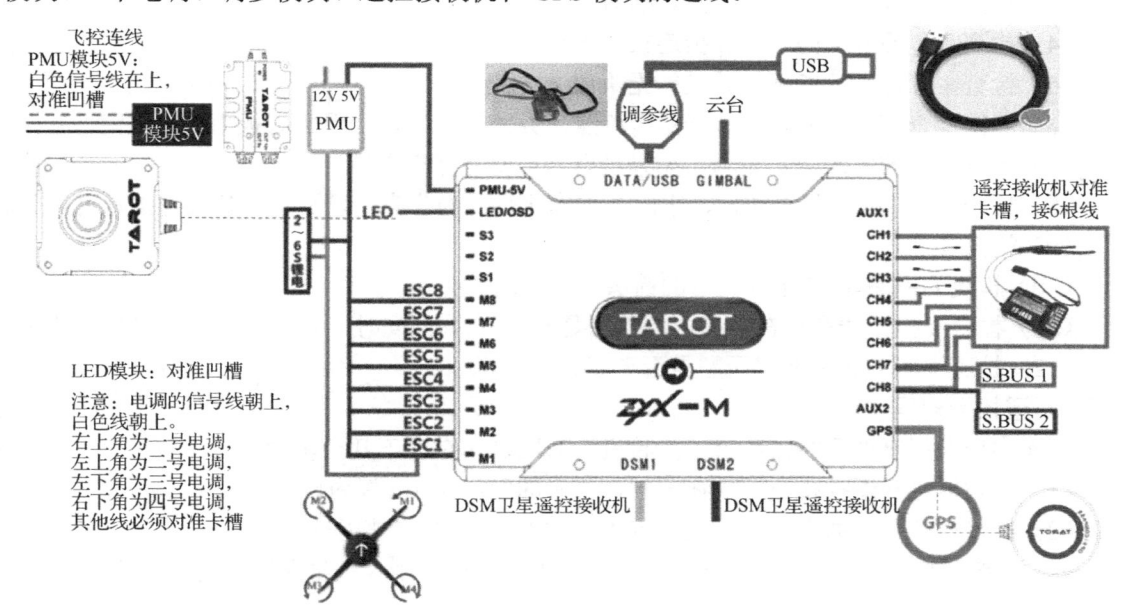

图 4-33　飞控连线

77

PMU模块5V：
白色信号线在上，对准凹槽

PMU模块5 V

LED模块：对准凹槽 LED

M1

连接电调方向：
白色信号线在上

GPS模块的插接方向必须对准凹槽，反插可能导致GPS模块烧毁

CH1

遥控器通道CH1～CH6与遥控接收机通道CH1～CH6之间应一一对应，接插时需对准凹槽

CH1

遥控接收机应对准卡槽

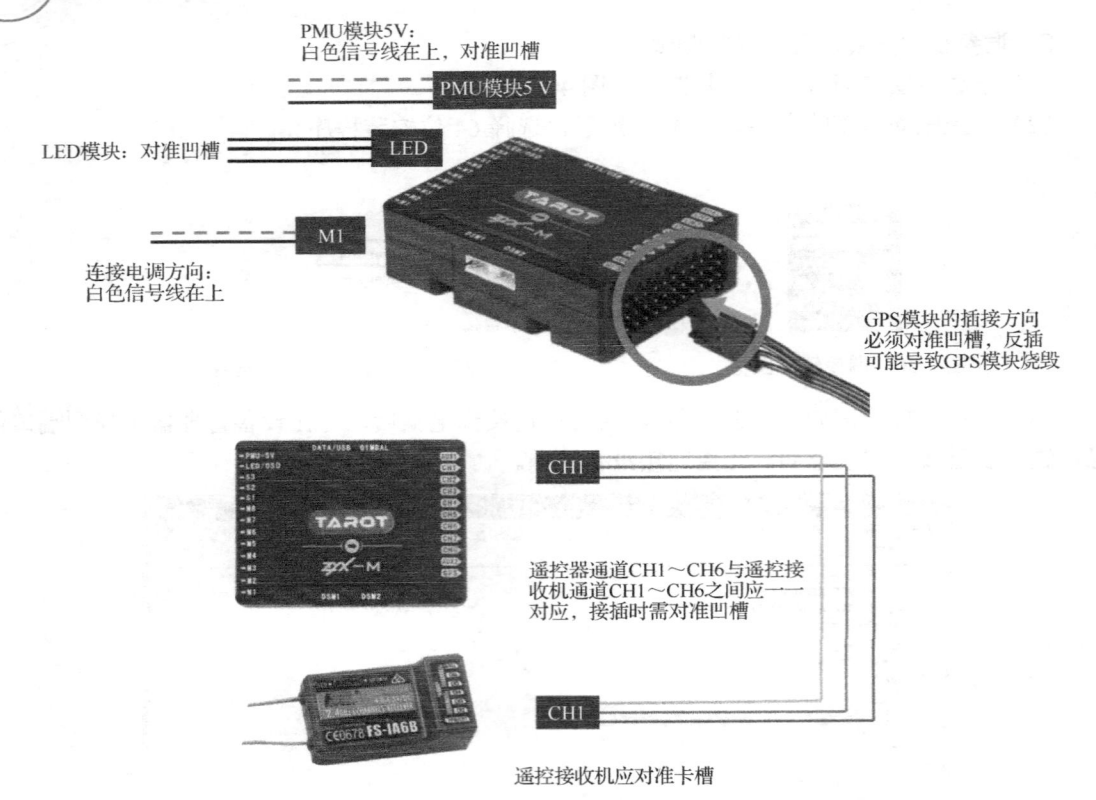

图 4-34　飞控连线注意事项

4．上电前检查

（1）检查螺丝：紧固所有螺丝，包括电机螺丝、GPS 螺丝等。
（2）检查香蕉插头是否焊接牢固，以及热缩管是否绝缘到位。
（3）检查飞控线是否插好、插紧、插对。
（4）检查跟电源有关的正、负极连接是否正确。
（5）检查桨叶是否已取下，并进行无桨调试。
（6）再次检查中心板的正、负极是否绝缘，并清理干净，确保中心板上无杂质。
（7）检查电池的电量是否充满。如果没有，需要进行充电。
（8）检查 XT60 插头是否完好、牢固，并确认是否为公头，以及正、负极连接是否正确。
（9）检查其他导线是否绝缘。
（10）检查 GPS 模块和主控制器的箭头是否指向机头。
（11）检查飞控接线是否在卡槽内，特别是 GPS 模块。同时，确认电调数据线是否插对。
（12）检查所有的扎带和双面贴是否牢固。

5．遥控器对码

本次实训采用富斯遥控器和遥控接收机，对码操作有以下几个步骤。
（1）将发射机和遥控接收机放在一起，二者的距离在 1m 以内。
（2）给遥控接收机通电，此时遥控接收机的 LED 红灯快速闪烁。
（3）长按遥控器对码按键，打开发射机电源开关。遥控接收机将寻找与之最近的遥控器进行对码。
（4）当遥控接收机上的 LED 红灯停止闪烁，且遥控器上有信号显示时，说明对码成功。

6．飞控调参
（1）飞控连接

通过数据线将飞控与电脑进行连接，同时打开地面站软件。在右上角的端口下拉菜单中找到对应端口，点击连接。当软件界面右下角的连接状态显示为"已连接"时，表示飞控已成功连接。调参软件界面如图4-35所示。

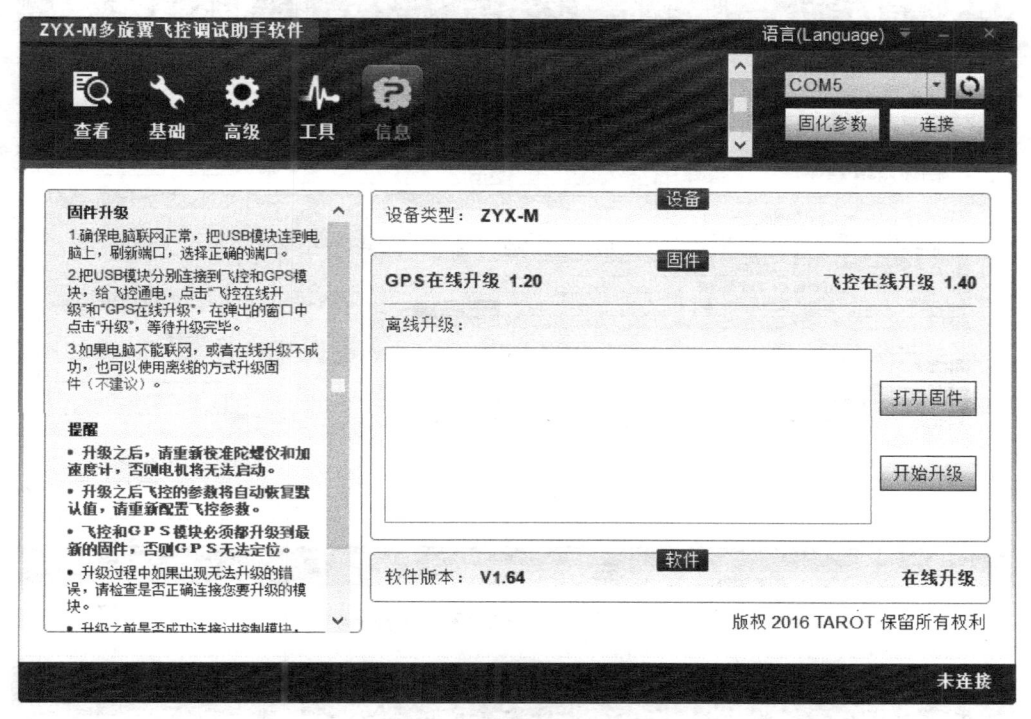

图4-35 调参软件界面

（2）固件升级

一般不需要进行固件升级，如有需要，请参照调参软件界面左侧的操作提示进行。

7．校准陀螺仪和加速度计
（1）校准陀螺仪

点击进入"工具"，当飞控静止时，如果陀螺仪的模值大于0.2，需要进行校准陀螺仪操作。校准方法：保持飞控静止，点击"校准陀螺仪"按钮，直至状态栏显示"陀螺仪校准成功"。

（2）校准加速度计

当飞控静止，且加速度计的模值大于10.0或小于9.6时，需要进行校准加速度计操作。校准方法：从飞行器上拆下飞控的主控器，点击"校准加速度计"按钮，然后把主控器的6个面依次水平放置在桌面上，每个面保持2 s静止，直至状态栏显示"加速度计校准成功"。

（3）固化参数

当设定完参数后，点击"固化参数"按钮，以保证参数被固化至飞控中。当飞控再次上电时，将以之前的设置参数运行。校准陀螺仪和加速度计如图4-36所示。

8．电机测试
（1）飞行器类型选择

图标中的M1至M8分别与主控器输出端口的M1至M8对应，箭头表示电机和桨的旋转

无人机组装与调试

方向。本次实训采用 F450 四轴多旋翼无人机,飞行器类型选择第一行第二列的构型,地面站飞行器类型选择界面如图 4-37 所示。

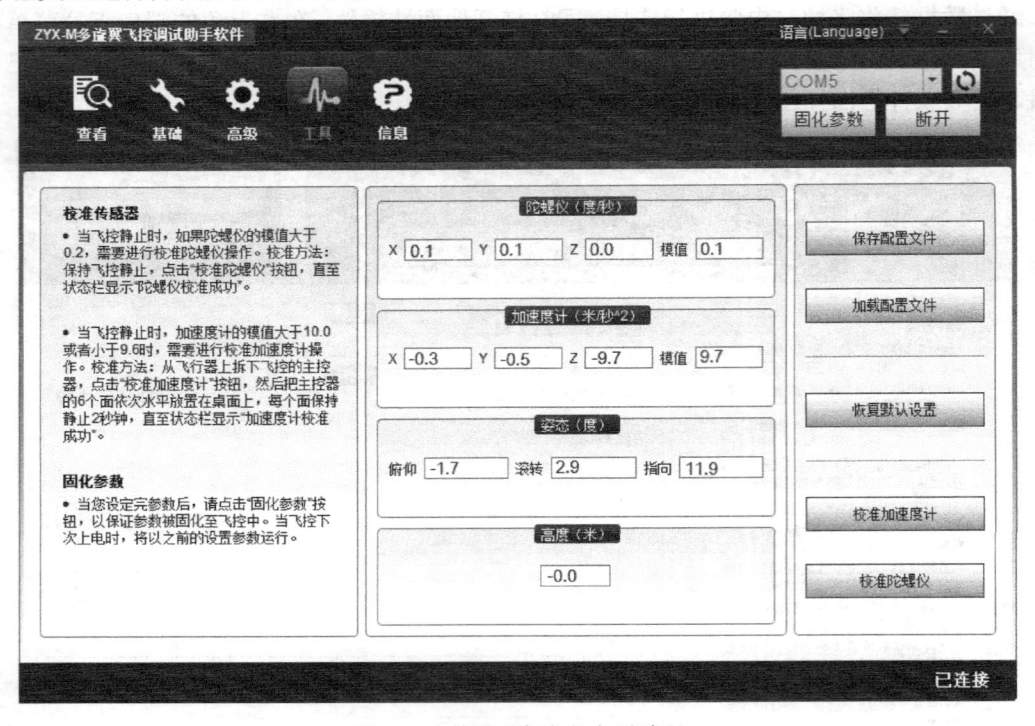

图 4-36 校准陀螺仪和加速度计

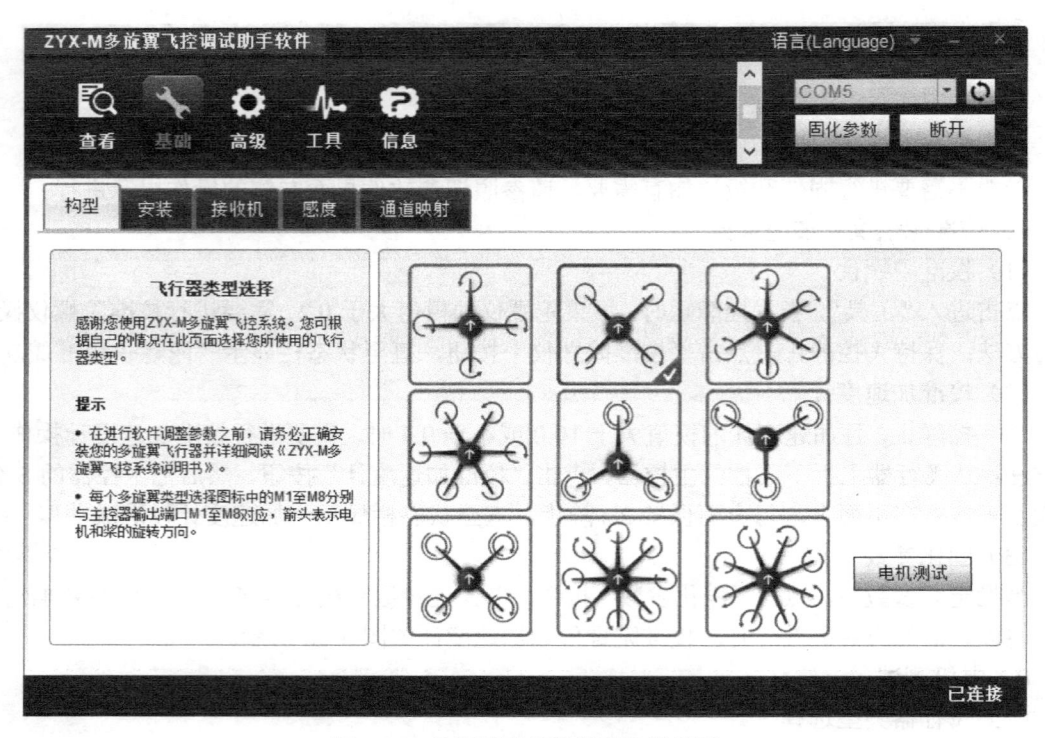

图 4-37 地面站飞行器类型选择界面

（2）电机测试

选择好飞行器类型后，点击"电机测试"。在弹出的测试电机界面（如图 4-38 所示）中，分别点击 M1、M2、M3、M4，感受每个电机的旋转方向。如果旋转方向与图示不一致，则电机和电调连接的 3 根线中，任意互换 2 根，再次进行电机测试，以确保转向正确。

9．GPS 模块安装位置测量

（1）安装前准备

将飞行中要用到的所有负载（如电池、云台和相机等）全部安装在机身上。尽量平衡这些负载，使飞行器的重心位于飞行器中心。

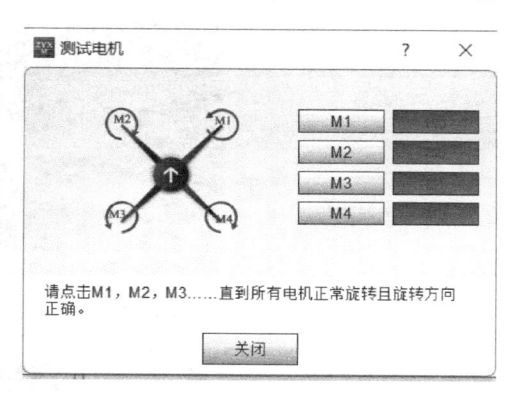

图 4-38　测试电机界面

主控器不防水、不防油，最好将其安装在震动较小的地方，可以选择靠近飞行器重心的位置。确保主控器上印有箭头的一面朝上，且与机身保持平行，用双面胶将主控器安装牢固。

如果飞行器的重心发生变化（如负载改变），请务必重新设置。

（2）主控器安装位置

点击"安装"选项，如果主控器安装在飞行器中心，那么主控 X、主控 Y、主控 Z 的数值均为 0，无需进行修改。主控器安装位置如图 4-39 所示。

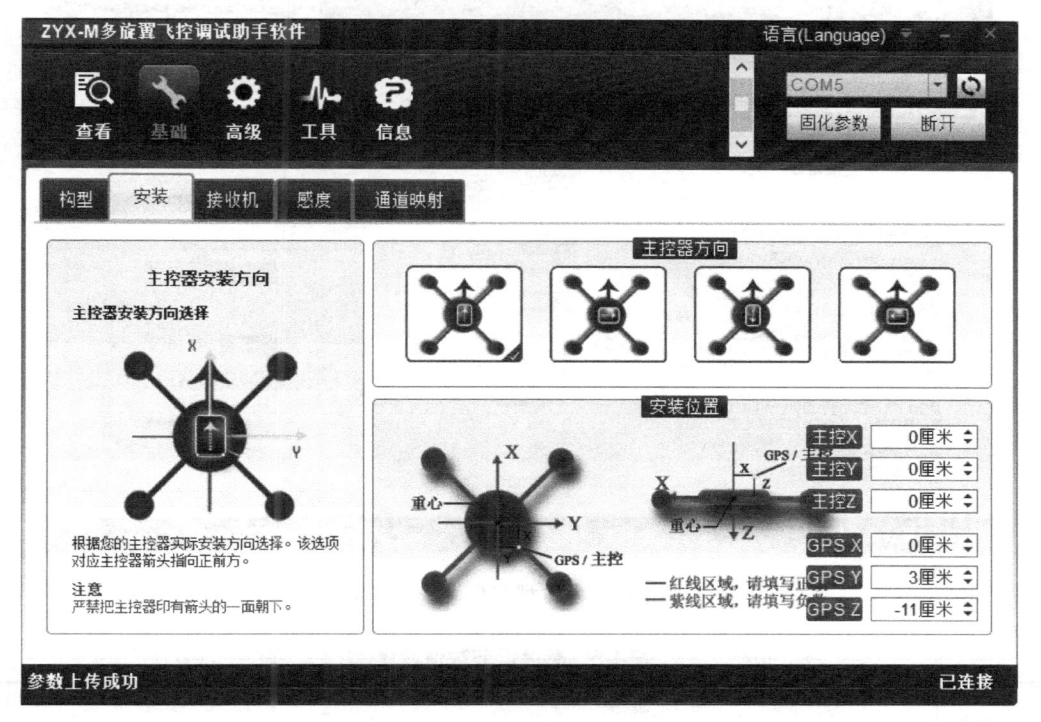

图 4-39　主控器安装位置

（3）GPS 模块安装位置

坐标原点及 X、Y、Z 三轴组成的正方形 GPS 模块安装位置如图 4-40 所示。参照图示方式进行 GPS 模块安装位置的测量，并将测量结果填写在 GPSX、GPSY、GPSZ 对应的框内。

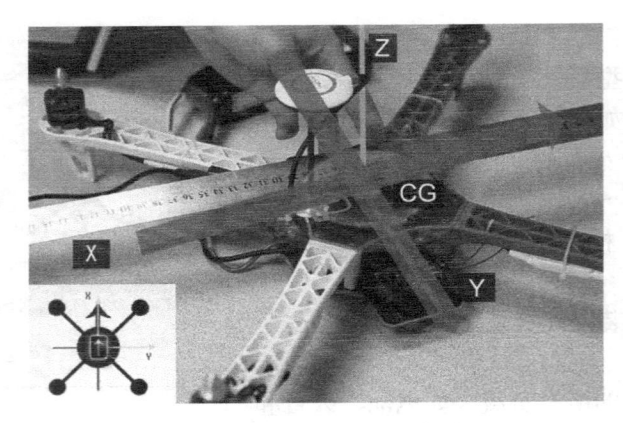

图 4-40　GPS 模块安装位置

请注意，原点为主控的重心；X 轴正方向为机头方向；Y 轴正方向为右侧；Z 轴正方向为竖直向下。

10．感度调节

按照说明书推荐的数值（详见表 4-5 感度调节数值设置），设置感度调节的数值。感度调节数值设置界面如图 4-41 所示。

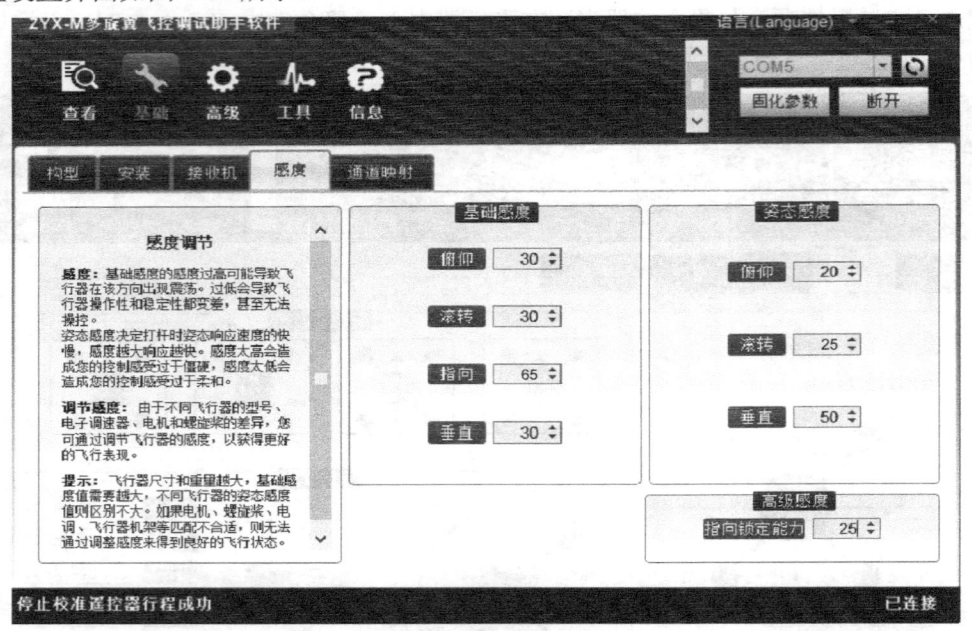

图 4-41　感度调节数值设置界面

表 4-5　感度调节数值设置

飞行器型号	基础感度				姿态感度		
	俯仰	滚转	指向	垂直	俯仰	滚转	垂直
Tarot FY450	30	30	65	20	20	25	50

11．通道映射

点击"通道映射"，如图 4-42 所示，对遥控器上的横滚、俯仰、油门和偏航 4 个基础通道分别进行操作,要求其最大行程达到100,否则需进行校准。需注意正反方向,如果通道方向有误,可点击"反向"进行调整。校准时需点击"校准",打大循环,然后回中,校准完成后固化参数。

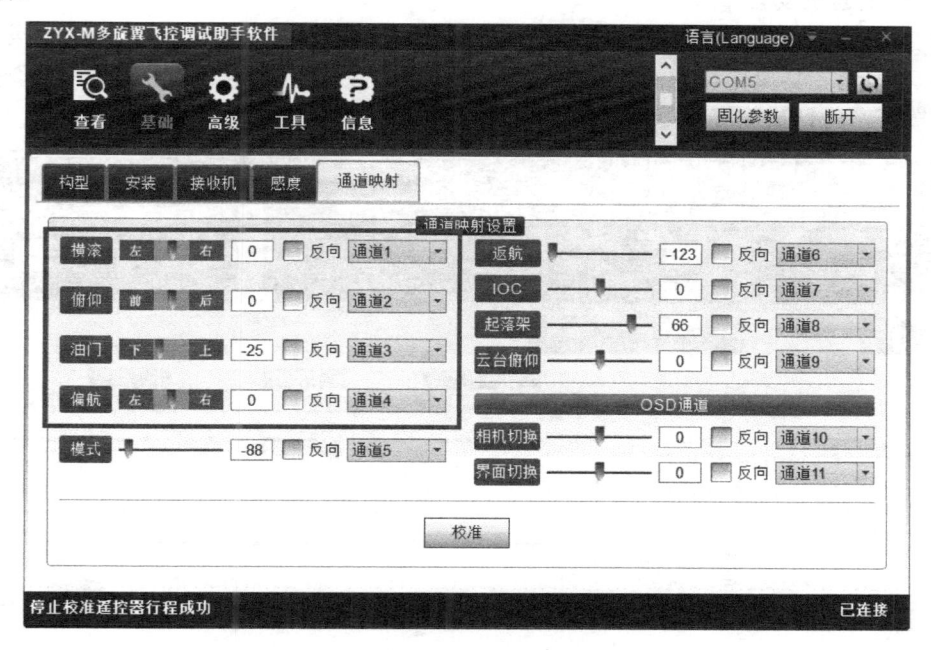

图 4-42 通道映射

12. 飞行模式切换

(1)在遥控器上设置辅助通道,将 CH5 通道设为 SwC,进行飞行模式切换,如图 4-43 所示。

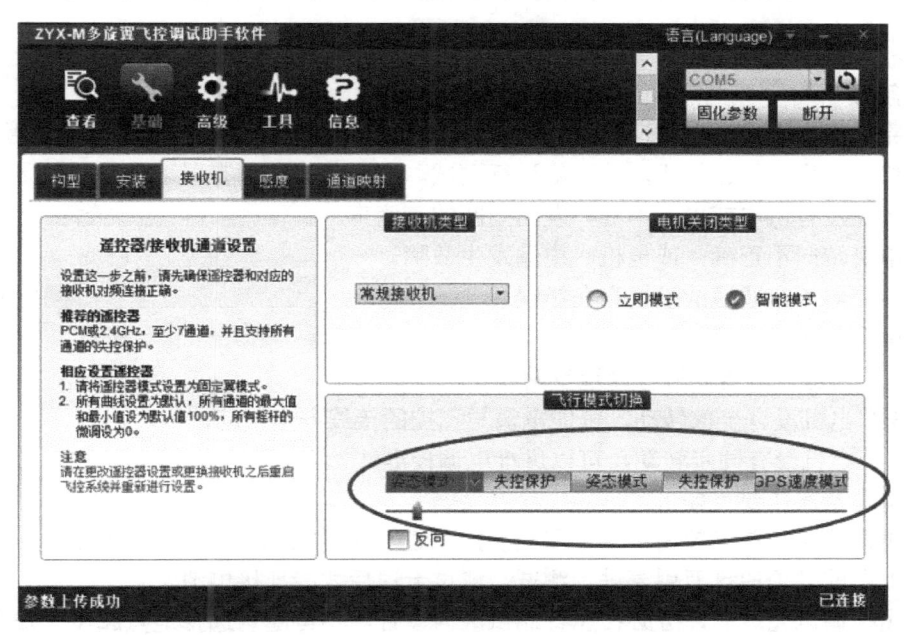

图 4-43 飞行模式切换

(2)观察遥控器操作与地面站界面显示状态是否一致：默认初始状态为 GSP 速度模式，拨动 SwC 拨杆，可切换到姿态模式。

13．一键返航设置

(1)在遥控器上设置辅助通道，将 CH6 通道设为 SwD，作为一键返航的操作拨杆。

(2)观察遥控器操作与地面站界面显示状态是否一致：默认初始状态为"待命"状态，拨动 SwD 拨杆，可切换到"开始"状态。一键返航设置如图 4-44 所示。

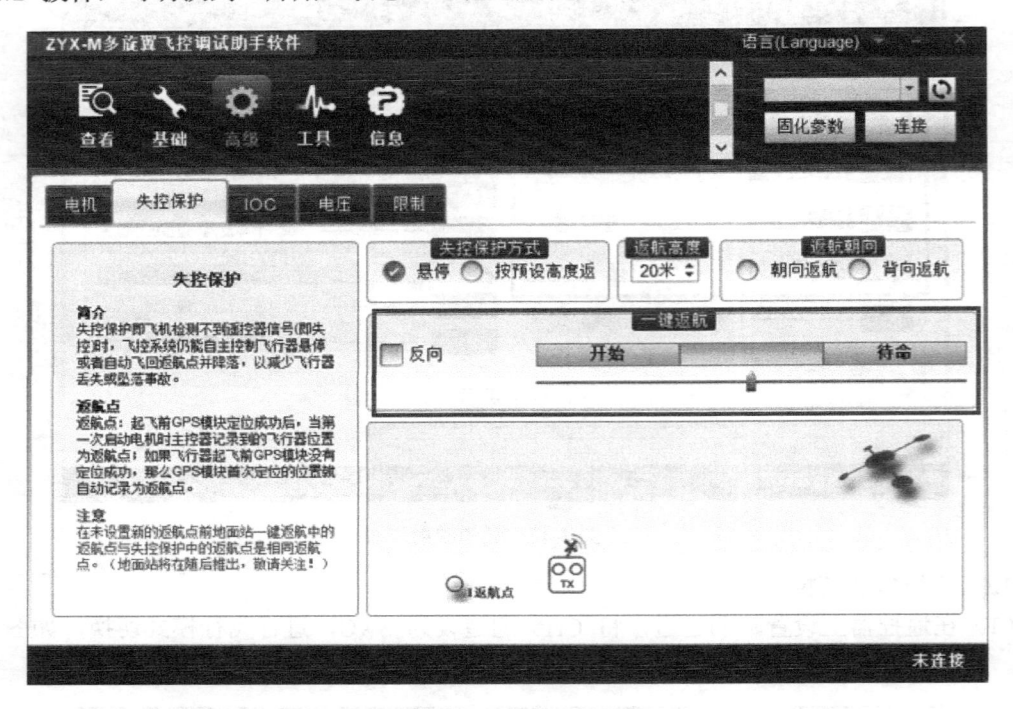

图 4-44　一键返航设置

14．解锁

正确完成以上步骤后，先不要安装桨叶，尝试使用遥控器对飞控进行解锁。如果无法解锁，则应检查前面的步骤是否出错，并重新进行调试。常见错误原因有以下几类。

(1)飞控没有供电或电压不稳，发出间断的滴滴声。

(2)电机转向不正确，或电机、电调发生故障。

(3)遥控器 4 个通道的设置存在错误。

(4)电源电压或电流不足。

(5)4 个通道可能需要进行通道反向操作。

(6)4 个电机没有全部转动，可能电调与飞控的接线产生松动。

(7)4 个电机没有同步转动，可以进行电调校准。

注意事项及操作要点如下。

(1)飞控调参需要安装调参软件和驱动，二者都安装完成后才能正常工作。

(2)上电前必须通过万用表进行测试，测试无误后才能连接电池。

(3)飞控调试完成后，务必在飞行测试区内飞行，不可随意选择地点起飞，安全第一。

请根据任务完成情况填写表 4-6。

表 4-6 F450 多旋翼无人机的调试（基于塔罗飞控）实训任务评价

姓名：		分数：	
考 核 内 容		配 分	得 分
职业素养	（1）设备、工具及材料清点	10	
	（2）操作安全	10	
操作规范	（1）选择正确的 COM 口连接飞控	5	
	（2）进行飞控加速度计校准	5	
	（3）用数字水平仪将飞控放置水平，并校准水平	2	
	（4）保持飞控处于水平状态，点击"校准加速度计"，提示水平放置飞控后，点击"完成"，并进行下一步校准	3	
	（5）使用直角尺，使飞控左边朝下放置，静置 2 s 便于飞控识别	5	
	（6）使用直角尺，使飞控右边朝下放置，静置 2 s 便于飞控识别	5	
	（7）使用直角尺，使飞控头部朝下放置，静置 2 s 便于飞控识别	5	
	（8）使用直角尺，使飞控头部朝上放置，静置 2 s 便于飞控识别，地面站软件的左下角显示"加速度计校准成功"，则表示校准完成	5	
	（9）加速度计校准	5	
	（10）指南针（磁罗盘）校准	5	
	（11）进入遥控器校准界面，点击"开始校准"；进入通道映射界面，检查通道正反向	10	
	（12）设置飞行模式	5	
	（13）故障保护设定	5	
	（14）解锁	5	
结束工作	（1）清点工具和设备	5	
	（2）清扫现场	5	

思考与改进

请与小组成员进行讨论，针对本次任务实施情况进行点评、分析和总结，并将改进意见填写在下方。

任务 4 F450 多旋翼无人机的调试（基于 Pixhawk 飞控）

知识要点

1. 开源飞控（Pixhawk 飞控）

随着无人机技术的迅猛发展，无人机爱好者为了追求无人机性能和功能的强大，开始对其飞控融入自己想要的功能电子扩展模块，使其完成特定任务。本次任务将使用 Pixhawk 飞控对

F450 多旋翼无人机进行参数设置。

所谓 Pixhawk 飞控，就是建立在开源思想基础上的飞行自主控制器项目（Open Source AutoPilot），它同时包含开源软件和开源硬件。其中，开源软件包括飞控硬件中的固件和地面站软件。相较于塔罗飞控，Pixhawk 飞控的主要特点是其模块化和可扩展能力更强。

Pixhawk 飞控是著名飞控厂商 3DR 推出的新一代独立、开源、高效的飞行控制器，其前身为 APM 飞控。它不仅提供了丰富的外设模块和可靠的飞行体验，还允许有能力的爱好者在其基础上进行二次开发。Pixhawk 飞控实物如图 4-45 所示。

2．遥控器通道分配

目前，使用最多的是左手油门（也称美国手：油门摇杆在左边，且不能自动回中），摇杆对应通道情况如下。

通道 1：低= roll 向左，高= roll 向右。（横滚：控制飞机左右运动）

通道 2：低= pitch 向前，高= pitch 向后。（俯仰：控制飞机前后运动）

图 4-45　Pixhawk 飞控实物

通道 3：低= throttl 减（关），高= throttl 加。（油门：控制飞机动力及高度）

通道 4：低= yaw 向左，高= yaw 向右（航向：控制飞机机头方向）

不管是哪个品牌的遥控器，通道 1~4 都是用于分配摇杆的，固定不变。

3．失控保护

使用最多的失控保护包括油门失控保护和低电压失控保护（需电流计）。当达到触发条件时，如油门 PWM 值低于设定值或电池电压低于设定值后，就可以启动失控保护。失控保护启动后有三种选项：RTL（返航）、继续任务、LAND（着陆）。在一般情况下，应选 RTL（返航）。

（1）油门失控保护

油门失控保护是最重要的，对它的正确理解是：当飞行器飞出遥控器的控制范围，导致遥控接收机无法接收到遥控器的控制信号时，飞行器会自动返回到起飞位置，且自动降落上锁。整个过程不需要人工干预。

然而，失控返航是有前提条件的，起飞前 GPS 必须定位成功，这样飞控才能记住起飞位置，并将其记作"家"的位置。在整个返航过程中，GPS 信号都应保持稳定。

（2）低电压失控保护

低电压失控保护是指当电池电压低于设定值时，飞行器将自动返回起飞位置并降落，这一过程同样要求 GPS 信号必须是稳定的。然而，Pixhawk 飞控一旦触发了低电压返航，在整个返航过程中，遥控器是无法干预的（相比之下，在油门失控保护下的返航过程中，遥控器可以控制飞行器的前后左右移动）。如果在返航的过程中有障碍，如高大的树木、建筑等，而飞行器目前没有自主避障功能，那么其很容易撞到障碍导致炸机。因此，现阶段不建议开启低电压失控保护。

现阶段解决低电压失控保护返航的方法有以下几种。

① 在电池上安装 BB 响报警器，出现低电压时报警提醒操作者及时返航。（此方法适用于视线范围内的飞行，确保操作者能听到报警声）。

② 使用遥控器配套的电压回传模块将电压回传到遥控器上，提示操作者返航。（此方法适

项目四 多旋翼无人机的组装与调试

用于带电压回传功能的遥控器)。

③ 带航拍设备的飞行器可以加装 OSD 模块,将电压信息回传到画面上,从而提醒操作者返航。

任务描述

请通过小组合作,为 F450 多旋翼无人机安装 Pixhawk 飞控,并进行调试,完成后进行自评和互评。

任务实施

1. 零部件清点

飞控盒内零部件清单详见表 4-7,飞控盒内零部件实物如图 4-46 所示。

表 4-7 飞控盒内零部件清单

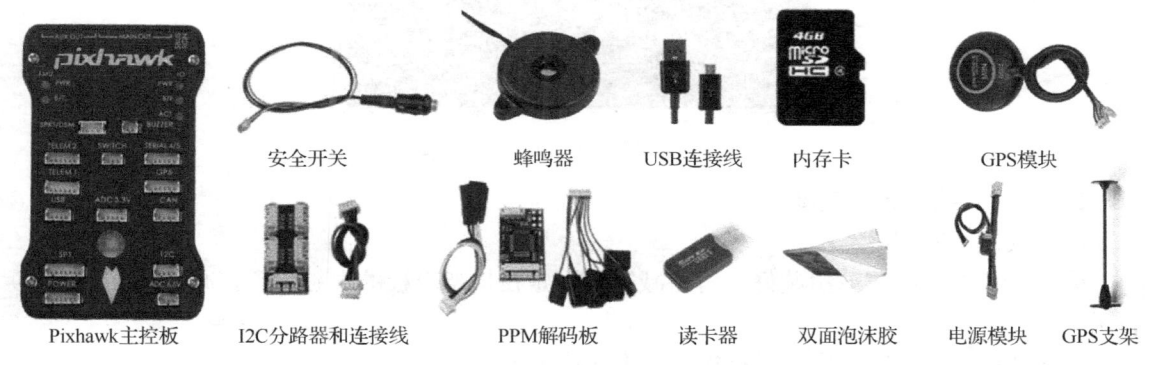

1. Pixhawk 主控板	7. PPM 解码板
2. 安全开关	8. 读卡器
3. 蜂鸣器	9. 双面泡沫胶
4. USB 连接线	10. 电源模块
5. 内存卡	11. GPS 模块
6. I2C 分路器和连接线	12. GPS 支架

图 4-46 飞控盒内零部件实物图

2. Mission Planner 地面站安装

(1)下载 Mission Planner 软件。

(2)安装调参软件,该软件图标如图 4-47 所示。

(3)飞控连接测试。飞控需要用一根安卓数据线(需自备)连接电脑。建议使用 Win10 系统的电脑。当飞控连接电脑后,会有声音提示,且屏幕右下角会提示发现新硬件,系统会自动安装驱动程序。驱动成功安装的标志是在设备管理器中正确识别标识为 PX4 FMU 的端口号。

图 4-47 调参软件图标

如果飞控连接电脑后没有反应,也可能是数据线的问题。有些数据线仅具备供电功能,不支持数据传输功能,请更换一根数据线后再连接。将飞控连接到电脑后,如能在设备管理器中找到端口信息,则代表已成功安装驱动程序,飞控与电脑的连接没有问题。

（4）认识 Misson Planner 的界面，如图 4-48 所示。安装完 Mission Planner 和驱动程序后，可以启动 Misson Planner 的主程序，其主界面左上方常用的 6 个主菜单按钮如下：

飞行数据：实时显示飞行姿态与数据；

飞行计划：是任务规划菜单；

初始设置：用于固件的安装与升级，以及一些基本设置。本次实训主要通过该主菜单进行飞控调参；

配置调试：包括详尽的 PID 调节、参数调整等；

模拟：在给 PIX 刷入特定的模拟器固件后，将 PIX 作为一个模拟器在电脑上模拟飞行；

终端：一个类似 DOS 环境的命令行调试窗口，其功能非常强大。

图 4-48　Misson Planner 的界面

3. 飞控安装与硬件连接

（1）安装减震板

先把减震板和减震球组装好，再将减震板固定在机架上板的中心位置。减震板如图 4-49 所示。

小技巧：先将减震球安装于小板上，再连接大板。

注意：减震球不可用尖锐的工具安装，减震球破损后将失去减震功能。

注意：飞控的箭头前向是无人机的机头前向。明确机头前向很重要，这涉及到后续电机的旋转方向、GPS 模块的安装方向和飞行时的前向确定，同时应以红色机臂方向为机头方向。

（2）Pixhawk 主控板端口解析

Pixhawk 主控板端口解析如图 4-50 所示。

图 4-49　减震板

（3）主控位置固定

飞控内部要安装内存卡（一般情况下，PIX2.4.8 产品在发货前已经安装好内存卡），内存卡用于记录飞行时的数据。应使用 3M 胶将飞控主控固定在减震板上，并确保飞控主控的箭头指向机头的方向。

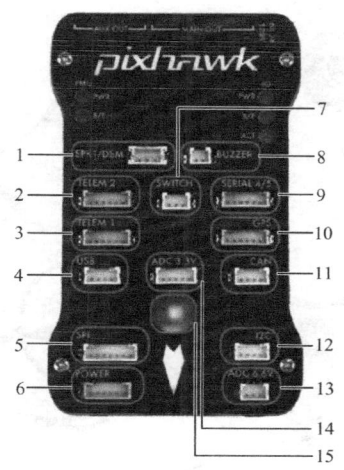

项目四 多旋翼无人机的组装与调试

1-SpektrumDSM接收机专用接口；2-遥测：屏幕显示OSD（TELEM2）；3-遥测：数传（TELEM1）；
4-USB；5-SPI总线（串行外设接口）；6-电源模块（接供电检测模块）；7-安全开关；8-蜂鸣器；
9-串口；10-GPS模块；11-CAN总线；12-I2C分路器或接指南针（罗盘）模块；
13-模数转换器（ADC）6.6 V；14-模数转换器（ADC）3.3 V；15-LED指示灯

（a）Pixhawk主控板正面接口

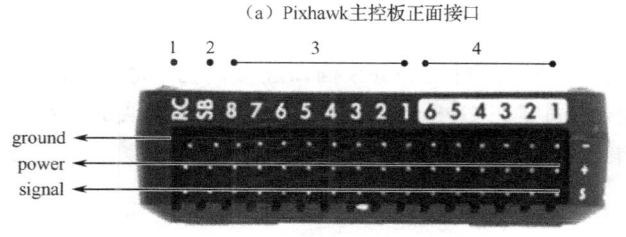

1-接收机输入；2-S.BUS输出；3-主输出；4-辅助输出

（b）Pixhawk主控板后端面接口

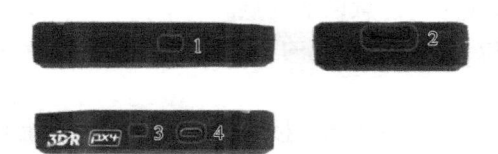

1-输入/输出重置按钮；2-SD卡插槽；3-飞行管理重置按钮；4-Micro-USB接口

（c）Pixhawk主控板前端面和侧面接口

图4-50 Pixhawk主控板端口解析

（4）蜂鸣器安装

蜂鸣器会根据飞控的情况输出不同的提示音。使用3M胶将蜂鸣器固定在机臂上，并将蜂鸣器的线插到飞控的BUZZER插口上。飞控连线示意如图4-51所示。

（5）安全开关安装

安全开关是一种硬件保护措施，其作用是防止意外解锁电机转动而造成伤害。将安全开关固定在机臂上，并将安全开关的线插到飞控的SWITCH插口上。

（6）安装电流计

电流计的作用是为飞控提供稳定的5 V电源，并测量电池的电压和电流。电流计的排线接在飞控的POWER插口上，其另外两端分别为XT60插头的公头和母头：一端作为输出端口，与中心板的电源线插接；另一端作为输入端口，待上电时与电池连接。安装完成后，将电流计绑扎在机身侧面。

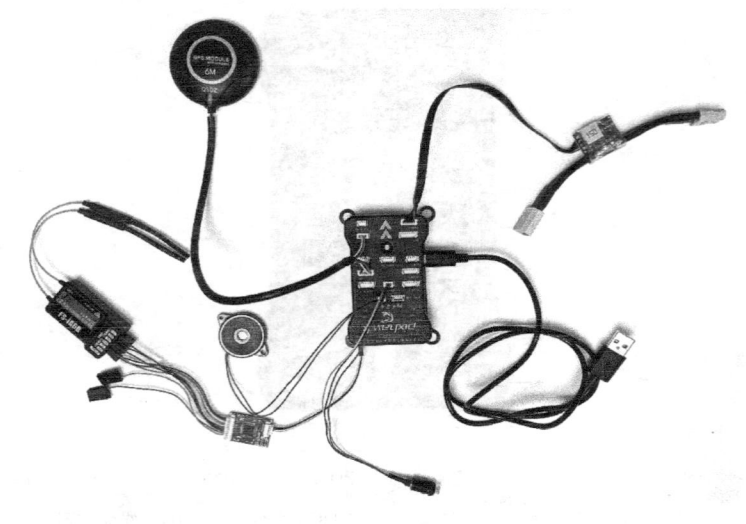

图 4-51　飞控连线示意

(7) GPS 模块安装

GPS 模块的两条排线，一条与主控的 GPS 插口连接，另一条与 I2C 插口连接。

使用 3M 胶将 GPS 模块固定在 GPS 支架上。注意：GPS 模块的箭头前向一定要和机头前向一致，因为外置罗盘集成在 GPS 模块内部，如果安装方向错误，将会导致罗盘发出警报，从而无法解锁。

(8) 电调接线

将电机对应的电调线从机臂之间穿过，引至飞控后方，并连接到飞控的主要输出口（MAIN OUT 接口）1~4 通道。接线时需注意以下几点。

① MAIN OUT 接口位于从右边数起的第 7 针脚（其前方的 AUX OUT 接口是 AUX1~AUX6 辅助接口）。

② 与塔罗飞控的电机连接顺序不同，按照 Pixhawk 飞控左上角的电机标识，右上角和左下角分别对应 1 号和 2 号电机。电调连接飞控的顺序必须准确无误，否则会导致飞机在解锁和推油门时出现翻滚现象。

③ 连接时，注意黑色负极在上，白色信号在下。电调的接线示意如图 4-52 所示。

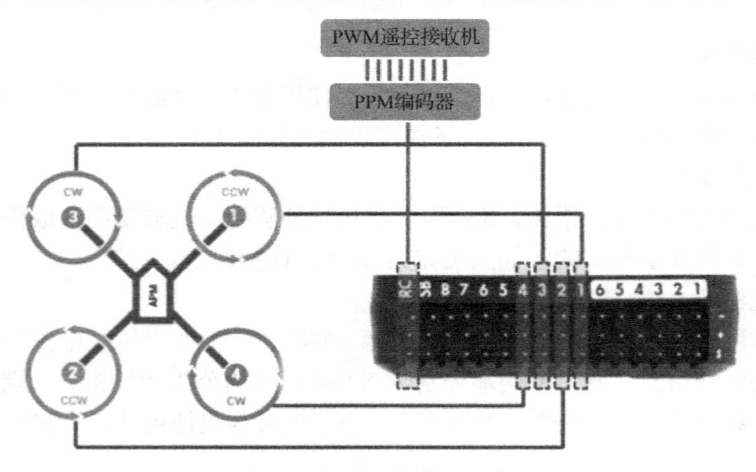

图 4-52　电调的接线示意

（9）PWM 遥控接收机接线

将 PPM 编码器的一端连接在主控板的 RC 接口上，另一端的多个插口则与 PWM 遥控接收机进行连接。PPM 编码器的通道 CH1~CH6 与 PWM 遥控接收机的通道 CH1~CH6 一一对应，按照 PPM 编码器上的顺序进行排列，并在接插时确保对准插口凹槽。以下是各通道的连接线颜色：

CH1 通道：三色线，其中白色线位于上方；

PPM 编码器第 1 通道（CH1）：三色线，白色线向上，与 PWM 遥控接收机通道 CH1 连接；

PPM 编码器第 2 通道（CH2）：橙色线，与 PWM 遥控接收机通道 CH2 连接；

PPM 编码器第 3 通道（CH3）：黄色线，与 PWM 遥控接收机通道 CH3 连接；

PPM 编码器第 4 通道（CH4）：绿色线，与 PWM 遥控接收机通道 CH4 连接；

PPM 编码器第 5 通道（CH5）：蓝色线，与 PWM 遥控接收机通道 CH5 连接；

PPM 编码器第 6 通道（CH6）：紫色线，与 PWM 遥控接收机通道 CH6 连接；

PPM 编码器第 7 通道（CH7）：棕色线，不与 PWM 遥控接收机连接；

PPM 编码器第 8 通道（CH8）：灰白色线，不与 PWM 遥控接收机连接。

PPM 编码器的接线示意如图 4-53 所示。

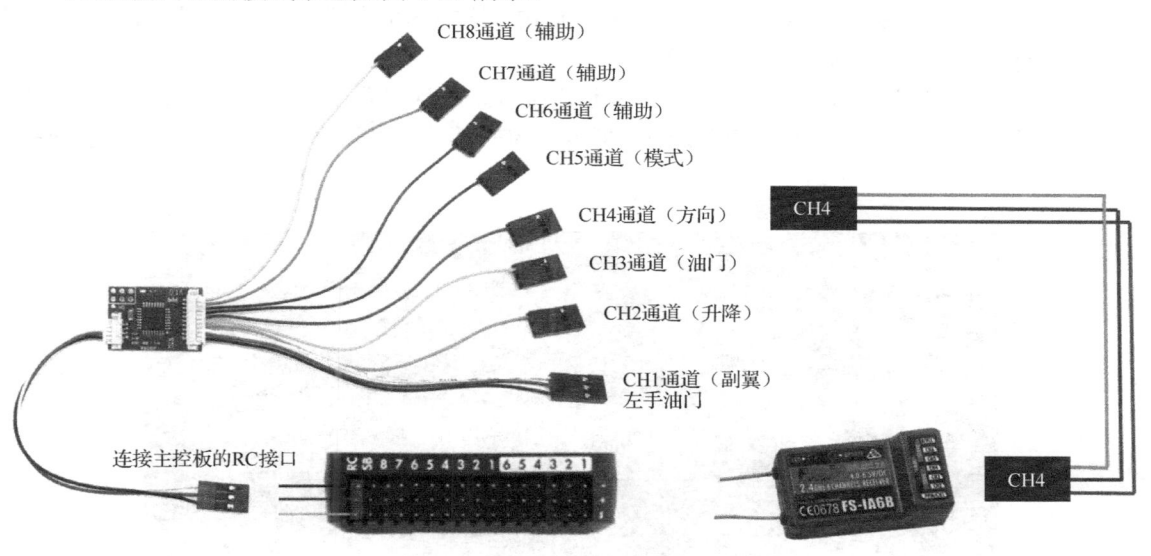

图 4-53　PPM 编码器的接线示意

电调、PWM 遥控接收机的接线实物如图 4-54 所示。

4. 上电前检查

准备所需材料，参照塔罗飞控调试项目的"上电前检查"方式，完成本项检查。

5. 遥控器对码

参照塔罗飞控调试项目的操作，完成本项遥控器对码。

6. 飞控调参

（1）飞控与电脑连接

将飞控的 USB 线连接到电脑上，确保电脑已成功识别 PIX 的 COM 口后，打开 Mission Planner（以下简称

图 4-54　电调、PWM 遥控接收机的接线实物

MP）。MP 开启后会有是否更新提示，请点击"NO"，如图 4-55 所示。

在 MP 主界面的右上方找到端口选择下拉框，选择对应的 COM 口，并将波特率设置为"115200"，如图 4-56 所示。注意：请不要用无线数传来安装固件。虽然无线数传与 USB 有着相同的通信功能，但它缺少 reset 信号，无法在刷写固件的过程中为 PIX 复位，这会导致安装失败。

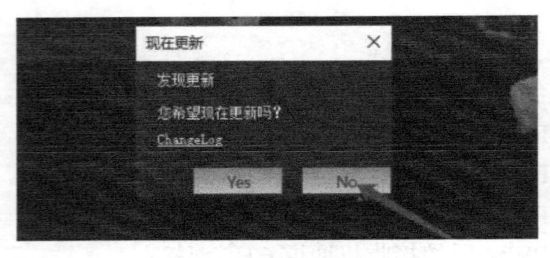

图 4-55　飞控与电脑连接　　　　　　　　图 4-56　端口选择

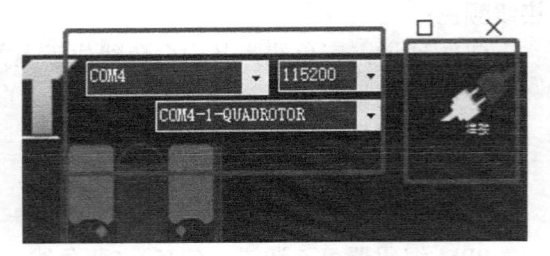

（2）固件的刷写

拿到 PIX 后，首先要给它刷写需要的固件。虽然卖家在出售前可能已经刷写了固件，但未必是符合特定要求的固件。因此，学会如何刷写 PIX 的固件是至关重要的！

① 点击"初始设置"，选择"安装固件"。点击"四轴图标"后，可以"从网页下载固件"或"加载自定义固件"，如图 4-57 所示。

注意：在固件安装前，如果飞控与电脑是连接状态，且地面站提示已经连接了 MAVlink，此时是不能加载固件的，必须先断开连接。断开连接时不用拔掉数据线，只需要点击地面站右上角的"断开连接"即可。

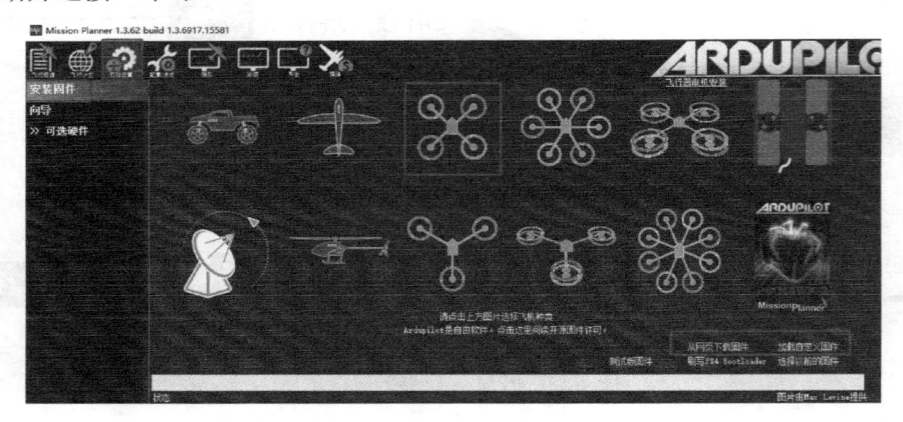

图 4-57　下载固件

② 下载固件进行刷写

a．电脑连接到网络后，点击"安装固件"，地面站会自动连接到官方服务器查询最新固件。如果没有网络，则无法下载最新固件（固件相当于写入飞控的程序）；因向导模式功能尚不完善，请不要使用该功能升级安装固件，其出错概率较大。同时，可以手动下载购买飞控时商家提供的固件，然后点击"加载自定义固件"，选择已下载的固件并上传到飞控，这也可以实现固件的安装。

b．点击"安装固件"后，窗口右侧会自动通过网络下载最新的固件，并以图形化界面显示固件名称及其对应的飞机模式。此时只需在对应的飞机模式图片上点击，MP 就会自动下载该固件。

c. 点击"四轴图标"后，会弹出一个对话框，询问是否升级到最新版本，请点击"YES"。
d. 在连接过程中会弹出提示，询问是否上传 ChibiOS，请选择"NO"。
e. 地面站会自动从官方服务器上下载最新版固件，在此期间，会弹出一个提示，要求先拔下 USB 线，点击"OK"后，立即重新插上 USB 线，之后，地面站会自动完成连接 PIX、写入程序、校验程序、断开连接等一系列动作，无需人工干预。
f. 当固件安装提示"Done"后，飞控的蜂鸣器会发出一连串音乐。待音乐停止后，点击"确定"，固件刷写即告结束。此时，点击右上角的连接按钮连接 PIX，即可查看 PIX 实时运行的姿态与数据。固件刷写过程如图 4-58 所示。

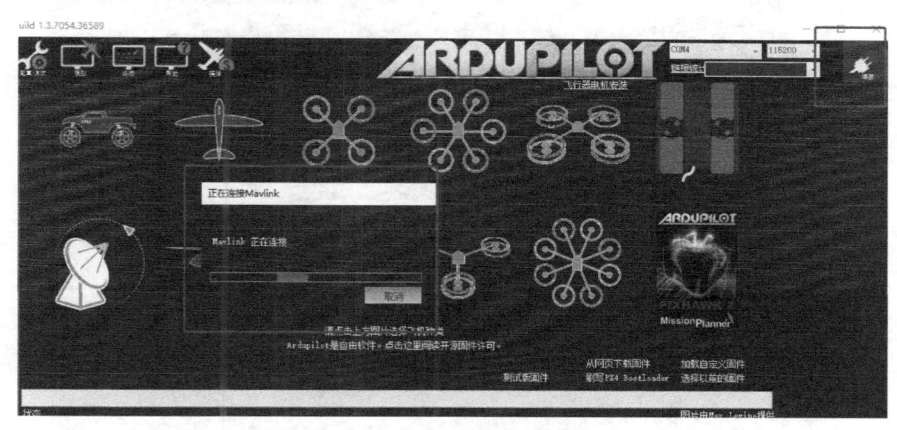

图 4-58 固件刷写过程

（3）设置机架类型

固件刷写完成后，开始进行无人机调参。此时，MP 会在"初始设置"中自动弹出"必要硬件"，然后选择"机架类型"，可点击界面上的图标进行设置。设置机架类型如图 4-59 所示。

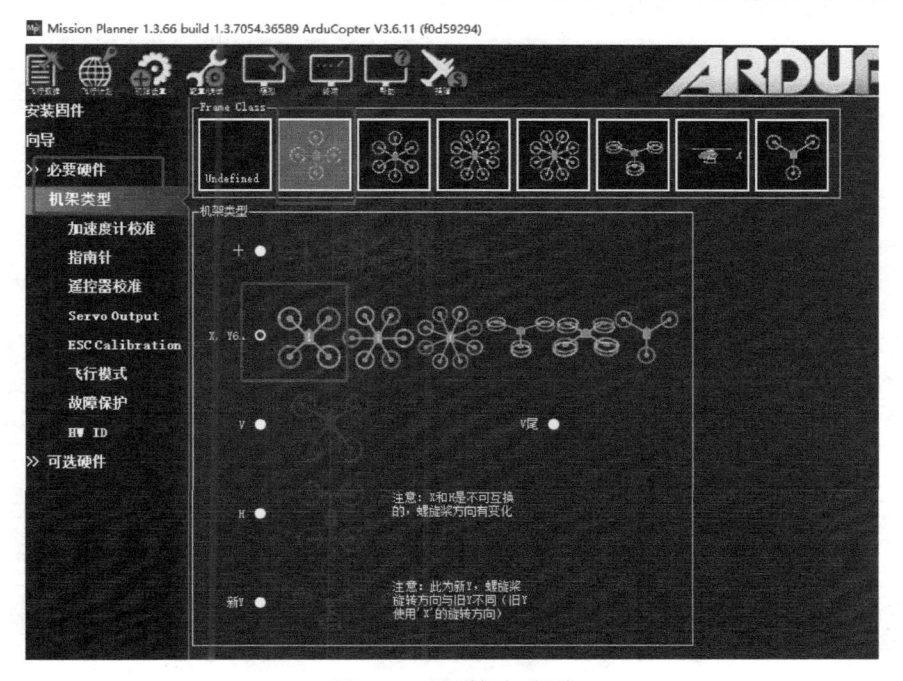

图 4-59 设置机架类型

注意：在新版固件中，如果不设置机架类型，系统会发出警报，提示"check firmware or FRAME_CLASS"。

（4）校准加速度计

在"必要硬件"中，点击"校准加速度计"。在校准加速度计前，请确保无人机水平放置。在校准过程中会执行 6 个动作，每个动作完成后，请按回车键或空格键进行确认。校准加速度计如图 4-60 所示。

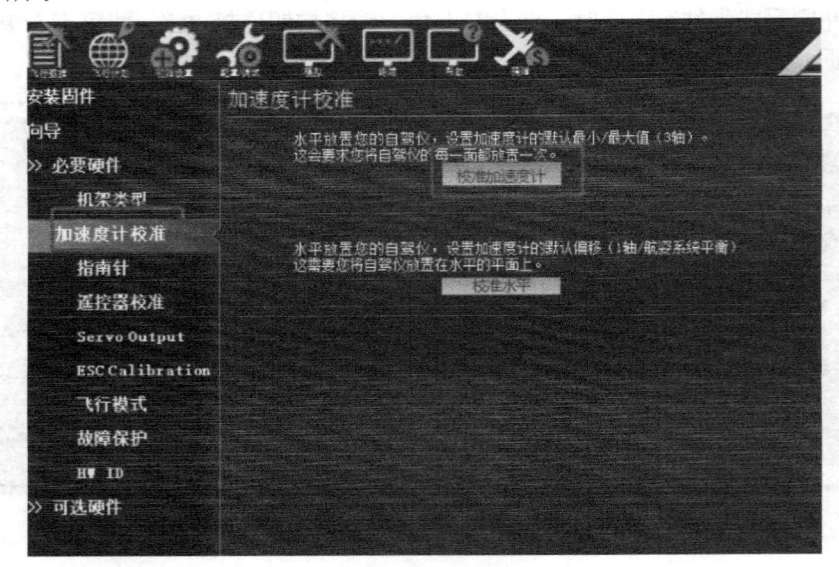

图 4-60　校准加速度计

点击"校准加速度计"后的 6 个动作如下。

① 将无人机水平放置，如图 4-61 所示，然后按回车键。

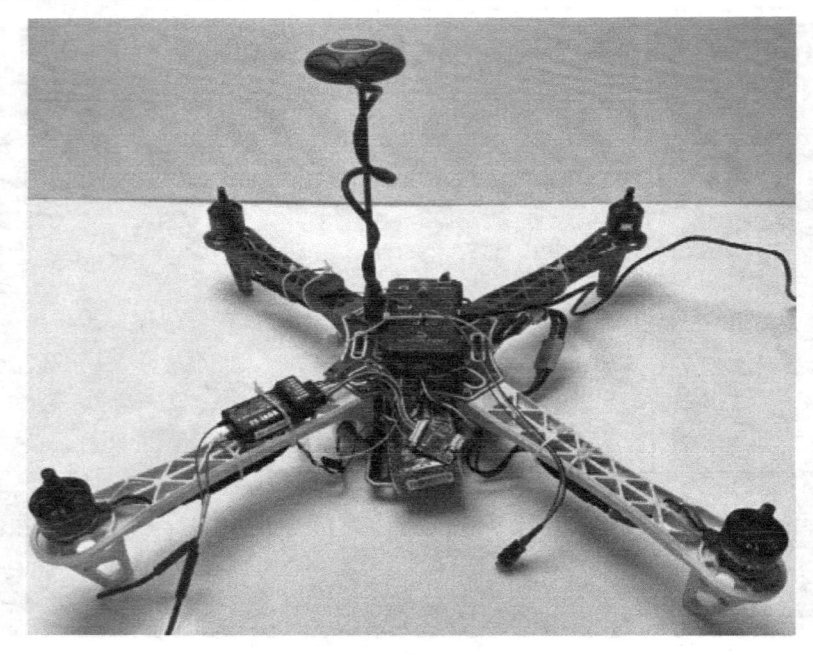

图 4-61　无人机水平放置

② 将无人机左侧朝下立起，并尽量保持垂直，如图 4-62 所示，然后按回车键。
③ 将无人机右侧朝下立起，并尽量保持垂直，如图 4-63 所示，然后按回车键。

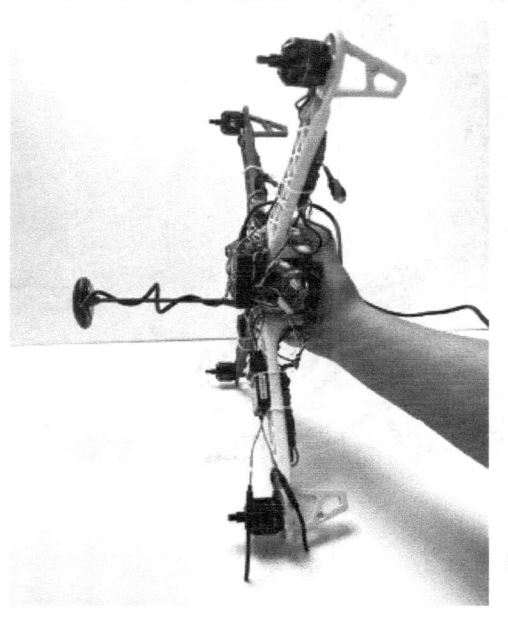

图 4-62　无人机左侧朝下立起 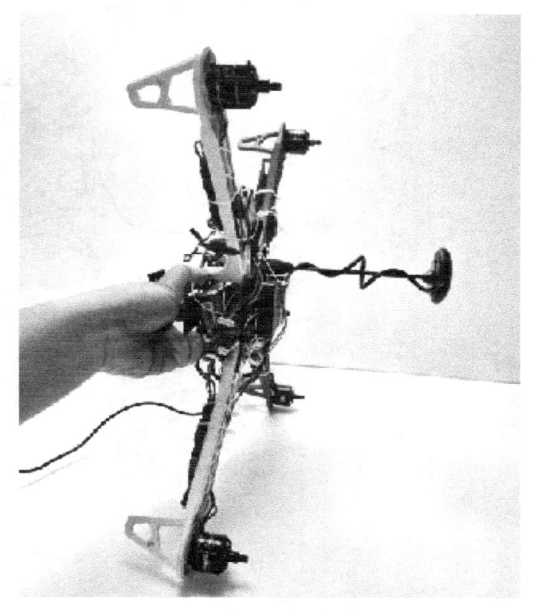　　　　　　图 4-63　无人机右侧朝下立起

④ 将无人机机头朝下立起，并尽量保持垂直，如图 4-64 所示，然后按回车键。
⑤ 将无人机机头朝上立起，并尽量保持垂直，如图 4-65 所示，然后按回车键。

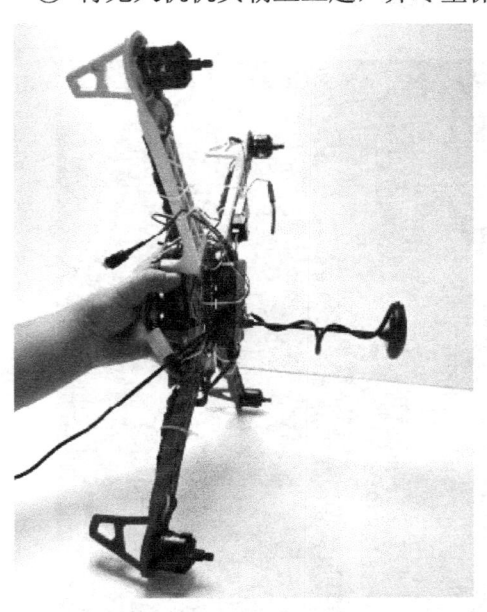

图 4-64　无人机机头朝下立起 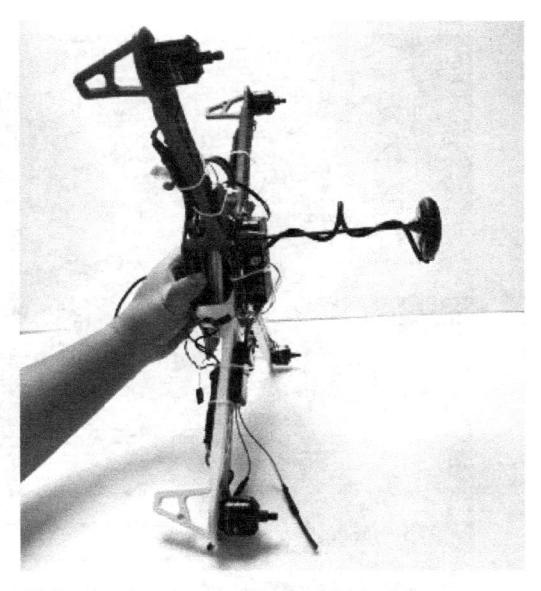　　　　　　图 4-65　无人机机头朝上立起

⑥ 将无人机底面朝上，并尽量保持水平，如图 4-66 所示，然后按回车键。
校准加速度计完成后，会显示"Calibration Successful"。如果校准失败，请重新进行校准。完成校准加速度计后，请断开与无人机的连接，再拔掉 USB 线，然后重新进行连接。

无人机组装与调试

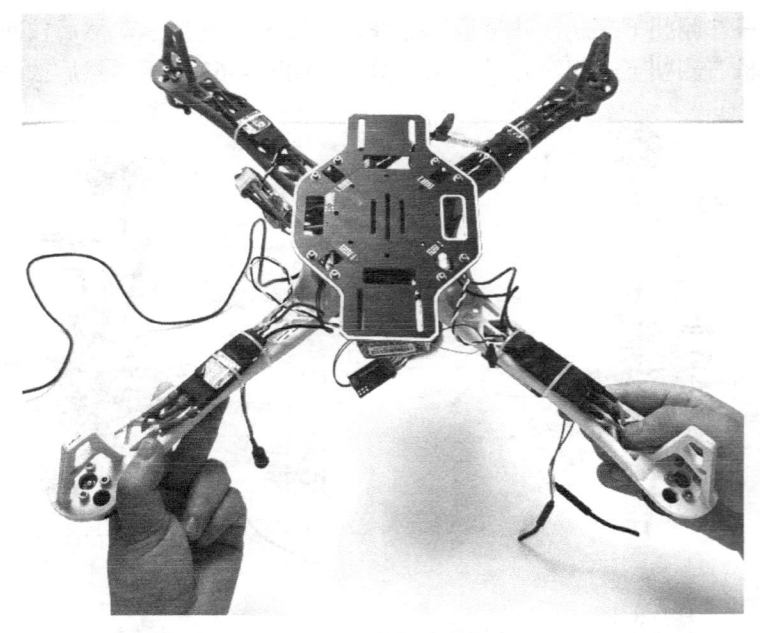

图 4-66　无人机底面朝上

（5）指南针校准

飞控内部和 GPS 模块中分别有一个指南针。GPS 模块中集成的指南针被称为"外置罗盘"，即指南针#1，飞控内部的指南针被称为"内置罗盘"，即指南针#2。注意：在校准指南针时，请远离金属构件、喇叭等具有强磁性的物品。指南针校准如图 4-67 所示。

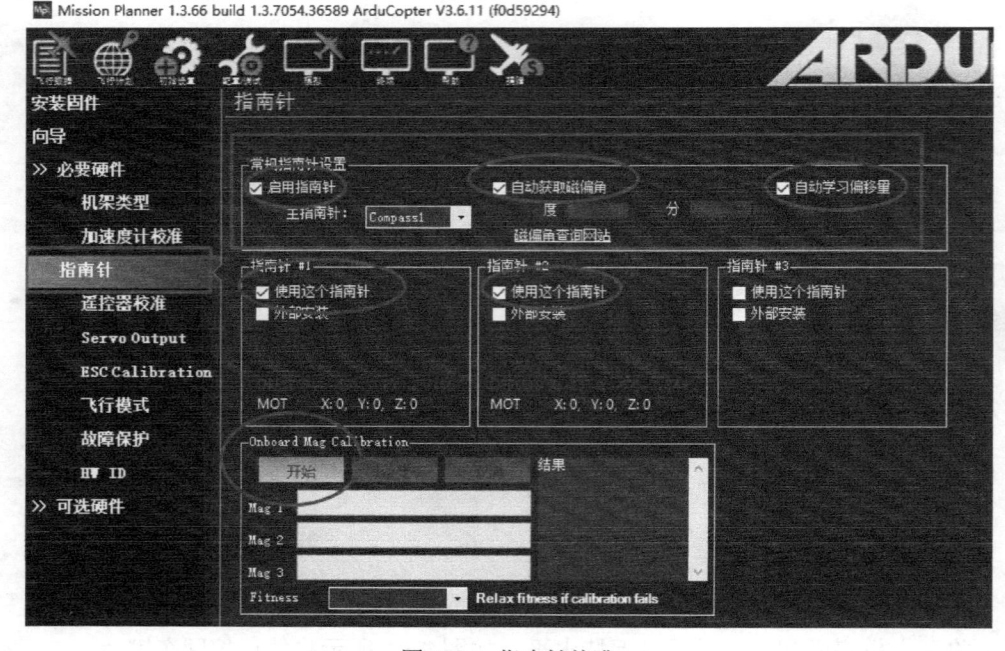

图 4-67　指南针校准

点击"初始设置"中的"必要硬件"菜单，同时请确保 GPS 模块接线正确。接下来，选择"指南针"菜单，按照图 4-67 中的示例勾选对应的设置，并点击"开始"。在校准过程中，要将无人机的每个面都朝上旋转 1～2 圈（正转、反转均可）。旋转时注意避免 USB 线打结，可先顺时针旋转一圈，再逆时针旋转一圈。或者，可以使用数传模块代替 USB 线，以避免 USB 线打结。具体旋转步骤如下。

① 无人机水平放置旋转 1～2 圈。
② 无人机左侧朝下旋转 1～2 圈。
③ 无人机右侧朝下旋转 1～2 圈。
④ 无人机机头朝下旋转 1～2 圈。
⑤ 无人机机头朝上旋转 1～2 圈。
⑥ 无人机底面朝上旋转 1～2 圈。

在校准过程中会有 2 个进度条显示进度。在进度条行进完毕后，校准即完成。如果校准失败，请断开连接，并检查接线是否正确，然后重新执行校准。校准完成后要重启飞控。

重新连接 USB 线后，再连接地面站，在指南针页面即可看到指南针的数据。数值小于 400 时显示为绿色，表示正常可用；数值大于 400 时显示为黄色，表示警告；数值超过 600 时显示为红色，表示完全不可用。数值大于 400 时，需要重新校准。

（6）遥控器校准

① 点击"初始设置"中的"必要硬件"，选择"遥控器校准"，然后点击窗口右边的"校准遥控"按钮。遥控器校准如图 4-68 所示。

注意：如果通道里没有显示绿色，说明遥控接收机的信号没有传输到飞控中。请检查飞控与遥控接收机的接线是否正确，或检查遥控接收机是否已完成对码。

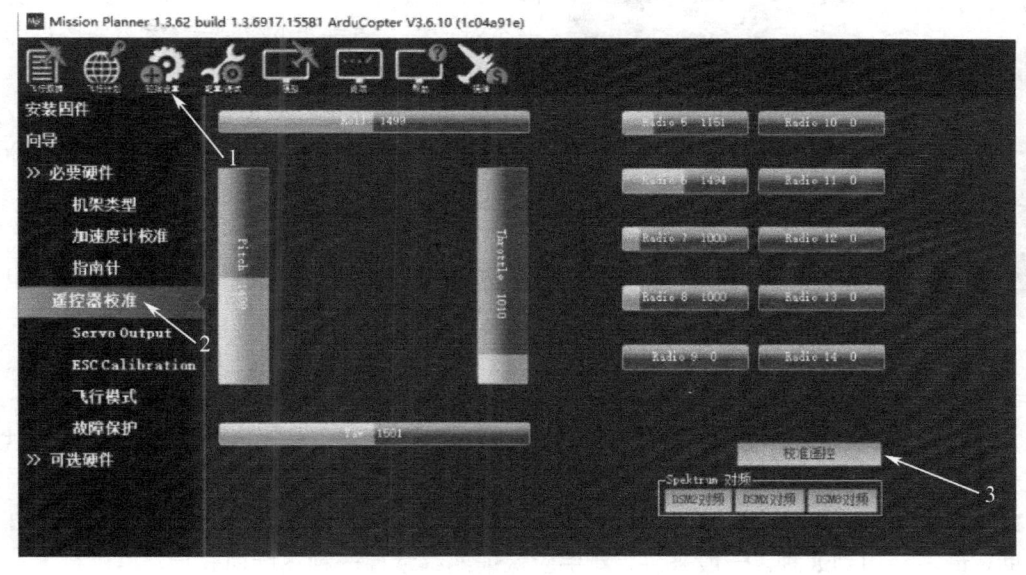

图 4-68 遥控器校准

② 点击"校准遥控"后，系统会依次弹出两个提醒，分别是确认遥控发射端已经打开，以及确认遥控接收机已经连接飞控。然后，点击"OK"开始校准。将遥控器左右两边的摇杆分别向上下、左右推至最大行程，使每个通道的红色提示条都移动到其上、下限的位置。此时，四个通道的最大值和最小值数据应大致相近。校准遥控如图 4-69 所示。

无人机组装与调试

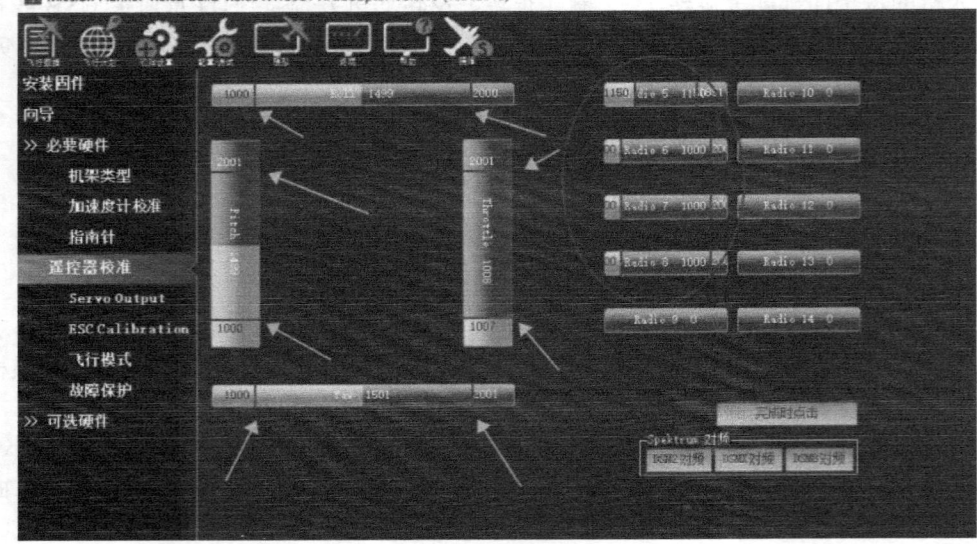

图 4-69 校准遥控

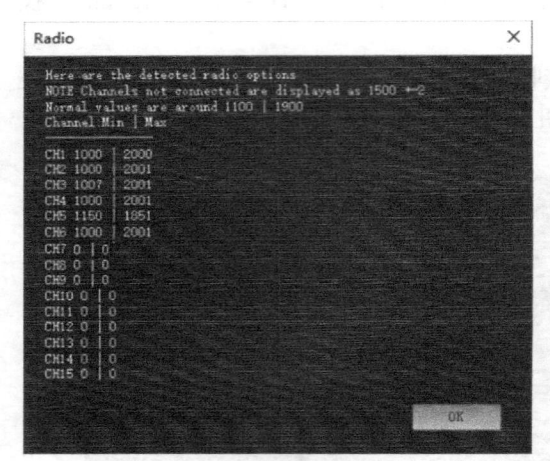

图 4-70 遥控器校准完成

③ 拨动 SwC 开关，查看对应的 5 通道是否动作；拨动 SwB 开关，查看对应的 6 通道是否动作。如果摇杆行程全部打满后，通道动作没有问题，即可点击"完成时点击"按钮。此时会弹出一个对话框，点击"OK"后，遥控器校准即告完成，如图 4-70 所示。

注意：务必等数据窗口弹出后再点击"OK"，以确保数据得以保存。同时，请勿调整遥控器微调设置。

（7）飞行模式设置

新手对于飞行模式往往缺乏体会和认识，他们通常认为，只要无人机组装调试完毕，一推油门，无人机就能平稳起飞并悬停在空中。然而事实并非如此。无人机的飞行姿态，一方面受到遥控器摇杆的人为控制，如上下、左右的运动，另一方面依赖于选定的飞行模式控制，如保持空中定高或定点。通过切换不同的飞行模式，无人机会执行不同的预设动作。

Pixhawk 飞控提供了多种飞行模式可供选择，但常用的一般只有 6 种，加上 CH7 和 CH8 的辅助，最多会用到 8 种。一般来讲，新手应保证熟练掌握一种飞行模式后，再进行下一种模式的练习。飞行模式设置步骤如下：

① 点击"初始设置"，选择"必要硬件"中的"飞行模式"选项，会弹出飞行模式设置界面，如图 4-71 所示。

② 参考图 4-71，通过开关组合，设置 6 种飞行模式。将开关设置到对应组合时，地面站对应的飞行模式会变为绿色高亮显示，具体的飞行模式设置如下。

将飞行模式 1 设置为"AltHold"（定高）。

将飞行模式 2 设置为"Loiter"（留待=悬停=定点）。

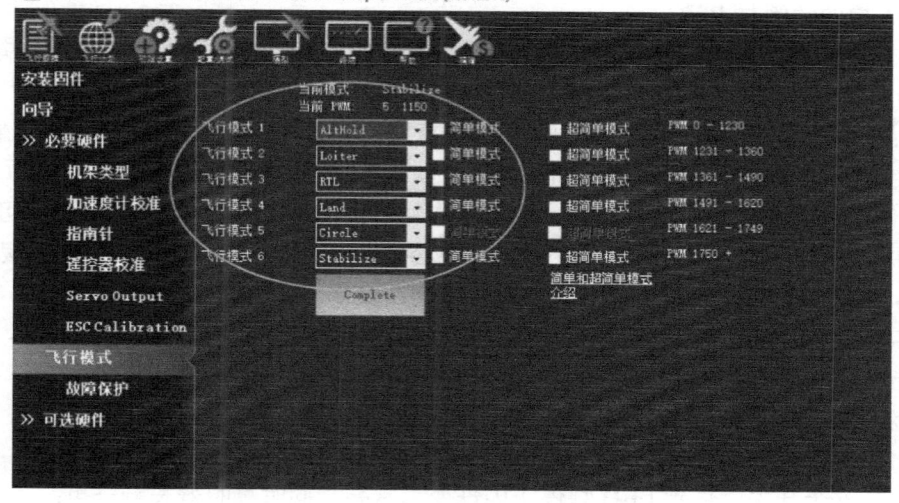

项目四 多旋翼无人机的组装与调试

图 4-71 飞行模式设置界面

将飞行模式 3 设置为 "RTL"（返航）。
将飞行模式 4 设置为 "Land"（降落）。
将飞行模式 5 设置为 "Circle"（绕圈）。
将飞行模式 6 设置为 "Stabilize"（自稳）。

先不勾选简单模式和超级简单模式，勾选即表示启用。要牢记开关组合，这在飞行时很重要。如有必要，可以在遥控器上贴上标签注明，以避免操作失误。注意：地面站中的飞行模式与遥控器 5 通道的模式名称是一一对应的。

（8）设置 SwA 开关，切换简单模式

简单模式即无头模式。在之后的飞行中，通过设置 SwA 开关，可以在有头模式和无头模式之间进行切换。其他 PID 参数保持默认设置即可。具体操作步骤如下。

在地面站中点击"调试配置"页面，选择"扩展调参"菜单，将"通道 7 选项"设置为"Simple Mode"，即简单模式，如图 4-72 所示。

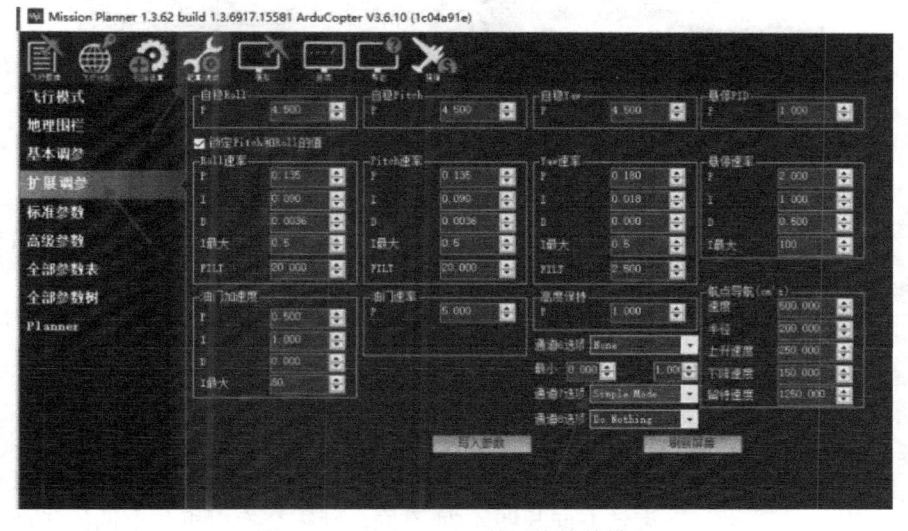

图 4-72 设置 SwA 开关切换简单模式

（9）飞控的解锁与上锁

完成上述步骤后，长按安全开关，安全开关的 LED 灯长亮，同时蜂鸣器会长响一声，飞控的 LED 灯变成蓝色闪烁状态，这表示飞控可以进行解锁了。

注意：如果飞控的 LED 灯仍然为黄色闪烁状态，这表示还有未解除的警报，请查看首页上以红色字显示的提示。只有在警报全部解除后，飞控才能进行解锁。

对于使用无刷电机的无人机而言，其动力较大，如果插上电池后，无需解锁便可以推动油门摇杆，那么在注意力未集中的情况下，桨叶很容易触及皮肤，其产生的力量很容易将皮肤割伤。因此，Pixhawk 飞控设置了两重安全保护机制：安全开关解锁和遥控器解锁。只有确认这两种解锁方式都正常，飞控才能成功解锁。解锁后电机就会开始旋转，为确保安全，调试阶段一定不能安装桨叶。

解锁步骤：

① 将飞行模式开关切换到自稳模式，开关组合：E=下，D=下；

② 长按安全开关，直到 LED 灯停止闪烁变为常亮，同时蜂鸣器长响一声；

③ 遥控器解锁标准是检测到第 3 通道达到最低值，且第 4 通道达到最高值，即保持油门最低，方向舵向右转到最大行程，停留 3 s 左右。

观察地面站的"故障保护"页面，确保 3 通道值接近最小值（1000 左右），4 通道值接近最大值（2000 左右），同时状态由"Disarmed"变成"Armed"，如图 4-73 所示，这表示解锁成功。解锁后推动油门摇杆，电机开始旋转，且电机输出的功率会随着油门的增加而增大。

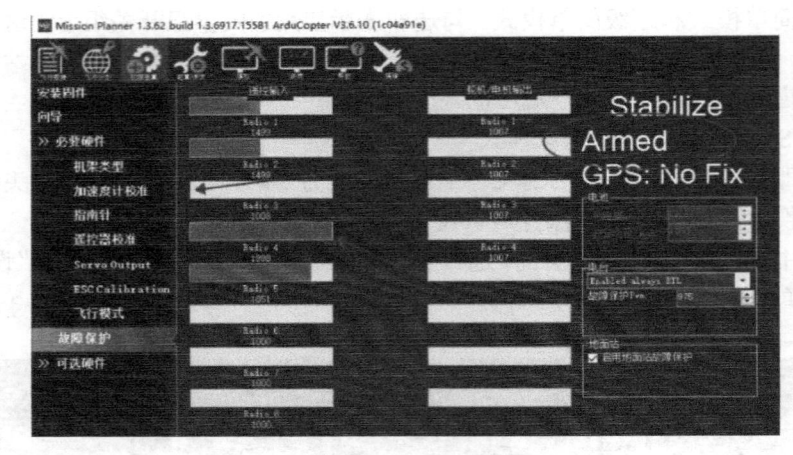

图 4-73　飞控的解锁

上锁方法：

方法一：飞控解锁后，若油门摇杆在最低位保持 15 s 无任何动作，飞控将自动上锁。

方法二：将油门摇杆向左下角持续按住 3 s 左右，飞控将上锁。

（10）电机旋转方向调整

飞控解锁后，电机开始转动，此时不能安装桨叶，要先进行电机旋转方向的调整。电机旋转方向如图 4-74 所示。如果电机旋转方向与图 4-74 不同，则需交换电机与电调的任意两根接线。

图 4-74　电机旋转方向

这样，电机的旋转方向就会发生改变。电机的旋转方向必须正确，否则无人机无法起飞。电机的旋转方向调整正确后，可以使用尼龙扎带将电调绑扎在机臂上，以保持整洁美观，同时减少震动。

（11）失控保护设置

Pixhawk 飞控的失控保护是通过"故障保护"菜单进行设置的，需要分别设置地面站和遥控器。

① 地面站设置

首先，点击"初始设置"中的"必要硬件"，选择"故障保护"菜单。

然后，将"电台"设置为"Enabled always RTL"，即油门失控返航，同时将"故障保护 Pwm"设置为 975，即油门值低于 975 时触发失控返航。设置完成后，务必将油门微调恢复到 0，否则飞控将一直处于失控保护状态，导致无法解锁。失控保护设置如图 4-75 所示。

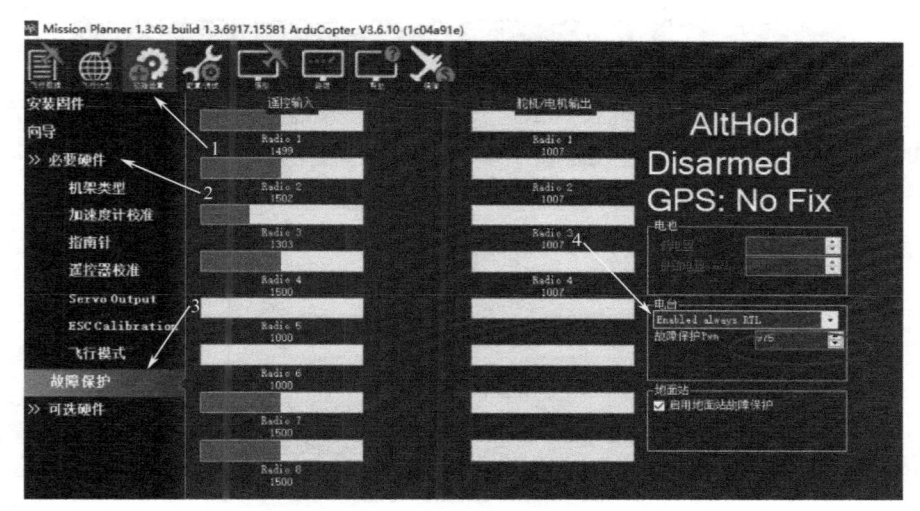

图 4-75 失控保护设置

② 遥控器设置

步骤一：打开遥控器，选择功能设置（Functions setup），点击 OK 键。然后选择最大舵量（End points），点击 OK 键，待箭头出现在 Ch3 这一行时，通过操作上键（UP）和下键（DOWN），将 Ch3 通道改成 112% 和 100%（如图 4-76 所示），软件界面油门显示处的 Pwm 值小于 975 即可。

图 4-76 通道 Ch3 的最大舵量设置为 112% 和 100%

步骤二：进入系统设置（System setup），通过操作上键（UP）和下键（DOWN），选择接收机设置（RX setup），点击 OK 键，然后选择失控保护（Failsafe），如图 4-77 所示。选择第 3 通道（Channel 3），点击 OK 键进入设置界面（如图 4-78 所示），按上键（UP）将其状态切换为 ON，再长按 CANCEL 键保存退出，最后将通道 Ch3 调整到 -110%。

步骤三：按步骤一的操作，将通道 Ch3 改成 100% 和 100%。

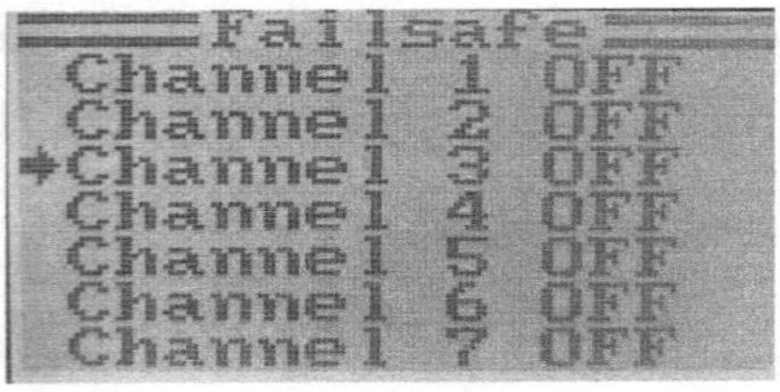

图 4-77　失控保护（Faisafe）设置界面 　　　　　图 4-78　Channel 3 设置界面

③ 失控保护功能测试

检查失控保护是否已经完成设置时，可先将遥控器关闭，并观察第 3 通道的油门值是否在 975 以下，以及飞行模式是否自动切换到 RTL 模式。

在关闭遥控器以后，如果第 3 通道的油门值小于 975，则已触发失控保护。失控保护功能测试如图 4-79 所示。

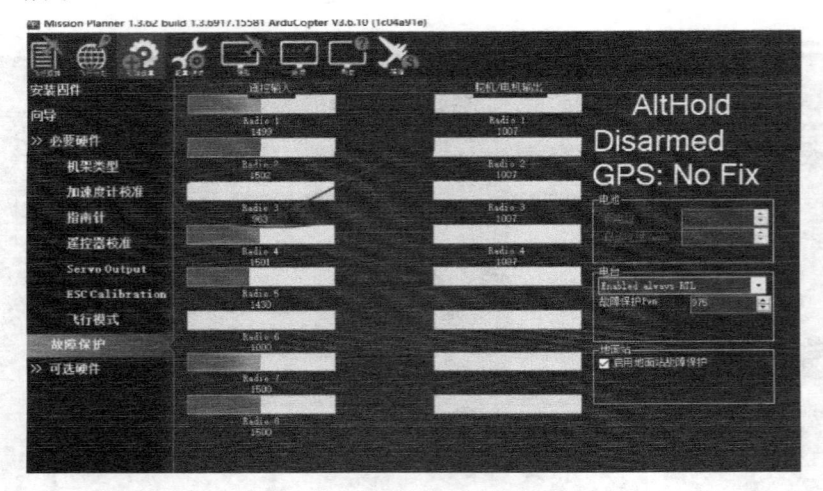

图 4-79　失控保护功能测试

在关闭遥控器后，飞行模式页面上的绿色高亮指示会自动跳转到 RTL 模式，如图 4-80 所示。

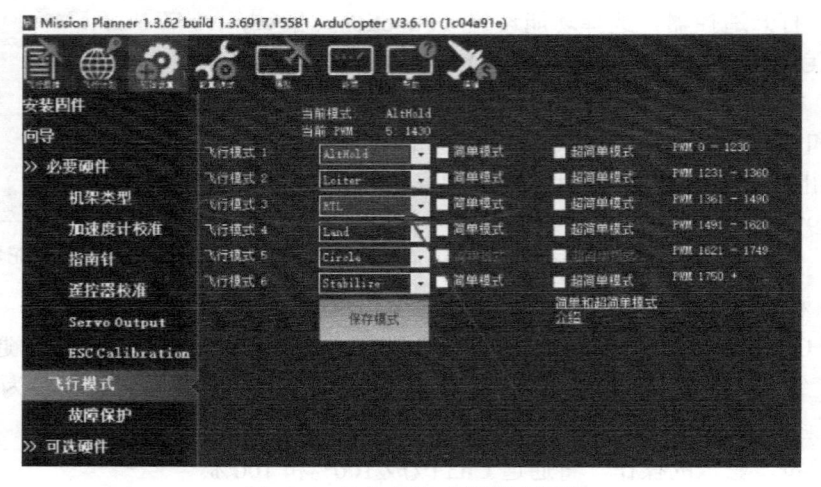

图 4-80　失控保护功能测试步骤

（12）电流计的设置与使用

前文提到，不建议开启飞控的低电压返航功能，但可以开启电流计的检测功能，这样就能在地面站实时监控电池电压（只是不开启触发电压低值的返航功能）。电流计的设置与使用具体步骤，按照图 4-81 所示进行。

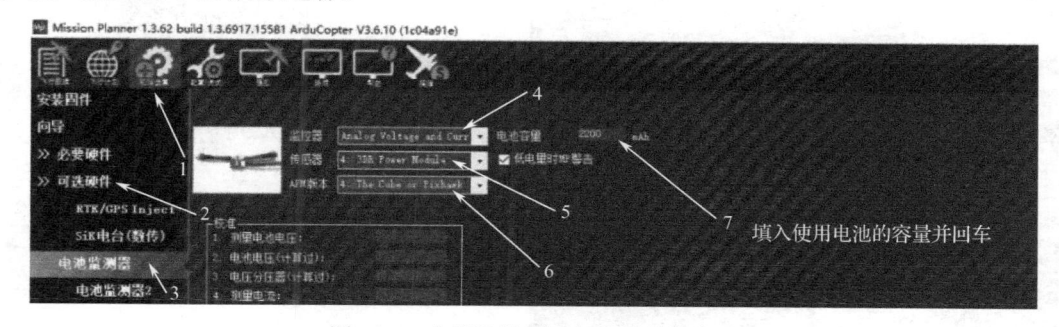

图 4-81　电流计的设置与使用具体步骤

设置完成后，将飞控的 USB 线拔掉，再重新连接到电脑上。同时，将电池连接到飞行器上，接下来，按照图 4-82 所示填写电池电压。

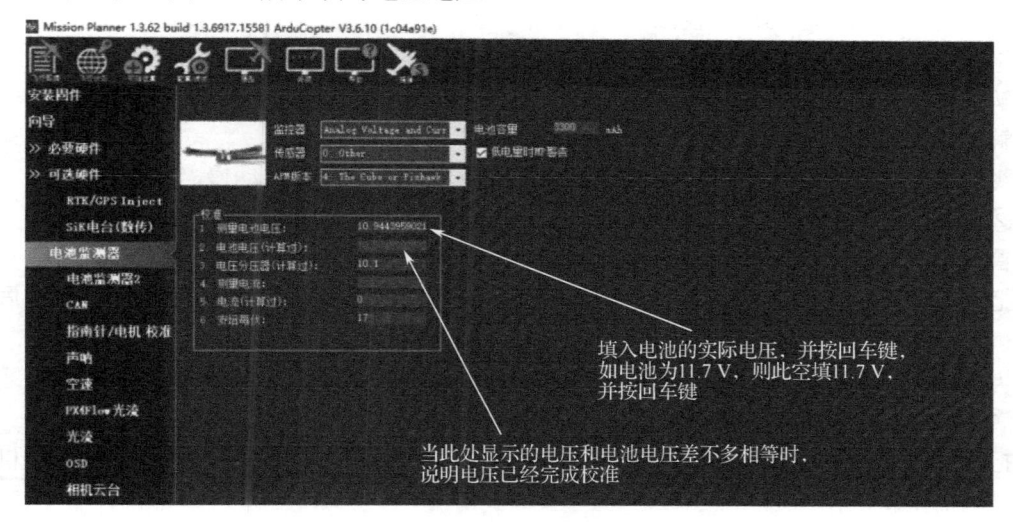

图 4-82　填写电池电压

电压设置完成后，可在地面站读取电池电压，如图 4-83 所示。

电流计设置完成后，遥控器上也能看到飞行器的电池电压。

（13）整理绑扎，安装桨座及桨叶

至此，飞控的调试工作全部完成，接下来将多余的线绑扎好，并固定牢固，以防止桨叶打到，同时减少震动。电机桨座的设计分为正反丝，这样可以避免飞行过程中桨叶螺丝因松动而造成射桨事故的发生。

根据迎风面的不同，桨叶有正反之分。通常，桨叶上带有"R"字样的，如 1045R、1147R 等，被定义为反桨，应安装在顺时针旋转的电机上；而不带"R"字样的，如 1045、1147 等则被定义为正桨，应安装在逆时针旋转的电机上。

F450 多旋翼无人机组装调试完成后如图 4-84 所示。

图 4-83　地面站读取电池电压　　　　图 4-84　F450 多旋翼无人机组装调试完成后

7. 调试过程中的注意事项

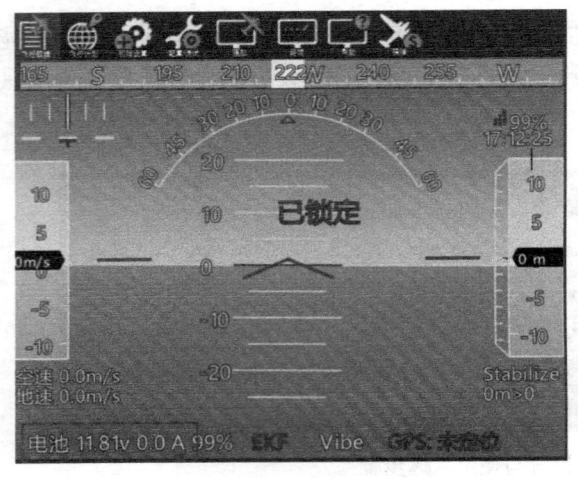

（1）电调油门行程的统一校准

① 没有进行电调油门行程的现象：

解锁后，有几个电机怠速转动，有几个电机不转动，推油门后，它们才一起转动；

解锁后电机都不转动，油门行程接近 50%时才转动；

飞控水平放置并校准水平后，解锁发现电机怠速不同，有些转动慢，有些转动快。

② 统一校准电调油门行程的方法：

首先，确保无人机连接正常，校准完成，能正常解锁，且未安装桨叶；

把遥控器的油门通道打到最高，无人机接上电源，看见 LED 灯进行多色闪烁，然后断开电源；

再次接上电源，不要动遥控器，当看见 LED 灯多色闪烁后，按住安全开关解锁，之后听见滴滴声；

把油门通道打到最低，听见滴滴声后，轻推油门，电机转动则表示校准正常，如电机没有转动，则需重新操作一遍。

（2）起飞侧倾严重

① 将飞控连接地面站，查看首页水平线是否处于水平位置。如果水平线倾斜严重，则需要校准水平线到水平位置。其方法为将无人机放平，点击"初始设置"中的"必要硬件"选择"加速度计校准"，然后点击窗口右边的"校准水平"。

② 当无人机上重量分布严重不均时会导致无人机起飞倾斜。例如，无人机前端安装有云台相机，那么无人机起飞时就会前倾。起飞的时候，将遥控器俯仰摇杆往后拉一点，以调整无人机飞行姿态，只要无人机离地，便不会侧倾了。

（3）需要调试 PID 的几种情况。

① 无人机能正常起飞，但是起飞后有前后或左右抖动的现象。

② 定高模式下，无人机上下浮动太大。

③ 定点模式下，无人机漂移严重。

④ 感觉手感不好，无人机反应延迟或过于灵敏。

（4）调试 PID 无法解决的情况
① 无人机不能解锁（请参考飞行器解锁与上锁部分）。
② 无人机无法起飞，或起飞后侧翻（请参考飞控接线、电机旋转方向等部分）。
③ 无人机起飞后剧烈抖动（可能是机架强度不够、螺丝松动，或搭配不合理）。
④ 感觉无法操控（可能是对操作不熟悉，需要练习）。

实际上对于轴距为 450～700mm 的机型，按照以上方法进行调试都是可以的。搭配合理的情况下，PID 不需要调整无人机也会飞的很稳。但是对于轴距小于 450mm 或轴距大于 700mm 的机型，是需要调节 PID 的。

任务分组

学生任务分配见表 4-8。

表 4-8 学生任务分配表

班级：	组号：	组长：
本组成员：		
任务分工：		

任务分析

（1）各组派代表阐述任务分析结果。
（2）各组对其他组的任务分析结果进行评价。
（3）教师结合学生完成的情况进行点评、分析和总结。

任务实施记录

根据小组讨论、分析、归纳的结果，生成任务报告单，详见表 4-9。

表 4-9 任务报告单

序 号	任 务 名 称	任 务 报 告
1	无人机选型	所选机型（需配图）：
2	安装飞控	把飞控安装到所选的无人机上（需配图）： 所用固定材料：

续表

序号	任务名称	任务报告
3	下载 Mission Planner 地面站	下载安装包（需配图）：
4	安装 Mission Planner 地面站	安装地面站，显示地面站界面截图（需配图）：
5	烧写固件	当前无人机应选择 _____ 固件； 选择了 _____ 方式进行固件烧写； 选择了 COM ___，波耶率为 _____
6	连接电调	简述电动机与飞控之间的连线：
7	连接电源管理模块	电源管理模块安装在 _____ 接口上
8	连接遥控接收机	遥控接收机的连线接在 _____ 接口上，飞控上的遥控接收机连线接在 _____ 接口上
9	连接 GPS 模块	GPS 模块的连线一般接在 _____ 接口上，但一些 GPS 模块还会有多出的连线，需要接在 _____ 接口上
10	连接 LED 模块	LED 模块的连线接在 _____ 接口上
11	连接飞控与地面站	使用了哪种方法连接地面站和飞控：
12	机架设置	本次选择的无人机需要选择 _____ 机型
13	加速度计校准	进行加速度计校准需要 _____ 步。分别是：
14	指南针校准	本次校准了 ____ 个指南针 简述校准过程： 校准后指南针的偏移量： 1. X ____ Y ____ Z ____ 2. X ____ Y ____ Z ____ 3. X ____ Y ____ Z ____
15	遥控器校准	本次共校准了 _____ 个通道 简述遥控器校准过程： 校准后遥控器的过程量： CH1 CH2 CH3 CH4 CH5 CH6 CH7 CH8

续表

序 号	任 务 名 称	任 务 报 告
16	电调校准	简述电调校准的步骤：
17	电动机转向测试	简述各个电动机转向： 1 号电动机： 2 号电动机： 3 号电动机： 4 号电动机：
18	飞行模式设置	本次一共设置 _____ 种飞行模式，分别是：
19	电源模块设置	本无人机所使用的电池型号为 _____ V _____ S _____ C _____ mA·h； 本次设置的分压比为 _____ ； 安培为 _____

根据小组讨论、分析、归纳的结果，生成评价结果反馈单，详见表 4-10。

表 4-10 评价结果反馈单

评价项目	自 评	互 评	教师评价
任务是否按计划完成			
相关理论掌握情况			
相关技能掌握情况			
任务完成情况			
任务创新情况			
团队沟通协作能力			

思考与改进

请与小组成员进行讨论，针对本次任务实施情况进行点评、分析和总结，并将改进意见填写在下方。

4.2　F450多旋翼无人机的飞行测试

任务5　F450多旋翼无人机的试飞

F450多旋翼无人机的试飞如图4-85所示。

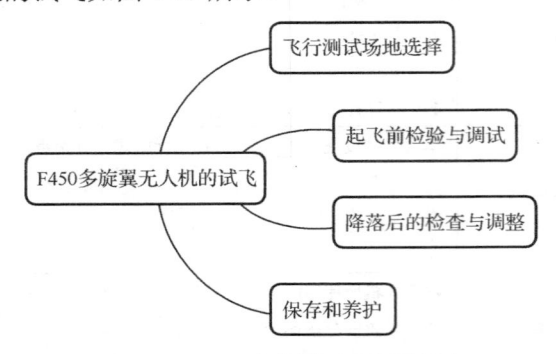

图4-85　F450多旋翼无人机的试飞

知识要点

F450多旋翼无人机的试飞主要包括飞行测试场地的选择、起飞前的检验与调试、降落后的检查与调整，以及设备的保存和养护。

任务描述

通过小组合作，完成F450多旋翼无人机的试飞，并进行自评和互评。

任务实施

1．通电前

（1）机械部分检查

① 检查螺旋桨是否完好，表面是否有异物或裂纹；各机械部分安装是否紧固，螺旋桨正反桨是否安装正确；转动螺旋桨观察是否存在干涉。

② 检查电动机安装座是否牢固，转动电动机时是否有卡滞现象，电动机线圈内部是否洁净，电动机轴有无明显的弯曲现象。

③ 检查机架是否牢固，螺钉是否松动。

④ 检查云台舵机转动是否顺畅，有无干涉，云台和相机安装是否牢固。

⑤ 检查电池是否固定牢固。

⑥ 检查重心位置是否正确。

（2）电气部分检查

① 检查各插头连接是否紧固，插头与电线焊接部分是否存在松动。

② 检查各电线外皮是否完好，有无剐蹭或脱皮现象。

③ 检查电子设备是否安装牢固，应保证电子设备清洁、完整，并做好防护。
④ 检查磁罗盘和 IMU 指向是否正确。
⑤ 检查电池有无破损、胀气或漏液现象，测量电压是否充足。
⑥ 检查遥控器模式是否正确，电量是否充足，开关是否完好，应先开遥控器，再给无人机通电。

2. 通电后
① 检查飞控提示音是否正常。
② 检查电调指示音是否正常。
③ 电源开启后，检查相机和云台是否正常工作。
④ 检查各电子设备有无不正常发热现象。
⑤ 检查各指示灯是否正常工作（如飞控指示灯、遥控接收机指示灯、GPS 模块指示灯等）。

3. 预飞行
① 缓慢推动油门，观察各个旋翼工作是否正常。微型无人机在保证安全的前提下，可用手举起无人机并前后左右晃动，观察无人机是否有自稳的趋势。稍大型的无人机可放置在地面，然后轻推各控制摇杆，观察无人机动作趋势是否正确。
② 进行前后、左右的飞行及自旋，观察无人机飞行是否正常，检查遥控器舵量是否正确，各工作模式是否正确，以及云台是否正常工作。
③ 先进行简单的航线飞行，如矩形航线，然后进行几个大机动飞行，观察无人机工作是否正常。

多旋翼无人机的飞行速度可达 40 km/h 以上。如果发生失控或坠落等意外情况，后果不堪设想。因此，一名合格的飞手不仅要做好缜密的飞行前准备，还要密切留意无人机在工作中的各种飞行姿态，同时要定期对无人机进行维护保养。

根据小组讨论、分析与归纳的结果，生成评价结果反馈单，详见表 4-11。

表 4-11 评价结果反馈单

评价项目	自评	互评
任务是否按计划完成		
任务完成情况		
团队沟通协作能力		

思考与改进

请与小组成员进行讨论，针对本次任务实施情况进行点评、分析和总结，并将改进意见填写在下方。

课后习题

1. 电调的作用不包括哪些？（　　）
   A. 改变电机转速　　　B. 直流电变交流电　　　C. 改变电流大小
2. 多轴飞行器飞行平台由哪些设备组成？（　　）
   A. 飞控、电调、电机、螺旋桨、机架、遥控接收机
   B. 飞控、电调、电机、螺旋桨、机架、倾斜盘
   C. 飞控、电调、电机、螺旋桨、机架、遥控器
3. 飞控由哪几部分组成？（　　）
   A. 主控、惯性测量模块、GPS 模块、电源管理单元、LED 灯
   B. 主控、IMU、GPS 模块、电源管理模块、LED 灯
   C. 主控、惯性测量单元、GPS 模块、PMU、ESC
4. 下列对 IMU 的组成描述正确的是？（　　）
   A. 磁罗盘、陀螺仪、温度传感器、气压高度计
   B. 磁力计、角速率传感器、气压高度计、三轴加速度计
   C. 陀螺仪、三轴磁力计、视觉定位、GPS 模块
5. 简述多旋翼无人机在飞控安装过程中的注意事项。
6. 简述多旋翼无人机出现 4 个电机转速不一样时的解决方法。

项目五　穿越机的组装与调试

🎁 知识目标

1. 了解穿越机的组成部件和安装过程；
2. 了解穿越机调试步骤及各步骤的具体内容。

🚀 技能目标

1. 能够规范和正确地完成穿越机的组装；
2. 能够正确完成穿越机的调试。

🚩 素质目标

1. 通过穿越机的组装与调试，培养学生的规范意识，提升精益求精的精神；
2. 在调试电机的测试环节，通过强调桨叶的正确安装问题，来提升学生的安全意识。

课程思政

请阅读以下教学案例，结合本项目所学习的专业知识和技能，从社会主义核心价值观、民族精神和创新思维等方面，按照"三全育人"的要求，分析案例中所蕴含的社会责任感、民族自信和创新思维等思政元素。

王魁元作为飞机装配车间的钳工、高级技师，主要从事钳工、无人机装配及系统集成工作。他潜心研究、勇担重任，带领团队完成重大技术革新52项，申请专利11项，荣获省部级及以上奖励17项，解决了我国无人机生产制造中多个"卡脖子"难题。他相继参与了20余种不同型号无人机的生产与制造，并负责新中国成立60周年和70周年阅兵，以及建军90周年朱日和阅兵，无人机方队的飞机装配和保障工作等任务，为我国无人机事业的发展和加快国防现代化做出了突出贡献，被誉为"无人机的隐形翅膀"。

他本人也凭借其卓越的工作作风和精益求精的技术本领，先后荣获"全国技术能手""全国五一劳动奖章""国防科技工业技术能手""三秦工匠""陕西省首席技师""陕西最美退役军人"等荣誉，并成为"2022年大国工匠年度人物"提名人选，同时享受国务院政府津贴。

任务 1　怪象 2.5 寸穿越机的组装

怪象 2.5 寸穿越机的组装如图 5-1 所示。

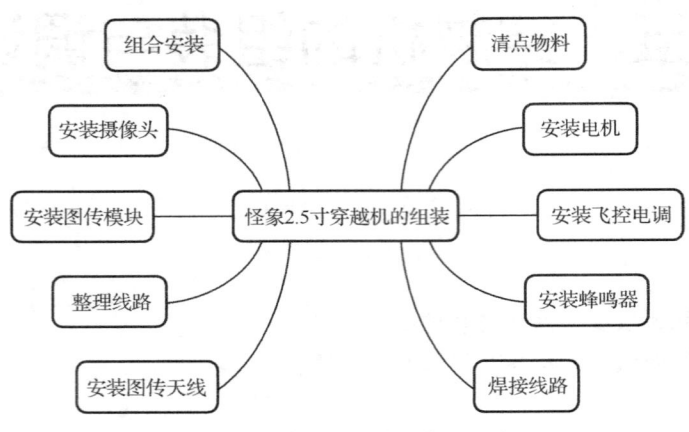

图 5-1　怪象 2.5 寸穿越机的组装

知识要点

穿越机是无人机的一种，由于缺乏自主巡航能力，严格意义上来说，更倾向于将其归为航模而非无人机。由于穿越机速度极快，最高时速可达 120 km/h～230 km/h，因此穿越机竞速也被称为"竞速无人机"或"空中 F1"。飞手和观众通过 FPV 设备（第一人称视角），包括摄像头、图传发射器、天线、图传接收器、显示器或视频眼镜，可以实时观看飞行竞速过程，体验仿佛坐在驾驶舱内的感觉。戴上能够从飞行的无人机视角传输视频的头戴式显示器后，飞手可以体验到"灵魂出窍"般的感觉。这种体验的刺激程度不亚于 F1 赛车。

为提高穿越机的性能，飞手通常根据自己的需求购买配件进行组装。由于竞速激烈，"炸机（由于操作不当或机器故障等因素导致无人机不正常坠地）"的情况很常见，导致穿越机损坏的情况非常多。因此，学会穿越机的组装和调试是非常必要的。

任务描述

通过小组合作，完成怪象 2.5 寸穿越机的组装，并进行自评和互评。

任务实施

1. 准备工作，对照表 5-1 所示的穿越机物料表清点实训器材

表 5-1　穿越机物料表

名　称	参　数	数　量
无人机机架	2.5 寸	1
无人机保护罩	2.5 寸	1
无刷电机	HiSKRC 1404-3800KV	4

续表

名　称	参　数	数　量
飞控电调板	JHEMCU F411AIO-ICM	1
蜂鸣器	$\phi 12 \text{ mm} \times 8.2 \text{ mm}$	1
图传模块	JHEMCU UTX20-60MW	1
摄像头	—	1
遥控接收机	富斯 FS-A8S	1
图传天线	RHCP MINI 5	1
海绵	30 mm×30 mm	1
电源线	TX60 接口	1
螺丝	M2×5	16
螺丝	M2×10	12
螺母	M2	12
螺柱	M2×15	7
电池绑带	HiSKRC	1
蜂鸣器固定块	—	1
图传天线固定块	—	1
遥控接收机天线固定块	—	1
减震垫	—	4

2. 安装电机

电机安装过程中需要的安装物料包括 4 个无刷电机、1 个无人机机架、16 只 M2×5 螺丝，电机安装物料如图 5-2 所示。

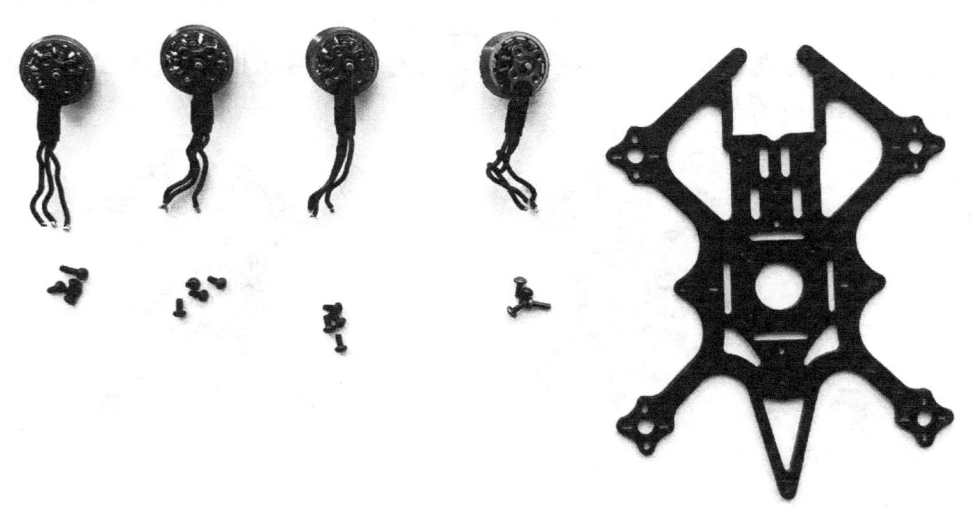

图 5-2　电机安装物料

将 4 个无刷电机依次安装在无人机机架的电机座上，电机安装正面和反面如图 5-3 和图 5-4 所示。电机的安装包括以下 8 个环节。

（1）选取适当长度的螺丝。

（2）打螺丝胶。
（3）安装第一个螺丝，但不锁紧。
（4）检查电机底部的螺母是否在中间位置。
（5）安装其他螺丝。
（6）最终一次锁紧全部螺丝。
（7）螺丝刀在使用过程中必须插全插紧后再扭转，避免损坏螺丝。
（8）安装完成后轻轻转动电机，感受电机转动是否顺畅，并检查螺丝是否太长，防止因螺丝太长而影响电机的转动。

图 5-3 电机安装正面

图 5-4 电机安装反面

3. 安装飞控电调

该步骤所需的安装物料包括 1 根电池固定带、1 块飞控电调板、4 只减震垫、4 只 M2×10 的螺丝和 4 只 M2 的螺母，如图 5-5 所示，安装过程如下。

（1）安装电池固定带。电池固定带在安装时需与无人机机头方向垂直，安装时注意魔术贴的粘贴方向，如图 5-6 所示。

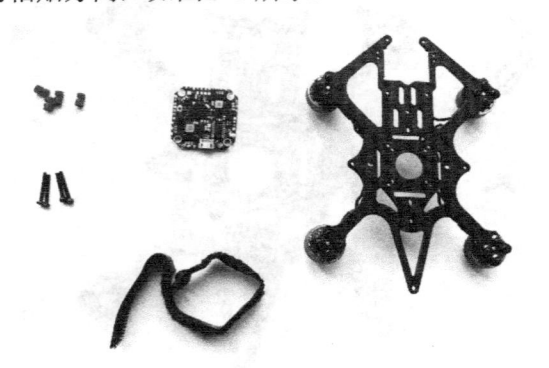

图 5-5 飞控电调安装物料

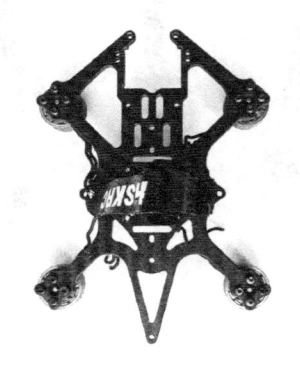

图 5-6 安装电池固定带

（2）安装减震垫。减震垫长的一端在下，短的一端在上，将其装进飞控板 4 个角落的缺口处，如图 5-7 所示。

（3）安装飞控电调板。飞控电调板与电机安装在同一面，飞控电调板的方向与无人机方向一致，将螺丝从无人机背面向下安装并拧紧螺母，如图 5-8 所示。注意：飞控电调板在安装时应注意机头方向；安装完成后需检查是否安装在无人机的中心处。

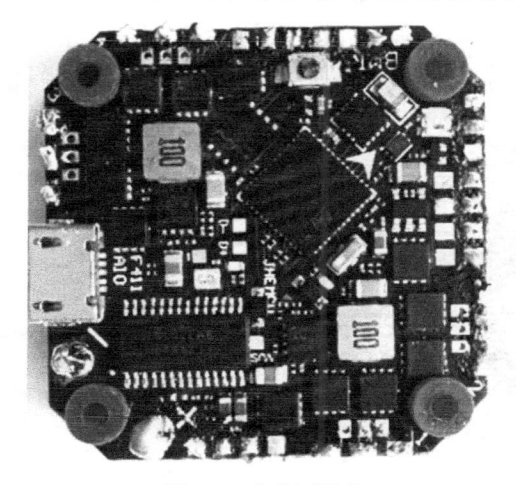

图 5-7　安装减震垫　　　　　　　　图 5-8　安装飞控电调板

4. 安装蜂鸣器

安装蜂鸣器需要的安装物料包括 1 根摄像头数据线、1 只蜂鸣器、1 个蜂鸣器固定块、2 只 M2×10 的螺丝和 2 只 M2 的螺母，如图 5-9 所示。将蜂鸣器装进固定块，再将螺母装进固定块上的螺母孔，固定块与电机安装在同一面。安装时先将摄像头数据线放置于固定块的凹槽处，然后将螺丝从无人机背面向下安装，拧紧螺母，如图 5-10 所示。

图 5-9　蜂鸣器安装物料　　　　　　图 5-10　安装蜂鸣器

5. 焊接线路

怪象 2.5 寸穿越机采用 JHEMCUVTX20-600mW 模拟图传模块和富斯 FS-A8S 遥控接收机，可参考图 5-11 了解飞控各接口的功能；完成各线路焊接，如图 5-12 所示，包括电机线、蜂鸣器、电源接口、摄像头、图传模块和遥控接收机的焊接。

注意事项包括以下几点。

（1）在飞控上接线触点上先加锡，以便于后期其他模块线路的焊接。

（2）各连接线长度要预留合适，不能影响焊接、线路整理及线路美观。

（3）各连接线要加锡以便于焊接。

（4）注意焊接过程中电烙铁的温度要适中，注意不能形成短路。

（5）焊接完成后要检查焊接是否牢固，焊点是否牢固且美观。

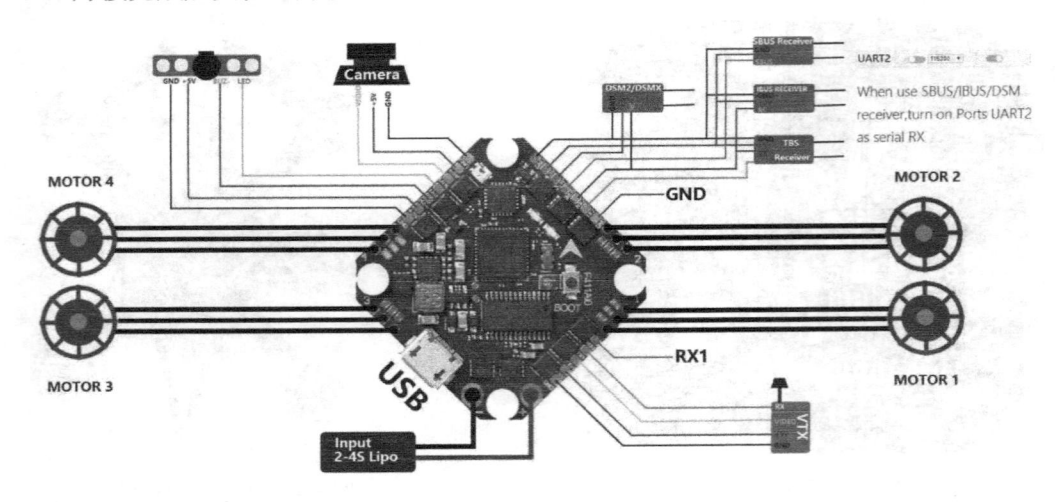

图 5-11　飞控各接口功能

6. 安装图传天线

在无人机本体上需安装的物料包括 1 个图传天线固定块、1 组天线配件、2 只 M2×10 的螺丝、2 只 M2 的螺母和 1 个遥控接收机天线固定块，如图 5-13 所示。

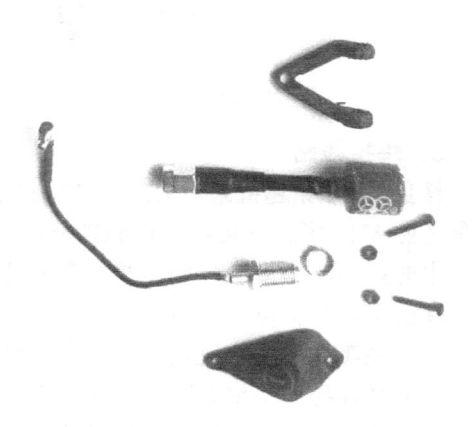

图 5-12　各线路焊接　　　　　　　　　　图 5-13　图传天线安装物料

项目五　穿越机的组装与调试

按如图 5-14 所示，先组装图传天线，再按图 5-15 所示，将图传天线固定在无人机本体上。

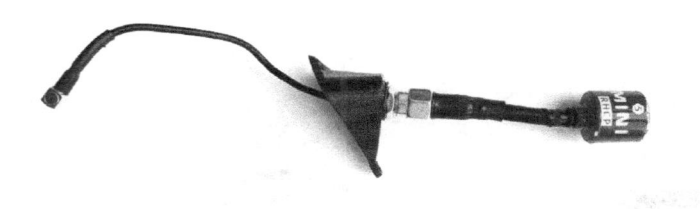

图 5-14　组装图传天线　　　　　　图 5-15　固定图传天线

7. 整理布线

将电机动力线、蜂鸣器信号线、摄像头数据线和遥控接收机数据线进行整理，用扎带固定牢固，布线要求整齐美观，如图 5-16 所示。

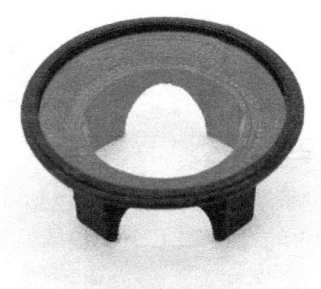

图 5-16　整理布线

8. 安装图传模块

安装图传模块所需的物料包括 1 块 JHEMCU UTX20-60MW 型号的图传模块、1 块图传安装底板、4 只软螺柱、4 只 M2×10 的螺丝、4 只 M2 的螺母和 1 个无人机保护罩，如图 5-17 所示。

安装底板时，将有海绵的一面朝下，并将软螺柱垫在图传模块和底板之间，螺丝从海绵一面插入，并在有图传模块的一面拧紧螺母，如图 5-18 所示。最后将图传模块固定在无人机保护罩上，如图 5-19 所示。

117

图 5-17　图传模块安装物料　　　　　　　　图 5-18　组装图传模块

图 5-19　固定图传模块

9. 安装摄像头

该步骤需要准备的物料包括 1 个摄像头模块、2 个摄像头固定块、2 只 M2×5 的螺丝、2 只 M2×15 的螺柱和 1 个保护罩，如图 5-20 所示。先用螺丝将摄像头和摄像头固定块锁定，然后将其套在螺柱上，最后将摄像头固定在保护罩上，如图 5-21 所示。

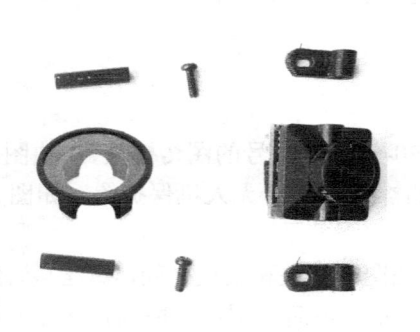

图 5-20　摄像头安装物料　　　　　　　　图 5-21　固定摄像头

10．组合安装

先完成摄像头数据线、图传模块数据线和图传天线的连接，然后将无人机本体和无人机保护罩组合安装，最终完成怪象 2.5 寸穿越机的安装，如图 5-22 所示。

图 5-22　组合安装

请根据任务完成情况填写表 5-2。

表 5-2　评价结果反馈单

姓名：			分数：	
	考 核 内 容		配　　分	得　　分
职业素养	（1）设备、工具及材料清点		5	
	（2）操作安全		5	
操作规范	（1）选用合适长度的螺丝，按正确顺序安装电机		10	
	（2）按正确顺序安装飞控电调		10	
	（3）剥线长度不得超过焊盘长度，焊接时裸露线头不得超出焊盘		10	
	（4）焊点饱满光滑，大小适中，接触良好		5	
	（5）整理线路并固定		5	
	（6）检查各配件安装是否牢固		5	
	（7）螺丝和螺帽使用正确		5	
	（8）安装螺丝，打螺丝胶		5	
	（9）检查机头方向和飞控位置		10	
	（10）检查电机是否水平，转动是否顺畅		10	
	（11）螺丝刀压紧再扭转		5	
结束工作	（1）清点工具和设备		5	
	（2）清扫现场		5	

思考与改进

请与小组成员进行讨论，针对本次任务实施情况进行点评、分析和总结，并将改进意见填写在下方。

任务 2　怪象 2.5 寸穿越机的调试

怪象 2.5 寸穿越机的调试如图 5-23 所示。

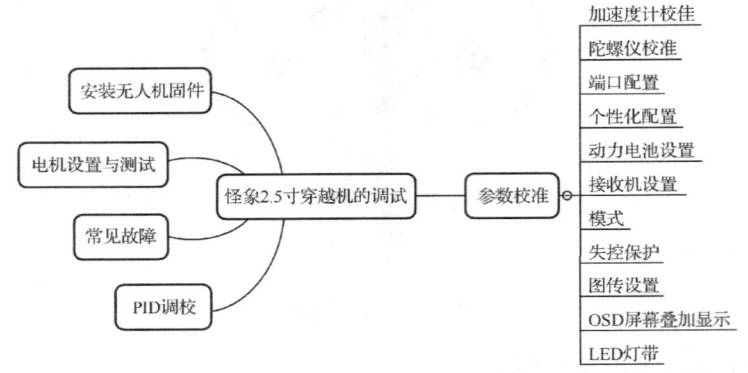

图 5-23　怪象 2.5 寸穿越机的调试

知识要点

穿越机与普通四轴多旋翼无人机在调参方面有显著的区别，主要体现在以下几个方面。

1．飞行模式和控制需求

穿越机更侧重于高速机动飞行和竞速，因此对响应速度和敏捷性的要求更高。穿越机通常使用"自稳模式"和"手动模式"，依赖于飞手的即时操作。

普通四轴多旋翼无人机则更多用于航拍、物流等任务，侧重于稳定性和承载能力，通常使用"姿态模式"和"GPS 导航模式"。

2．PID 参数

穿越机的 PID 参数调整更注重于响应速度和操控感，P 值（比例控制）通常设置的较高，以便获得更快速的响应，而 I 值（积分控制）和 D 值（微分控制）则需要精细调整，以减少抖动并提高稳定性。

普通四轴多旋翼无人机的 PID 参数则更注重于稳定性和平滑性，特别是在自动飞行和定点悬停时。

3．电机和电调设置

穿越机使用的电调（ESC）通常支持更高级别的协议（如 DSHOT）和更高刷新率，从而实现更快的油门响应和更精确的控制。

普通四轴多旋翼无人机可能使用更通用的电调设置，重点在于确保效率和可靠性。

4．飞控设置和调参软件

穿越机主流的调参软件是 Betaflight、Cleanflight 和 INAV，这些调参软件提供了丰富的自定义设置，允许飞手根据个人偏好和飞行风格进行深度调参。

普通四轴多旋翼无人机更多使用如 PX4 等飞控调参系统，其调参更侧重于自动化功能和稳定性，调参过程相对简单。

5．结构和布局

穿越机的结构和布局多样，因此调参时需要考虑不同的电机配置和混控类型，以适应不同的飞行特性和操控需求。

普通四轴多旋翼无人机的结构相对固定，调参时更注重飞行稳定性和负载能力。

总体而言，穿越机调参更注重飞行性能和操控体验，而普通四轴多旋翼无人机调参则更侧重于稳定性和自动化功能。两者在调参策略和参数设置上有明显区别，以便更好地适应各自不同的应用场景和飞行要求。

任务描述

通过小组合作，使用 Betaflight 调参软件（以下简称"BF 软件"）对怪象 2.5 寸穿越机进行调试，并进行自评和互评。

任务实施

注意：无人机进行调试之前请先拆卸所有螺旋桨，保证调试过程安全！

1．BF 软件安装

下载并安装 BF 软件，BF 软件安装完成后的界面如图 5-24 所示。

图 5-24　BF 软件安装完成后的界面

如果飞控内已刷写固件，就可用 USB 线直接连接飞控与 PC 端，并选择对应的端口，如图 5-25 所示。点击右上角的"连接"按钮，进入设置界面。在此界面中，可查看飞控参数，以及无人机所安装的传感器信息，如图 5-26 所示。

图 5-25　选择端口

2. 安装固件

采购到手的穿越机成品机或单一飞控，其内部通常已经安装了固件，一般无需重新刷新固件。在特殊情况下，如果需要重新安装固件，请按以下步骤操作。

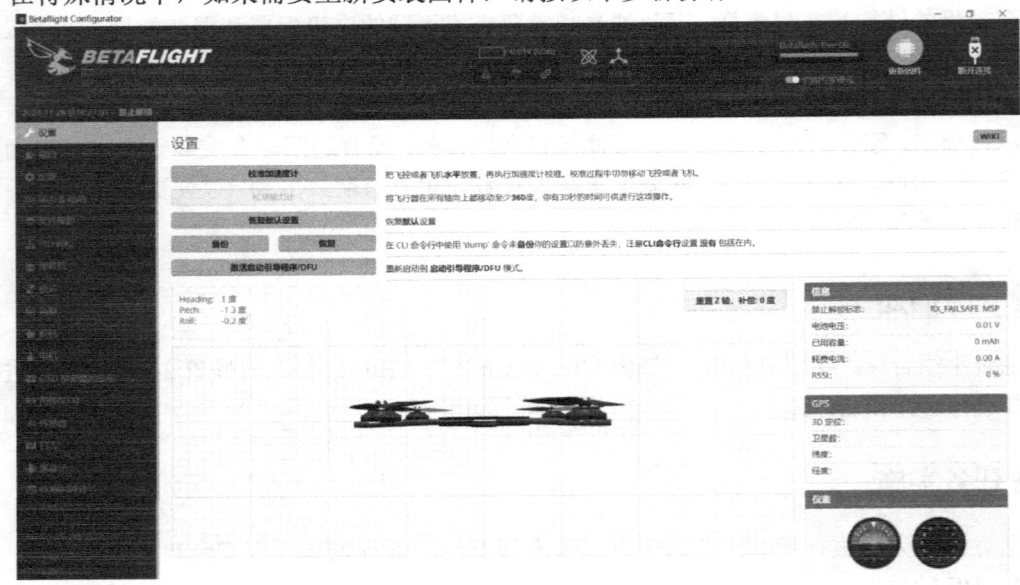

图 5-26 设置界面

（1）备份固件。在更新固件之前，需先对无人机原有的固件进行备份，以便在后续调参出现故障时可以恢复到初始状态。连接无人机与 BF 地面站，进入"设置"界面，点击"备份"按钮，如 5-27 所示。

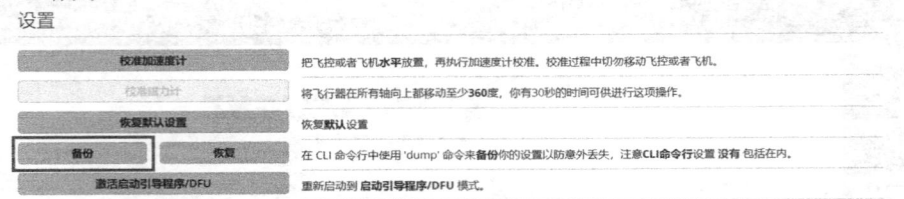

图 5-27 备份固件

将文件保存到指定的目录下，如图 5-28 所示。

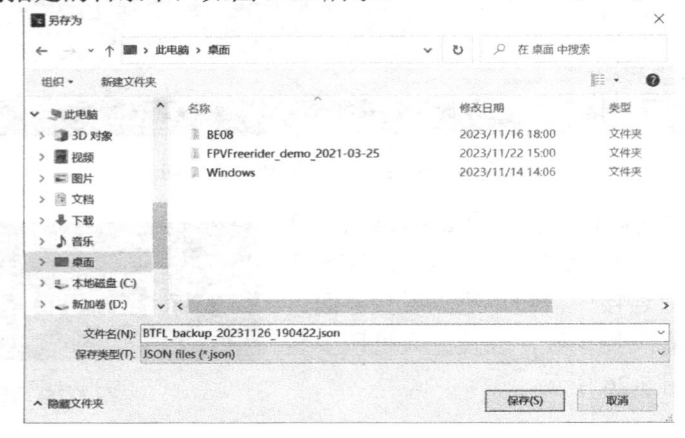

图 5-28 指定文件目录

（2）加载固件。断开飞控连接，点击主界面中的"更新固件"按钮，进入固件烧写工具界面，如图 5-29 所示。

图 5-29　固件烧写工具界面

加载固件有两种方法：一种是从网络加载固件，另一种是从本地电脑加载固件。无论用哪种方式加载固件，都需要先知道飞控型号，然后根据型号选择相应的固件。一般在购买飞控的时候，客服会提供相关信息。此外，当飞控连接 BF 地面站时，地面站能自动检测出飞控型号，如图 5-30 所示。本任务使用的是怪象 2.5 寸穿越机，配备 JHEMCU F411AIO-ICM 飞控。BF 地面站识别出飞控型号为 JHEF411。如果电脑网络正常，那么在飞控型号的固件版本栏中会显示版本列表。选择最新版本后，点击"从网络加载固件"，然后等待下载完成。

图 5-30　飞控型号识别

如果电脑网络异常，导致无法加载固件版本号，如图 5-31 所示，则需要从 GitHub 上手动下载固件。需要注意的是，在 Betaflight 4.0 之后的版本中，飞控固件不再单独维护，这可能导致无法找到对应飞控型号的固件，此时，可以根据飞控主芯片型号选择对应的固件。例如，本任务使用的飞控型号为 JHEF411，在 GitHub 上是无法找到的，但可以在固件界面选择主芯片 F411 对应的固件，如图 5-32 所示。点击对应的固件并完成下载，再点击"从本地电脑加载固件"按钮加载固件。

图 5-31　无法加载固件版本号

123

文件名	大小	日期
betaflight_4.4.2_SITL.hex	792 KB	Jun 1
betaflight_4.4.2_STM32F405.hex	1.5 MB	Jun 1
betaflight_4.4.2_STM32F411.hex	**1.19 MB**	**Jun 1**
betaflight_4.4.2_STM32F745.hex	1.51 MB	Jun 1
betaflight_4.4.2_STM32F7X2.hex	1.19 MB	Jun 1
betaflight_4.4.2_STM32G47X.hex	1.18 MB	Jun 1
betaflight_4.4.2_STM32H723.hex	1.59 MB	Jun 1
betaflight_4.4.2_STM32H730.hex	2.81 MB	Jun 1
betaflight_4.4.2_STM32H743.hex	1.59 MB	Jun 1
betaflight_4.4.2_STM32H750.hex	1.23 MB	Jun 1
Source code (zip)		Jun 1
Source code (tar.gz)		Jun 1

图 5-32 固件界面

（3）烧写固件。固件加载完成后，如图 5-33 所示。首先断开飞控供电，然后按住"BOOTLOAD"按钮，重新为飞控上电，使其进入 DFU 模式，再点击"烧写固件"按钮进行固件烧写。BF 地面站将自动执行固件烧写操作，如图 5-34 所示，直到烧写成功并退出 DFU 模式。烧写完成后，点击"连接"按钮，重新连接飞控与 BF 地面站。连接成功后，系统会提示"您是否要为此飞控板应用自定义默认设置"，如图 5-35 所示，点击"应用自定义默认设置"按钮，否则飞控将无法正常连接到 BF 地面站。

图 5-33 固件加载界面

图 5-34　固件烧写界面

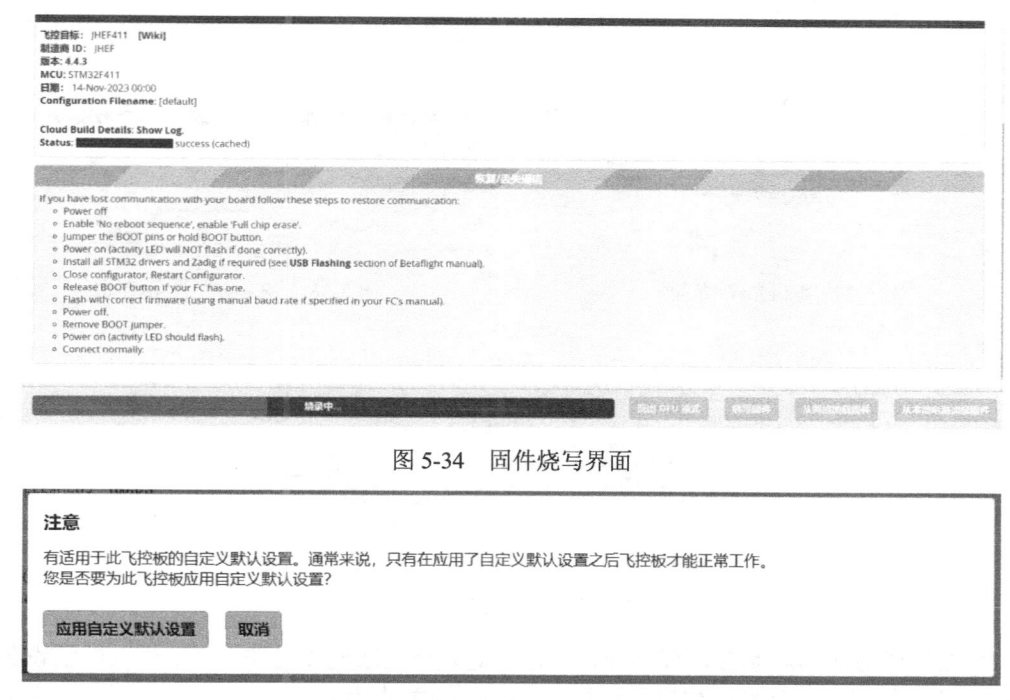

图 5-35　应用自定义默认设置提示

注意事项有以下几点。

(1) 烧写过程中如果出现如图 5-36 所示的问题："打开 USB 设备失败"，则可能是 USB 驱动有问题。解决办法如下：

在 BF 地面站中切换到主界面，然后下载"Zadig"，如图 5-36 所示。Zadig 是一个执行程序，直接双击打开即可，界面如图 5-37 所示。点击"Options"菜单，选择"List All Devices"选项，选项框可显示所有设备清单，如图 5-38 所示。选择飞控对应的设备端口，如本任务使用的 STM32F411 系列芯片，则设备为"Betaflight STM32F411"，选中该选项，点击"Replace Driver"进行驱动更新，如图 5-39 所示。驱动更新完成后，重复固件安装流程即可安装固件。注意：每个飞控烧写过程都可能需要使用 Zadig 更新飞控 USB 端口的驱动，否则会出现打开 USB 设备失败的错误。

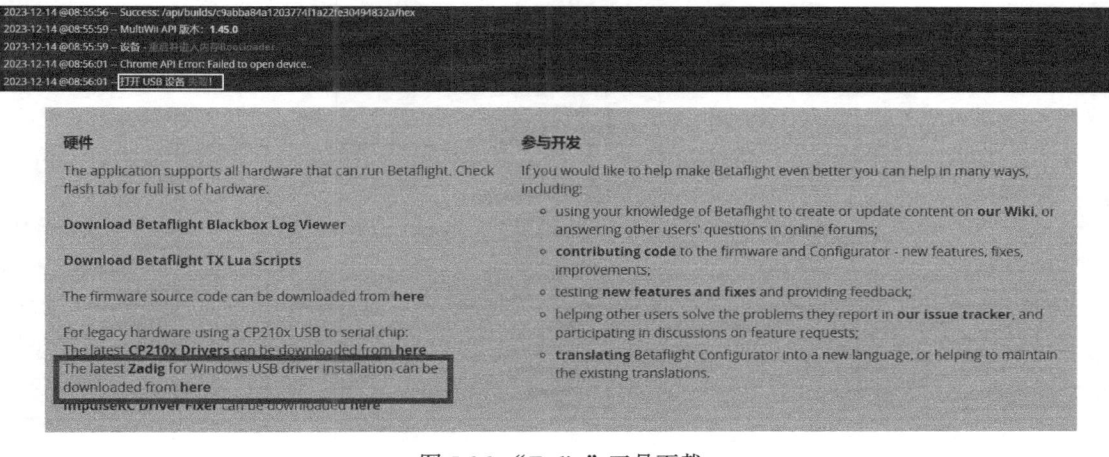

图 5-36　"Zadig"工具下载

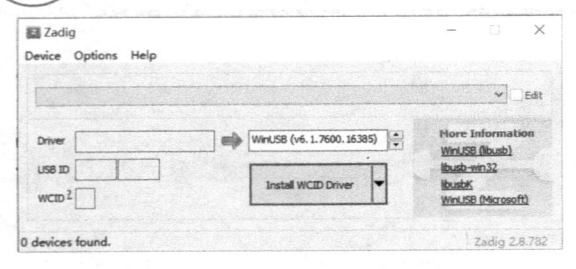

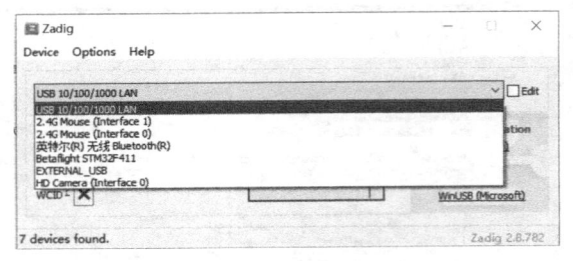

图 5-37 "Zadig"界面

图 5-38 "Zadig"设备清单

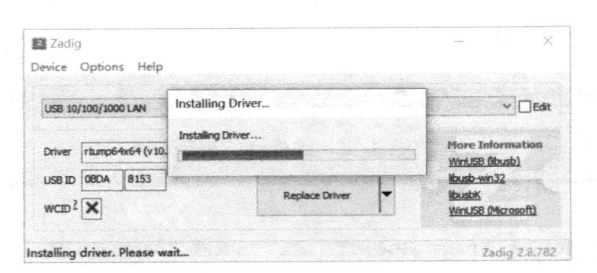

图 5-39 "Zadig"驱动更新

（2）如果烧写成功后无法连接飞控，或者断电后仍无法连接飞控，可以进入电脑设备管理器检查飞控当前端口的类型，如果端口显示为对应的主芯片型号，如图 5-40 所示，则需要重新更新驱动。

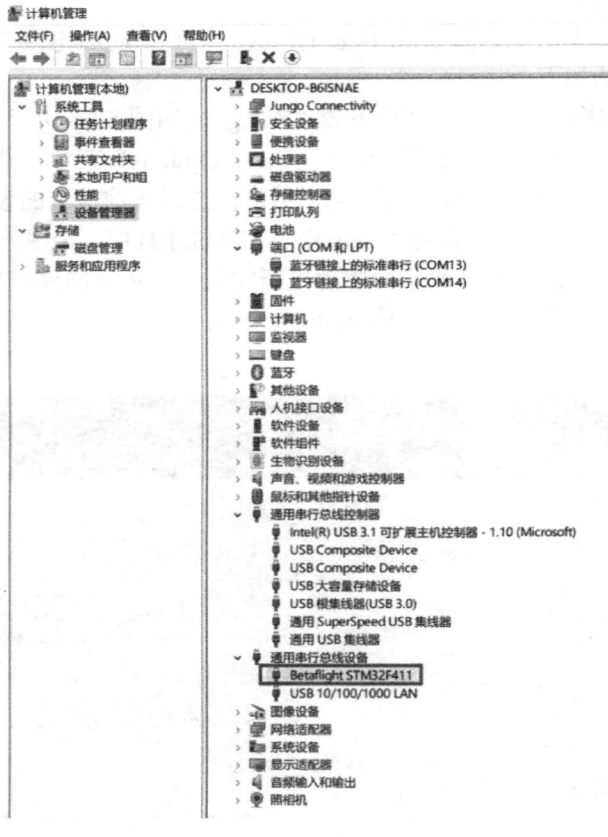

图 5-40 飞控端口

项目五　穿越机的组装与调试

更新驱动的工具仍然使用 Zadig，打开后选择对应端口，再选择"Install WCID Driver"按钮，如图 5-41 所示。更新驱动完成后，在电脑设备管理器界面卸载对应的通用串行总线设备及驱动，重新刷新设备管理器，即可找到对应的端口，如图 5-42 所示。

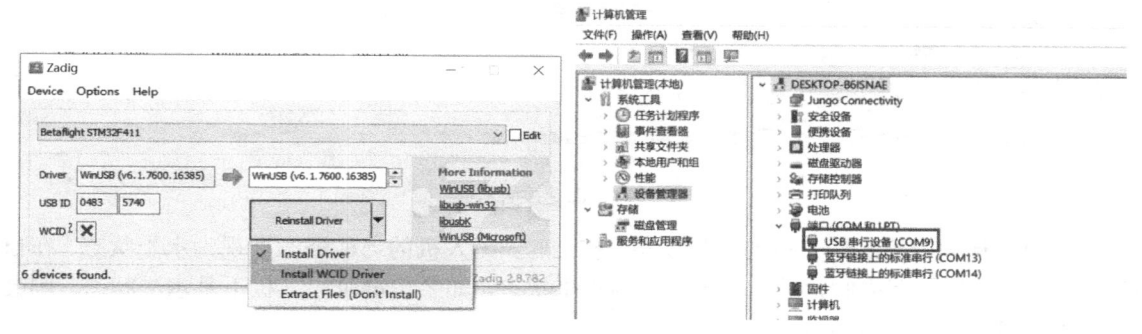

图 5-41　"Install WCID Driver"按钮　　　　图 5-42　串行端口

3. 参数校准

与常规四轴多旋翼无人机有所不同，穿越机通常采用 Quad X 布局，因此不需要进行机架类型选择。

（1）校准加速度计。这是穿越机飞控参数校准的第一个步骤，如果忽略这一步骤可能导致后续无人机无法解锁。首先，连接无人机与 BF 地面站，进入 BF 地面站的设置界面，如图 5-43 所示。然后水平放置无人机，点击"重置 Z 轴，补偿：0 度"按钮以重置 Z 轴；再点击"校准加速度计"按钮进行加速度计校准，如图 5-44 所示。在校准过程中，请确保无人机或者飞控处于静止状态，切勿移动。

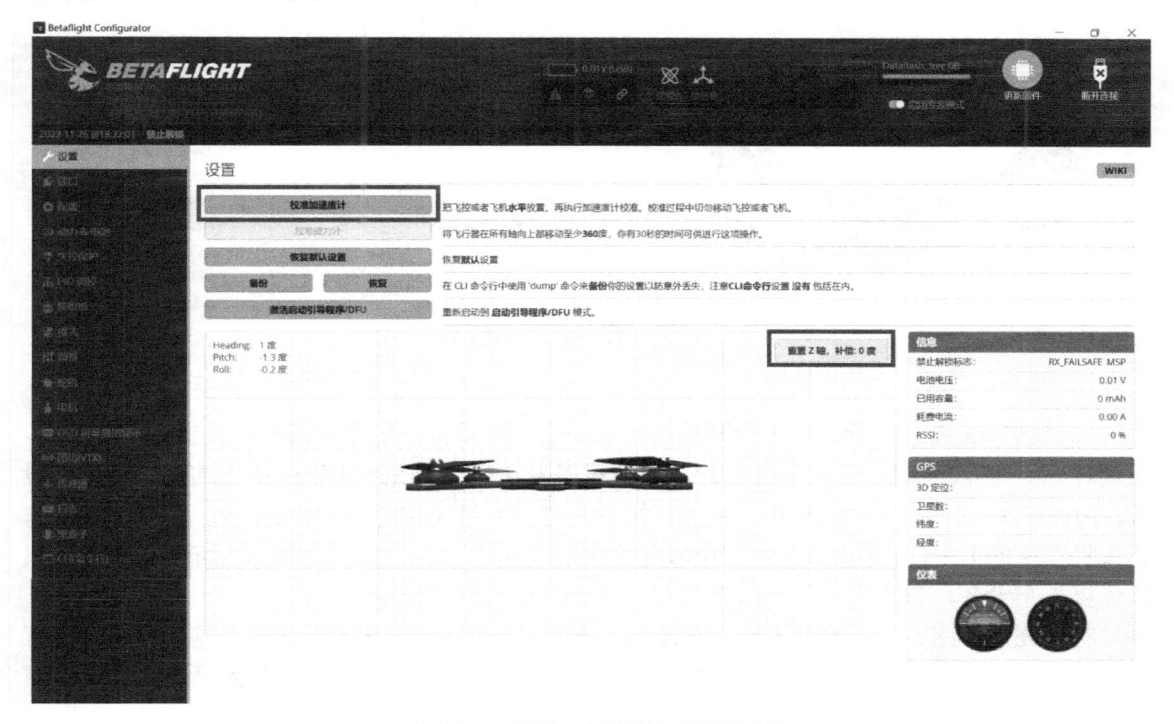

图 5-43　BF 软件地面站的设置界面

127

无人机组装与调试

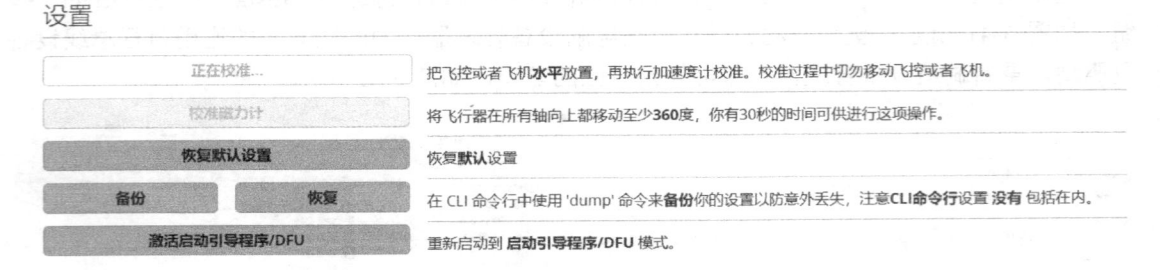

设置

正在校准...	把飞控或者飞机**水平**放置,再执行加速度计校准。校准过程中切勿移动飞控或者飞机。
校准磁力计	将飞行器在所有轴向上都移动至少**360**度,你有30秒的时间可供进行这项操作。
恢复默认设置	恢复默认设置
备份 | 恢复	在 CLI 命令行中使用 'dump' 命令来**备份**你的设置以防意外丢失,注意**CLI命令行**设置 **没有** 包括在内。
激活启动引导程序/DFU	重新启动到 启动引导程序/DFU 模式。

图 5-44　加速度计校准

加速度计用于检测无人机的飞行姿态。校准时,无人机的当前姿态被视为水平状态。在自稳模式下,当摇杆回中时,无人机会恢复为水平状态。如果校准时无人机不是水平状态,则会影响无人机在自稳模式下的飞行姿态。

设置界面中有一个"恢复默认设置"按钮,它表示恢复 BF 地面站设定的默认设置,而不是恢复飞控的默认设置。操作该按钮将会导致飞控出现不可控故障,甚至损坏飞控,使其无法使用。

(2)陀螺仪校准。BF 地面站的设置界面中有无人机的三维模型,能够展示无人机飞行的姿态变化,如图 5-45 所示。转动无人机并观察三维模型变化,如果三维模型变化与无人机飞行姿态改变不一致,则需要进行陀螺仪校准。一般校准完加速度计后,陀螺仪的偏差体现在横滚、俯仰和偏航三个方面。进入配置界面,如图 5-46 所示,在"飞控和传感器方向"设置中,根据实际偏差对传感器方向(横滚度、俯仰度和偏航度)进行修正,点击保存,然后重新上电。重新连接后,再次检查陀螺仪准确度,直至三维模型变化与实际无人机飞行姿态变化一致。

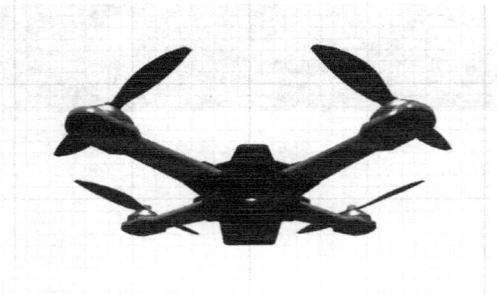

图 5-45　无人机的三维模型　　　　　图 5-46　"飞控和传感器方向"设置

(3)端口配置。穿越机的飞控通常会挂载一些外围设备,如串行遥控接收机、遥测输出、电调、GPS 模块和图传模块等。因此,需要根据硬件连接情况对飞控的串行端口进行相应设置,如图 5-47 所示。在本任务中,将遥控接收机与无人机飞控的 UART2 连接,将图传模块与无人机飞控的 UART1 连接,在对应位置完成端口设置后,如图 5-47 中画框所示。每个端口只能连接一个设备,设置完成后点击"保存并重启"按钮保存设置。

特别注意:图 5-47 中的 USB VCP 是连接无人机飞控与 BF 地面站的专用端口,不得进行修改,否则将导致飞控无法连接 BF 地面站,并需要重新烧写固件,从而导致所有原有的设置参数丢失。

项目五　穿越机的组装与调试

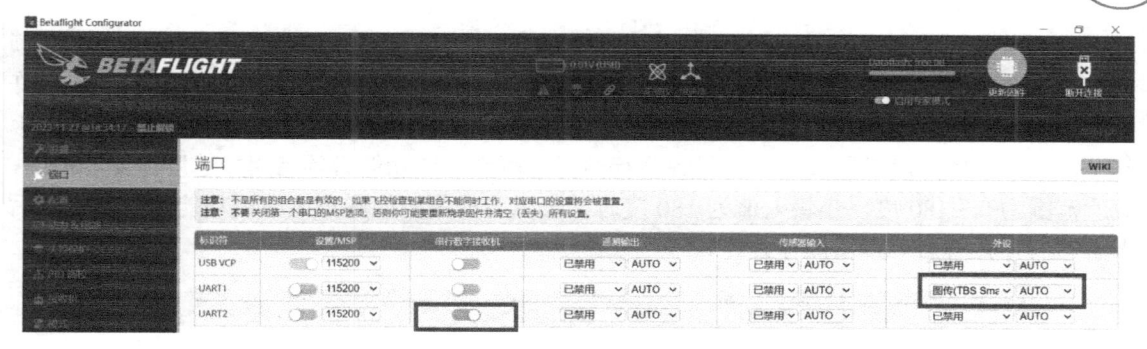

图 5-47　串行端口设置

（4）个性化配置。进入 BF 地面站的"配置"界面，完成系统设置、飞行器名称设置、解锁角度设置、GPS 设置、加速度计微调和其他功能设置等。具体参数设置步骤如下。

系统设置。如图 5-48 所示，可根据底部显示的 CPU 使用率对 PID 循环更新频率进行设置，尽量保证 CPU 使用率低于 50%。陀螺仪更新频率和 PID 循环更新频率一般按以下对应设置：4.00 kHz-2.00 kHz、4.00 kHz-4.00 kHz。如果使用自稳模式，则需要开启"加速度计"开关。如不使用自稳模式，关闭"加速度计"可以节省运算资源，从而获得更高的性能。设置完成后点击"保存并重启"按钮保存设置。注意：保存设置并重启后，需连接无人机检查 CPU 循环时间是否稳定，如不稳定，需重新进行设置。改变频率后可能需要重新调校 PID。

图 5-48　系统设置

飞行器名称设置。在 BF 地面站配置界面的"个性化"位置设置飞行器名称，如图 5-49 所示。在某些特殊场合，需要将飞行器名称叠加在 OSD 上，以便标明 FPV 画面的归属，更有利于判断飞行器的飞行情况。设置完成后点击"保存并重启"按钮保存设置。

图 5-49　设置飞行器名称

129

最大允许解锁角度设置。在 BF 地面站配置界面的"解锁"位置设置飞行器最大允许解锁角度，如图 5-50 所示。如果飞行器的倾斜角度大于指定的最大允许解锁角度，飞控将不允许解锁。在某些特殊场合（如比赛），飞行器有可能并不在水平状态下起飞，而在一定的坡面上起飞，如果解锁角度设置过小，将导致飞行器无法解锁。该功能必须启用加速度计才能使用，数值范围为 0～180 度，当输入值为 180 度时，表示飞控关闭倾斜角度检测功能。设置完成后点击"保存并重启"按钮保存设置。

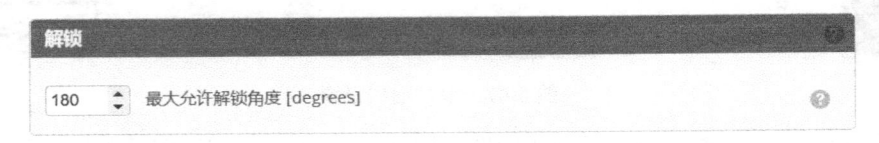

图 5-50　最大允许解锁角度

GPS 设置。如果飞行器安装了 GPS 模块，需在 BF 地面站配置界面的"GPS"位置打开"GPS"开关，如图 5-51 所示。开启 GPS 开关后，可以设置失控自动返航功能，也可以在飞行器飞丢时快速定位并找到飞行器。需要注意的是，在使用 GPS 模块前，必须先在端口界面为 GPS 模块配置对应端口。设置完成后点击"保存并重启"按钮保存设置。

图 5-51　GPS 设置

加速度计微调。在所有参数校准完成后，若在试飞阶段发现无人机在横滚或俯仰方向上持续朝某个方向偏移，可以进行加速度计微调。在 BF 地面站配置界面的"加速度计微调"位置设置该功能，如图 5-52 所示。设置完成后点击"保存并重启"按钮保存设置。

图 5-52　加速度计微调

其他功能设置。在 BF 地面站配置界面的"其他功能"位置，可根据硬件设备和实际需求设置飞行器所需的其他功能，如图 5-53 所示。如本任务飞行器使用了彩色 RGB LED 灯带、OSD、AIRMODE 等功能，只需打开对应的开关即可。AIRMODE 功能保证无人机在零（怠速）油门下，依旧保持 PDI 算法工作，以维持无人机在空中的姿态。设置完成后点击"保存并重启"按钮保存设置。

Dshot 信标和蜂鸣器无需特别设置，采用默认参数即可。

（5）电池设置。飞行器需要根据当前使用的电池，在 BF 地面站的"电池"位置进行相关设置，如图 5-54 所示。将电压计选择和电流计选择设置成"板载传感器"，并根据所使用电池设置"最低单芯电压""最高单芯电压""警告单芯电压"和"容量（mAh）"。在本任务中使用的是 R-line 的 4 s 电池，容量为 850 mAh，设置如下："最低单芯电压"为 3.3 V，"最高单芯电压"为 4.3 V,"警告单芯电压"为 3.5 V,"容量(mAh)"为 850,其他参数采用默认设置。设置完成后点击"保存"按钮,然后重启飞控,随后连接电池,可在电池状态处查看当前电池状态,如图 5-55 所示。

图 5-53　其他功能

图 5-54　电池

图 5-55　电池状态

(6)接收机设置。进入 BF 地面站的接收机界面。本次实训采用富斯 FS-i6X 遥控器,请参考"遥控器的基本操作"部分,完成遥控器的设置和对频。

如果遥控器和遥控接收机完成对频,操作遥控器时,界面中各通道会做出相应反应,如图 5-56 所示。

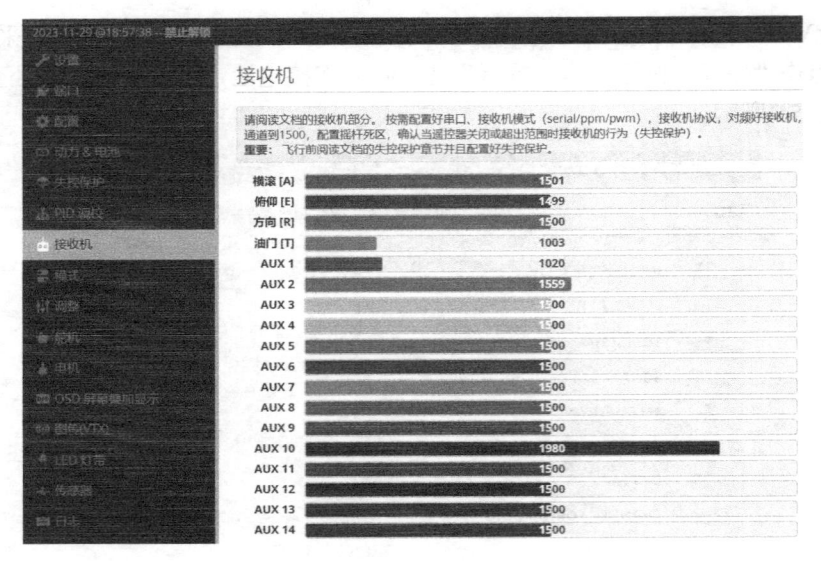

图 5-56 接收机界面

如果确认遥控接收机和遥控器已完成对频，但是各通道没有反应，则需检查接收机界面串行数字接收机端口设置是否正确。检查接收机界面的接收机模式和串行数字接收机协议设置是否与遥控器匹配。本任务接收机模式设置为"串行数字接收机"，串行数字接收机协议设置为"IBUS"，如图 5-57 所示。设置完成后点击"保存"按钮并重启飞控。

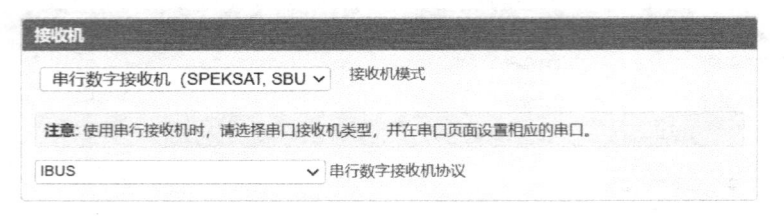

图 5-57 接收机

通道映射设置如图 5-58 所示，其中"A"对应横滚，"E"对应俯仰，"T"对应油门，"R"对应方向。本任务中，通道映射设置为"AETR1234"，表示横滚对应通道 1，俯仰对应通道 2，油门对应通道 3，方向对应通道 4，即摇杆模式为美国手摇杆模式。设置完成后点击"保存"按钮并重启飞控，可在预览位置查看设置效果。

图 5-58 通道映射

"摇杆低位"阈值、摇杆中点和"摇杆高位"阈值与摇杆最低位、摇杆回中和摇杆最高位有关。横滚、俯仰和方向（偏航）三个通道的摇杆能够自动回中，回中时的摇杆位置即为摇杆中点，三个通道的中点数值必须是同一个值。不同的接收机的中点会有所不同；若中点数值设置错误，有可能导致无法解锁电机或者飞行器起飞后不好控制，如果摇杆通道中 A、E、R 的中点不一致，可通过遥控器摇杆微调按钮将数值调到一致。本任务中摇杆中点设置为"1500"。"摇杆低位"阈值必须大于摇杆最低位置的数值，否则当油门通道拉到最低时，摇杆最低位置数值仍大于阈值，这会导致无法解锁。本任务中，摇杆最低位数值为 1000，因此将"摇杆低位"阈值设置为1050。"摇杆高位"阈值应比摇杆最高位置的数值小，否则会导致飞行器动力无法全部使用。本任务中摇杆最高位数值为2000，因此将"摇杆高位"阈值设置为1900。如图 5-59 所示。

图 5-59　摇杆参数

（7）飞行模式设置。在 BF 地面站的"模式"界面中进行飞行模式的设置，如图 5-60 所示。通过使用"范围"与"链接"的组合，飞手可以定义遥控器上的开关并分配相应的飞行模式。其中"范围"用于定义遥控器上开关的触发条件，而"链接"则用于激活另一个模式。

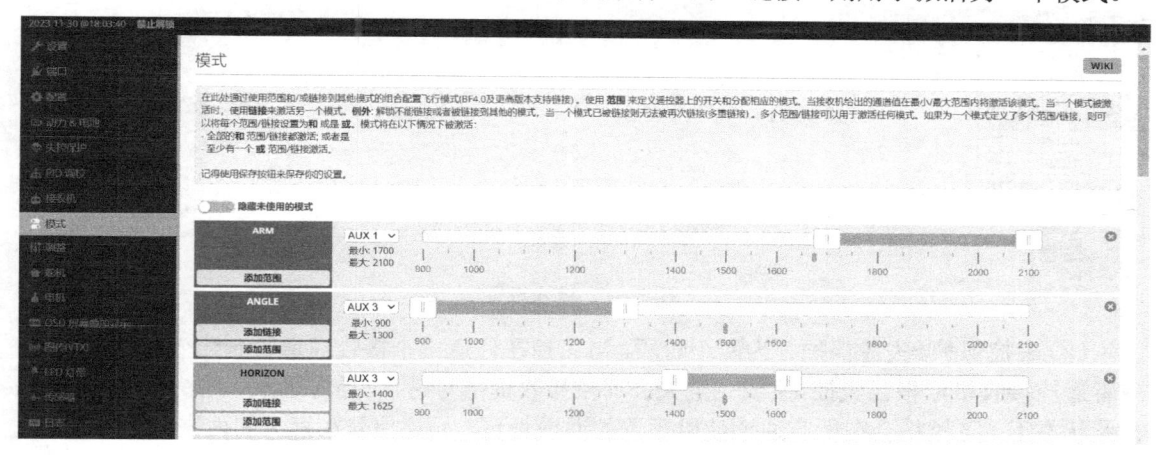

图 5-60　模式界面

以下是常用飞行模式的专业术语解释。

ARM：解锁模式。用于设置飞行器解锁开关。解锁成功后，飞行器才可飞行。

ANGLE：半自稳模式。遥控器摇杆在一定行程内，飞行器保持自稳模式飞行；摇杆超过一定行程后，飞行器切换为手动模式。

HORIZON：自稳模式。在该模式下，飞行器起飞后会自动保持水平稳定，需要飞手自己控制飞行器的高度。

ACRO：手动模式。这是飞行器的默认飞行模式，也是最难的飞行模式。该模式下的飞行器不会自动保持平衡，飞手需要手动控制飞行器的各个飞行角度。松开摇杆后，飞行器将保持当前状态，而不是恢复水平状态。要进入手动模式，必须关闭半自稳模式、自稳模式和无头模式等。

HEADFREE：无头模式。当机头朝某个方向解锁时，虽然偏航操作还能控制飞行器机头旋转，但是俯仰操作的前后方向只与解锁时的机头方向相关。

FAILSAFE：失控保护。通过辅助开关模拟激活失控保护程序。失控保护程序设置需在"失控保护"界面完成。

BEEPER：蜂鸣控制。用于控制飞行器发出"哔哔"声，便于飞行器丢失后定位寻找。

LEDLOW：灯带控制。用于控制飞行器灯带的开关。

无人机组装与调试

FLIP OVER AFTER CRASH：反乌龟模式。当飞行器发生侧翻或倾倒时，启用该模式，可通过操作摇杆控制飞行器回正并重新起飞。该模式要求飞行器使用的电调支持 Dshot 协议。

本任务相关模式设置如图 5-61 所示，设置完成后点击"保存"按钮并重启飞控。遥控器端相关辅助通道设置参考 F450 多旋翼无人机的调试（基于 Pixhawk 飞控）章节。

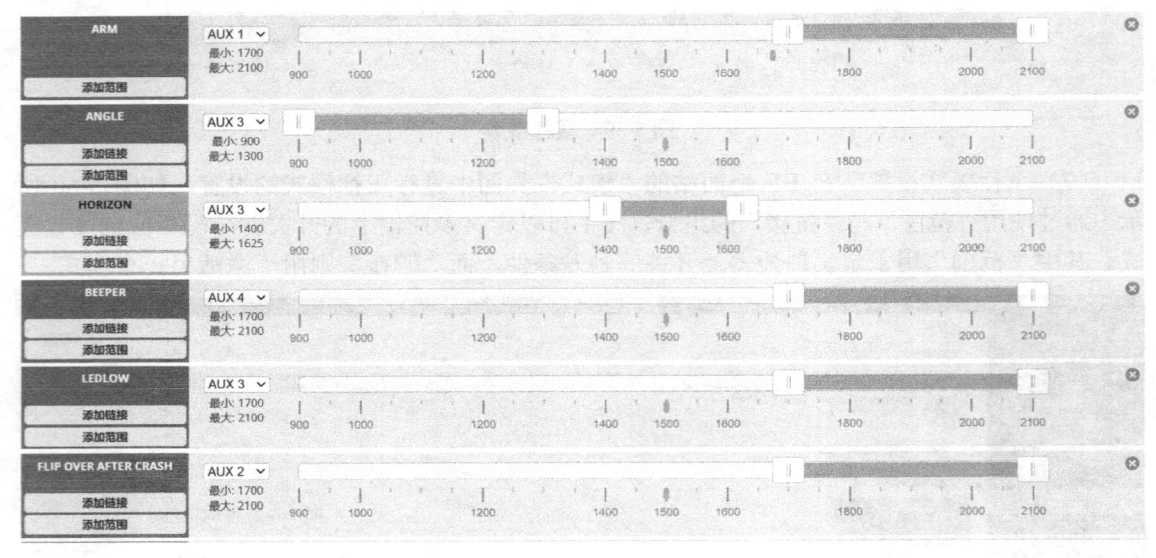

图 5-61　模式设置

（8）失控保护。失控保护分为两个阶段。当飞控在任意一个接收通道收到无效的脉冲长度，或者遥控接收机汇报已失控，又或完全失去遥控接收机信号时，飞控将进入一阶失控保护状态。在此状态下，飞控将会在所有通道使用预置的通道设置，如果信号在短时间内恢复，飞控将退出一阶失控保护状态。当飞行器处于解锁状态，且一阶失控保护状态的持续时间超过了预设的时间，飞控将进入二阶失控保护状态。在此状态下，所有通道将会保持当前输出。

注意：在飞控进入一阶失控保护状态之前，如果 AUX 通道出现无效脉冲，该通道也会使用预置的通道设置。在 BF 地面站的失控保护界面进行失控保护程序的相关设置，如图 5-62 所示。

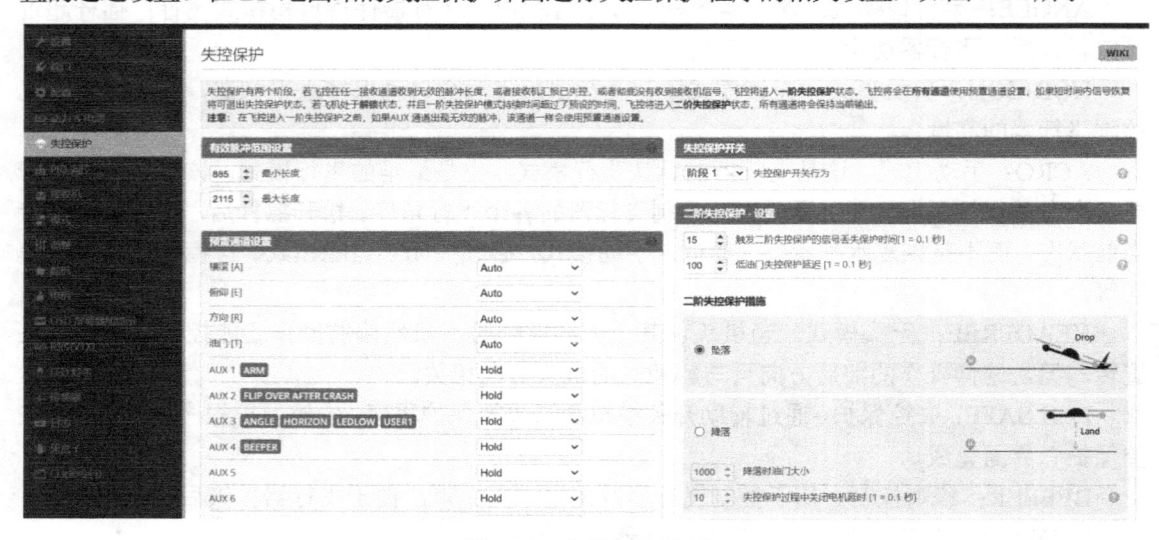

图 5-62　失控保护界面

一般遥控器的摇杆和其他通道值为 1000~2000，所以将本任务中的有效脉冲最小长度设置为 885，最大长度设置为 2115，如图 5-63 所示。

图 5-63　有效脉冲范围设置

当飞控进入一阶失控保护状态时，预置通道设置将会应用于单独无效的 AUX 通道或所有通道，如图 5-64 所示。其中"Auto"（自动）指的是横滚、俯仰、方向摇杆回中，油门摇杆处于最低位置；"Hold"（保持）表示所有通道保持最后从遥控接收机收到的有效数值；"Set"（设置）表示该通道使用设置的相应值。

图 5-64　预置通道设置

在设置了 FAILSAFE 模式后，通过切换相应开关，飞控将启动失控保护开关选择的对应阶段。如图 5-65 所示，图中失控保护开关行为选择阶段 1，操作开关后，飞控将启动一阶失控保护状态程序。

图 5-65　失空保护开关

当飞行器处于一阶失控保护状态程序时，如果在预设时间内遥控接收机没有恢复信号，则飞行器将进入二阶失控保护状态程序。二阶失控包括坠落、降落、GPS 救援三种保护措施，如图 5-66 所示。

如果飞行器没有配备 GPS 模块，则选择使用坠落保护措施，当遥控接收机无法接收到遥控信号时，飞行器将直接坠落。建议使用 IBUS 或 S.BUS 等协议的遥控接收机，因为 PPM 协议的遥控接收机可能无法正确检测出遥控器失联，从而法触发失控保护措施，导致飞行器按照最后接收到的指令继续飞行。如果选择降落保护措施，则需要设置合适的油门值。如果油门值过大，失联后的飞行器会继续向上攀升直至电池能量耗尽；如果油门值过低，则会使飞行器快速坠落地面，因此选择这种保护措施需要做好缓降实验，并在飞行时保持实验时相同的起飞重量，重量的改变将使该保护措施不能达到实验效果。GPS 救援保护措施需要在飞行器上安装

GPS 模块，并正确设置 GPS 通信端口、速率和协议参数，然后启用 GPS 救援。BF 固件的 GPS 救援功能相对简单，失控后的飞行器将按照设定的参数返回起飞点附近。当看到飞行器后，飞手要及时通过遥控器取消失控保护措施并接管飞行器，否则飞行器可能会继续执行失控保护措施，并坠落地面。

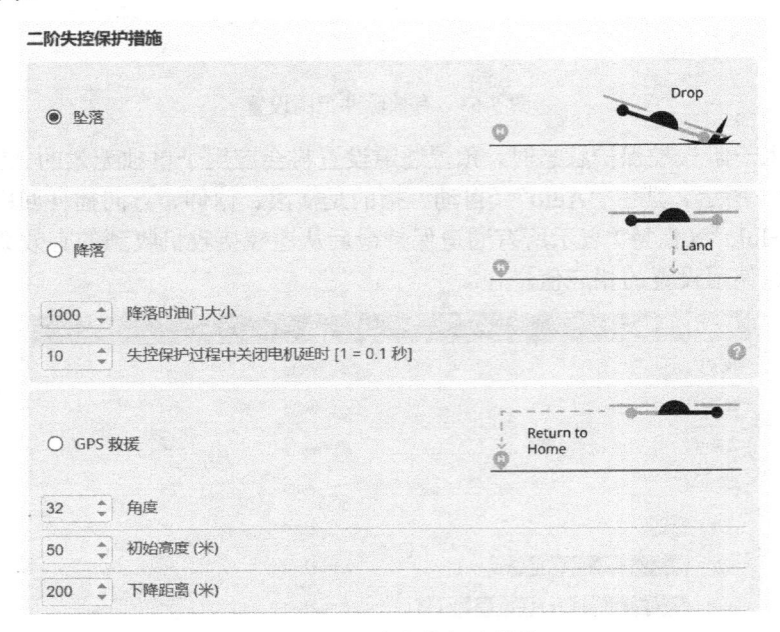

图 5-66　二阶失控保护措施

当所有设置完成后，点击"保存并重启"按钮保存参数，重启飞控。

（9）图传（VTX）设置。在端口界面已经完成图传模块的端口配置后，就会进入 BF 地面站的图传（VTX）界面，即可看到图传的相关设置，如图 5-67 所示。

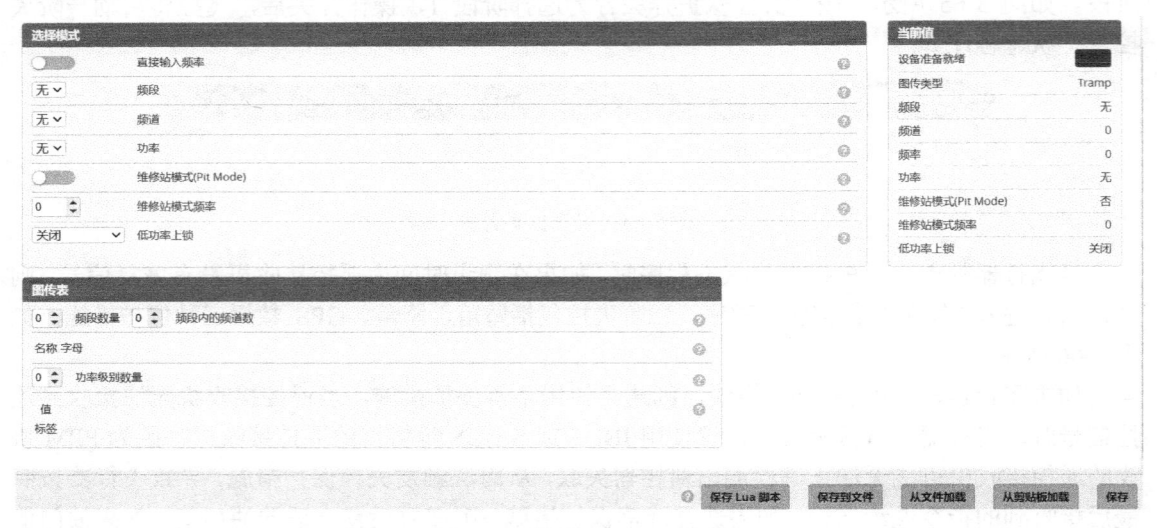

图 5-67　图传（VTX）界面

在进行图传调试之前，需要先安装图传天线，否则会导致图传模块损坏或传输距离缩短。安装天线后，连接飞行器电池供电，并将飞控连接至 BF 地面站，再进行调试。

图传表文件一般由厂家提供，其中设定了可用于图传的所有频率，飞手可以选择多个频段。点击"从文件加载"按钮，将提供的图传表文件加载至 BF 地面站，如图 5-68 所示。一般使用默认的图传表即可。飞手也可以根据需求进行相应的修改，如频段数量、频道内的频道数、每个频道的名称及字母、每个频道的频率、功率级别数量、每个功率级别对应的功率值和标签。

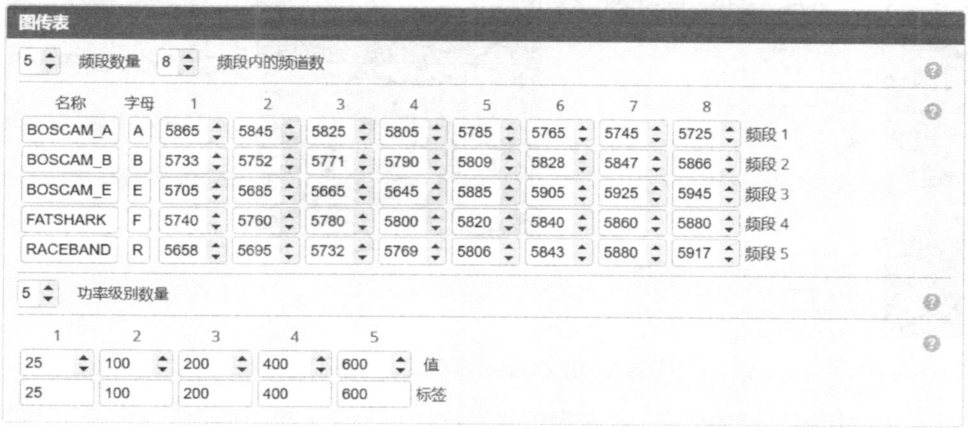

图 5-68　图传表

图传表设置完成后，根据实际需求选择飞行器所需的频段、频道和功率，选择模式如图 5-69 所示。在特殊场合需要上电维修时，为避免影响其他飞行器的图传传输，可启用维修站模式（Pit Mode），此时图传将进入超低功率模式，只有在接收端非常靠近图传时才能连接。

图 5-69　选择模式

所有设置完成后，点击"保存"按钮保存参数，然后重启飞行器，即可在图传界面右侧看到图传模块的当前值，如图 5-70 所示。如果设备准备就绪显示为"否"，请检查图传设备是否上电、图传端口是否设置正确，以及图传协议选择是否正确。在一般情况下，图传协议都支持 TBS Smart Audio 和 IRC Tramp。

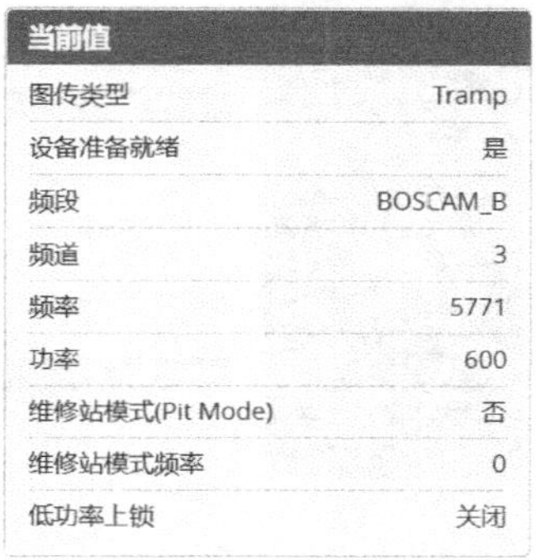

图传设置也可以通过图传接收端的 OSD 画面进行设置，需要用遥控器同时触发油门居中、YAW 向左、PITCH 向前，然后选择 Features 进入配置。其中"VTX SA"代表 SmartAudio，"VTX TR"代表 Tramp，根据需要选择即可。

（10）OSD 屏幕叠加显示。进入 BF 地面站的 OSD 屏幕叠加显示界面，可设置需要显示在图传接收端上的飞行器相关参数及

图 5-70　当前值

其位置，如图 5-71 所示。

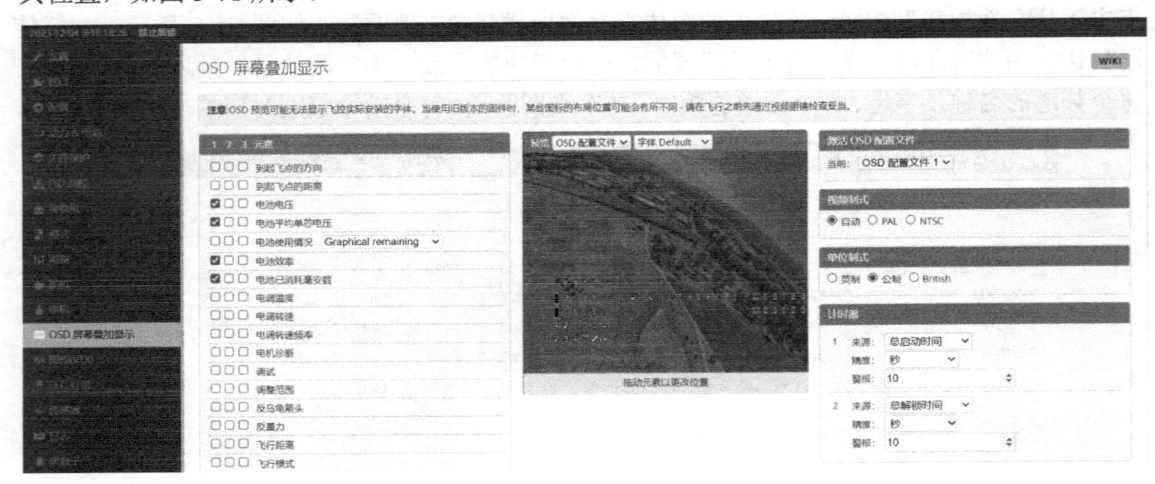

图 5-71　OSD 屏幕叠加显示界面

根据需求添加要显示的信息，并在预览界面拖动相关元素以调整信息的显示位置，以便在第一视角观察飞行器的相关信息。一般情况下，应设置电池电压、电池平均单芯电压，以及相关警告等信息。

（11）LED 灯带。飞控可以控制 LED 灯带上的每一个灯珠的颜色和效果。在配置过程中，需设定灯珠的位置和连线顺序，然后按设置好的位置接入灯带。没有设置过连线顺序的灯珠位置不会被保存。

4. 电机设置与测试

进入 BF 地面站的电机界面，可对电机的混控类型、电调/电机功能和 3D 电调/电机功能进行设置，同时，还可以在相关位置进行电机测试，如图 5-72 所示。

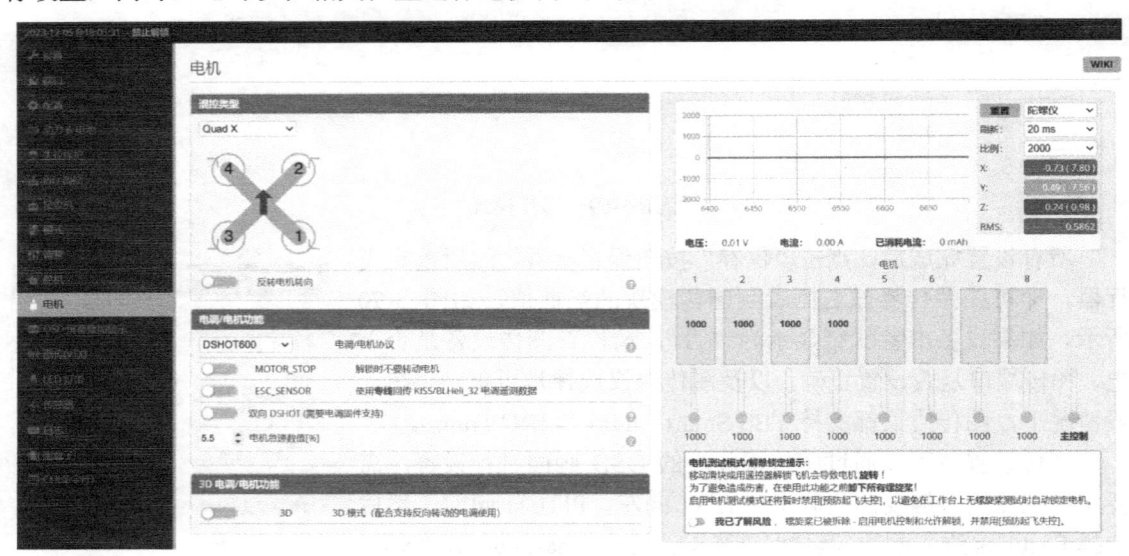

图 5-72　电机界面

混控类型根据实际飞行器的机架类型进行选择，通常情况下，穿越机的机架类型为 Quad X，因此混控类型也应选择 Quad X。

在电调/电机功能方面，电调协议可在电调制造商的网站上查询，大多数电调都支持 DSHOT150、DSHOT300 和 DSHOT600 三种电调协议。电机怠速数值[%]是在飞行器解锁且油门摇杆处于最低位时，飞控向电调发出的最大油门信号。增加这个值可以获得更高的怠速转速并避免电机失步。但如果这个值过大，飞行器手感将会变得漂浮。

完成上述参数设置后，认真阅读电机测试模式提示，并勾选"我已了解风险"选项，安装飞行器电池。通过控制 1~4 号电机对应的滑块进行电机测试，观察电机转动的状态及方向，如图 5-73 所示。以下是一些常见问题及解决方法。

（1）电机不转或堵转。飞行器解锁后电机不转或堵转，首先应检查线路连接情况，如无异常，则更换电机，排查是电机故障还是电调故障。

（2）飞行器偏移。在自稳模式下悬停时，飞行器发生偏移且角度逐渐增大，但在手动模式下正常。需要重新校准加速度计和遥控器，观察效果；如还存在问题，则在 BF 地面站微调加速度计。

（3）飞控重启。飞行器设备连接正常，解锁起飞正常，但在空中会不定时重启飞控。需要检查电池电容连接是否正常，确保没有接触不良等情况。

（4）图传黑屏。飞行器通电后，图传接收端黑屏无画面。需要检查摄像头和图传模块连线是否正确。同时检查 OSD 和图传模块设置是否正确。直连摄像头与图传模块，通过查看来判断摄像头和图传是否存在问题。如果有画面，则代表飞控有问题。

（5）OSD 信息缺失。BF 地面站开启并设置了 OSD 功能，但图传接收端仍没有 OSD 信息。需要检查地面站 OSD 制式设置与摄像头制式设置是否一致，同时要注意 OSD 位置设置是否过于边缘，导致信息显示在屏幕外而无法看到。

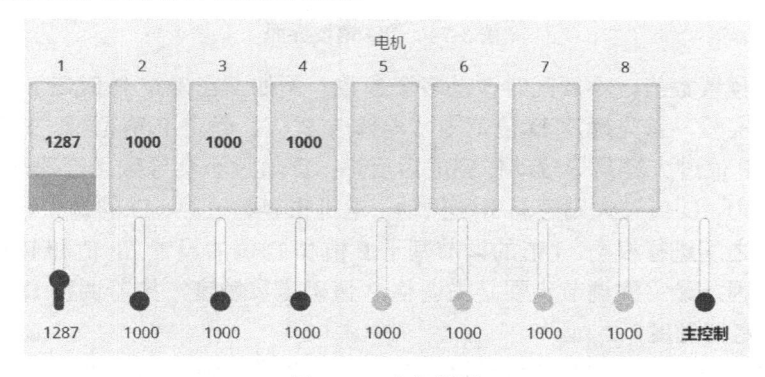

图 5-73 电机测试

5. PID 调校

在通常情况下，飞行器在刷新固件后无需进行 PID 调校，当飞手能够熟练掌握飞行操作并形成个人操作习惯后，会根据特殊情况和场合进行 PID 调校。进入 BF 地面站的 PID 调校界面，进行 PID 配置文件设置、Rate 配置文件设置和滤波器设置等，如图 5-74 所示。

地面站提供了两种 PID 设置的方法，分别为直接输入 PID 参数数值法和滑块调节法。直接输入 PID 参数数值的方法比较常用。要设置符合飞行器动力的最佳 PID 参数数值，通常需要反复测试才能确定。对于大多数 Quad X 类型的飞行器来说，ROLL（横滚）、PITCH（俯仰）的 PID 参数数值基本相同。由于 YAW（方向）受限于多旋翼类型飞行器的转向扭力较小，通常不需要专门调试，预置一组通用数值即可，设置对其影响不大。

PID，即 Proportional（比例）、Integral（积分）和 Differential（微分）三个英文单词的缩

写。P 值控制飞行器紧凑跟踪摇杆（设定点），更高的 P 值提供更紧凑的跟踪效果，具体体现在灵敏度上。但如果 P 值与 D 值比例过大，则可能导致飞行器过冲。D 值用于控制任何移动的阻尼强弱，对操纵杆动作和外界扰动都有缓冲作用，具体体现在平稳度上。I 值控制飞行器保持设定点整体位置的力度强弱，用于消除误差，具体体现在精确度上。

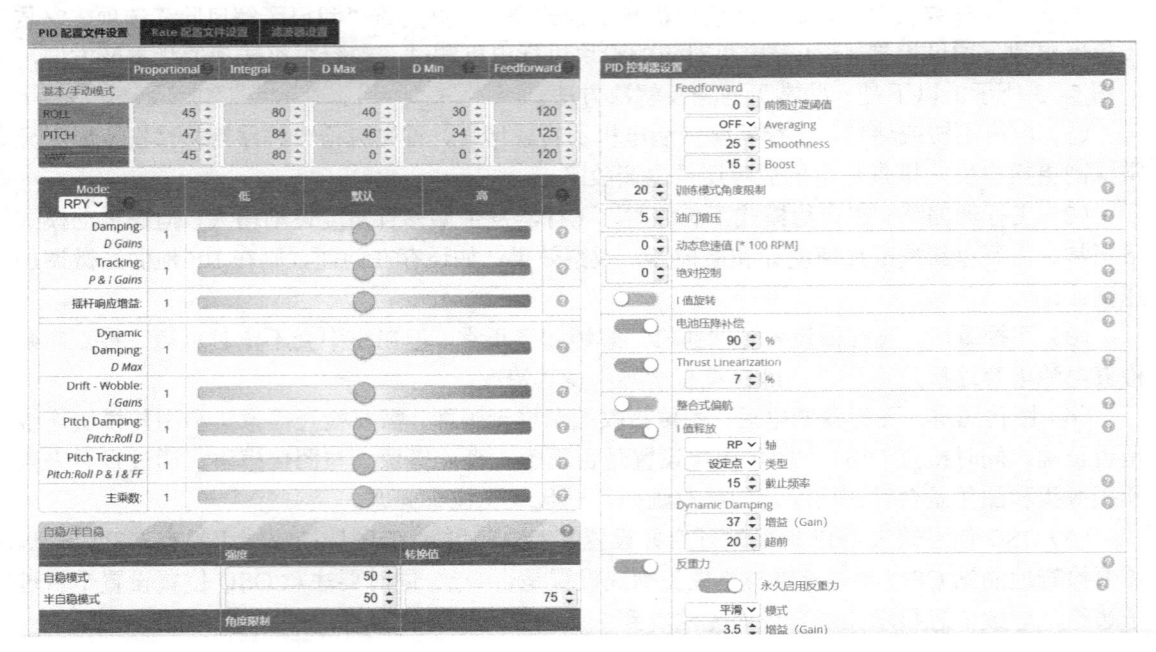

图 5-74 PID 调校界面

如需要改变预置数值，不要同时改动多个参数。例如，在确定 P 值或 D 值的最小值或最大值时，应逐一实验，首先确定 D 值范围，再修改 P 值，确定 P 值范围。P 值过小会导致飞行器反应迟钝，P 值过大容易导致动作完成后反弹；D 值过小会导致飞行器动作执行不到位，动作显得缺少动力，D 值过大则容易引起振动，电机也容易过热，D 的调整通常需要在平稳度与电机发烫程度之间进行权衡。I 值的调节基于 P 值和 D 值的设置，P 值和 D 值的改变都会影响 I 值的数值，因此最终的调节步骤是先调整 P 值确定灵敏度，接着调整 D 值确定平稳度，最后调整 I 值确定精确度。

本任务常见故障主要针对组装调试过程中出现的各类故障，具体故障及排查方法如下。

（1）解锁电机能怠速转，且 1、4 电机转向一致，2、3 电机转向一致，但轻推油门后立刻自锁。需要检查 BF 地面站设置的电机旋转方向（正转或反转）是否与电机实际旋转方向一致。（在 BF 地面站设置电机旋转方向的目的是让飞控了解电机的实际旋转方向，并不能改变电机的旋转方向）。

（2）解锁后电机不转，油门杆无反应，但横滚杆和偏航杆电机有反应。需要检查解锁开关与反乌龟开关是否使用了同一个遥控开关。

（3）解锁后推油门时飞行器发生翻滚。需要检查飞控的安装方向、BF 地面站中的飞行器姿态、电机的转向和电机的顺序。

请根据任务完成情况填写表 5-3。

表 5-3 评价结果反馈单

姓名：		分数：		
考核内容			配 分	得 分
职业素养	（1）设备、工具及材料清点		5	
	（2）操作安全		5	
操作规范	（1）选择地面站和固件版本		5	
	（2）安装无人机固件		5	
	（3）加速度计校准是否完成		5	
	（4）端口配置是否正确		5	
	（5）个性化配置是否正确		5	
	（6）电池设置是否正确		5	
	（7）遥控接收机设置是否正确		5	
	（8）模式设置是否正确		10	
	（9）失控保护设置是否正确		5	
	（10）图传设置是否正确		5	
	（11）LED 灯带设置是否正确		5	
	（12）电机设置是否正确；转向是否正确		10	
	（13）PID 调校是否正确		5	
	（14）进行试飞，查看飞机能否顺利飞行		5	
结束工作	（1）清点工具和设备		5	
	（2）清扫现场		5	

思考与改进

请与小组成员进行讨论，针对本次任务实施情况进行点评、分析和总结，并将改进意见填写在下方。

课程思政

请阅读以下教学案例，结合本项目所学习的专业知识和技能，从社会主义核心价值观、民族精神和创新思维等方面，按照"三全育人"的要求，分析案例中所蕴含的社会责任感、民族自信和创新思维等思政元素。

高凤林，中国航天科技集团有限公司第一研究院首都航天机械有限公司特种熔融焊接工、中华全国总工会兼职副主席。

他在航天领域深耕 40 余年，为 160 多枚火箭焊接"心脏"，先后攻克 300 多项"疑难症"，为火箭研制保驾护航。他的创新成果不仅应用于长征五号运载火箭和长征五号B运载火箭，为探月、探火、空间站建设等国家重大任务的实施做出了突出贡献，还推广应用至长征三号甲系列运载火箭、长征七号运载火箭、长征八号运载火箭等。此外，相关技术广泛应用于大飞机、高铁、舰船、核电等领域，产生了巨大的社会效益和经济效益。

2014年，高凤林代表国家参加德国纽伦堡国际发明展，凭着自己娴熟的工艺，一举夺得三项世界金奖。他完成的"新一代运载火箭高效能氢氧发动机焊接制造技术"项目获得2023年度国家科技进步奖二等奖。

在高凤林的身上，我们不仅看到了一位焊接大师的卓越技艺，更看到了航天事业栋梁精神的传承。这些以"高凤林"的名字命名的集体，将成为人才培养的摇篮，孕育一代又一代的航天人才，让一线工人的技艺得以传承和延续，让航天事业的火炬得以传递，共同铸就中国航天更加辉煌的未来。

任务3　爱国小火箭的组装

爱国小火箭的组装如图 5-75 所示。

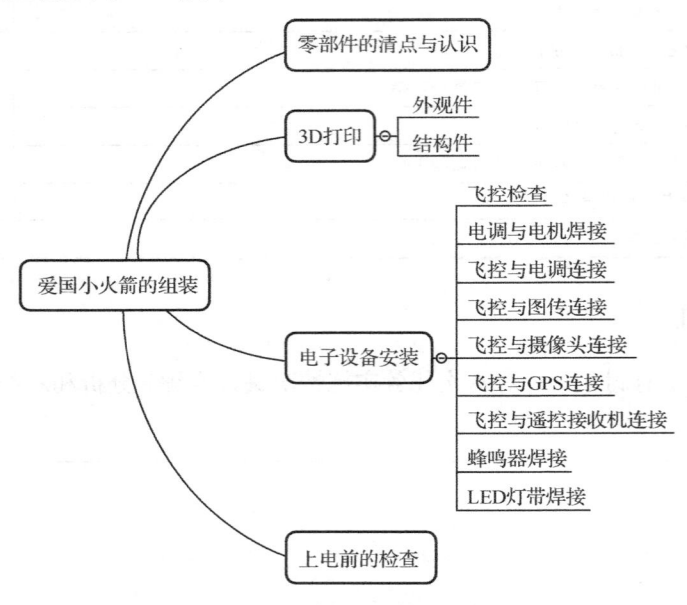

图 5-75　爱国小火箭的组装

知识要点

3D 打印，又称增材制造。它是以数字模型文件为基础，运用粉末状金属或塑料等可粘合材料，通过逐层打印的方式来构造物体的一种快速成型技术。

3D 打印技术的历史发展是一个不断进步和拓展的过程。3D 打印技术在珠宝设计、鞋类设计与制造、工业设计、建筑设计、工程设计与施工、汽车设计与制造、航空航天、牙科等领域都得到广泛的应用。

3D 打印的工作流程如图 5-76 所示。

项目五　穿越机的组装与调试

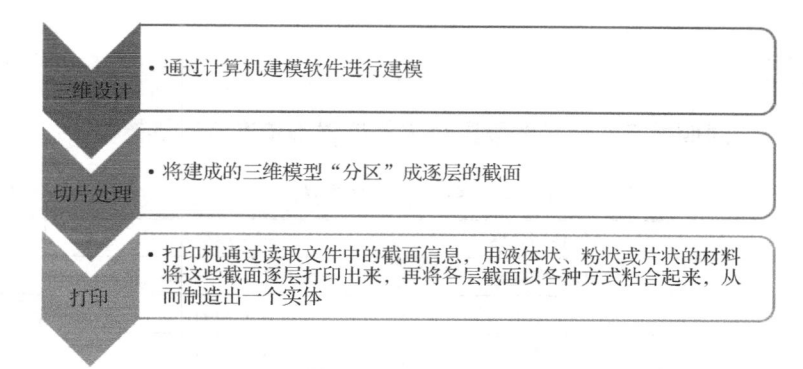

- 三维设计：通过计算机建模软件进行建模
- 切片处理：将建成的三维模型"分区"成逐层的截面
- 打印：打印机通过读取文件中的截面信息，用液体状、粉状或片状的材料将这些截面逐层打印出来，再将各层截面以各种方式粘合起来，从而制造出一个实体

图 5-76　3D 打印的工作流程

目前可用的 3D 打印材料种类已超过 200 种，常见的 3D 打印材料包括 ABS/PC/POM 塑料类、PA 尼龙类、光敏树脂类、超精细树脂类、金属类、石蜡铸造类等，如图 5-77 所示。

图 5-77　常见的 3D 打印材料

任务描述

通过小组合作，完成爱国小火箭的制作与组装，并进行自评和互评。

任务实施

1. 准备工作，对照表 5-4 所示的爱国小火箭器材清单准备实训器材

表 5-4　爱国小火箭器材清单

部　件	零件名称	规格或型号	数　量
机体系统	3D 打印耗材	PLA 1.75 mm	1
	机头罩	PLA（3D 打印）	1
	机身	PLA（3D 打印）	1
	电机座装饰件	PLA（3D 打印）	4
	机尾	PLA（3D 打印）	1
动力系统	飞塔（电调）	60A	1
	电机	2207	4
	电池	1550 mAh 4S1P	1
	螺旋桨	5 寸三叶桨	4
飞控系统	飞控	Aocoda F4 V3	1
	遥控接收机	Flysky 富斯 2.4G，14 通道 iBUS	1
	图传	TBS UNIFY NANO	1
	GPS	北天 BE-280	1
遥控系统	遥控器	富斯 10 通道 2.4 GHz	1
视频眼镜	FPV 视频眼镜	5.8 G 带 DVR	1
任务载荷	摄像头	RunCam Racer Nano4	1
	LED 灯带	5 V	4
	蜂鸣器	5 V	1

2. 外观件和结构件 3D 打印

（1）在 Solidworks 软件中完成机头罩、机身、电机座装饰件和机尾等零部件的设计，并另存为 stl.格式。

（2）将机头罩、机身、电机座装饰件和机尾的三维模型（stl.格式）导入到 3D 打印的切片软件中，使其转化为 gcode.格式，并导出到 3D 打印机中，然后打印出如图 5-78 所示的零部件。

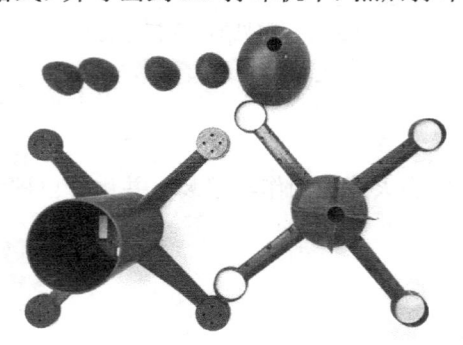

图 5-78　3D 打印的零部件

3. 电子设备安装

（1）飞控安装前检查。

图 5-79（a）为飞控未与电脑连接的界面，右上角显示的图标为黄色，图标下显示"连接"。如果飞控与电脑连接成功，则如图 5-79（b）所示，界面右上角显示的图标为红色，图标下显示"断开连接"。这表明飞控与电脑已连接成功，且飞控质量完好，可将飞控与电脑的连接断开，进行后续焊接。

（2）电调（60A 飞塔）与电机的焊接。

确认电调正反面和前后安装方向，如图 5-80 所示为电调正面，需朝上安装，电源线焊点位置为电调后方。将 4 个电机、1 对电源线和 1 个电容分别焊接到电调上。

（a）飞控未与电脑连接

（b）飞控与电脑连接成功

图 5-79 飞控与电脑连接

无人机组装与调试

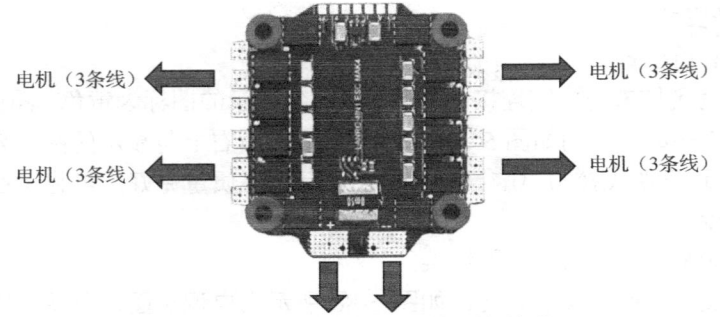

电机（3条线） ← → 电机（3条线）

电机（3条线） ← → 电机（3条线）

↓ ↓
电源（2条线）与电容（2个引脚）并联焊接

图 5-80　电调（60A 飞塔）与电机的焊接

注意事项有以下几点。

① 如果电源线较粗，焊接时可以先在焊接点堆砌少量焊锡，再焊接电源线，最后在焊接点再次堆砌少量焊锡，如图 5-81 和图 5-82 所示。

图 5-81　在焊接点堆砌少量焊锡　　　　　　图 5-82　焊接电源线

② 按物理顺序焊接电机的 3 条线，应避免导线互相缠绕，电机转向可通过调参软件进行设置。焊接电机与电调时，不要堆太多焊锡，避免因焊锡溢出到焊点以外的区域而引发短路。

③ 焊接电容时，注意电容的正负极，如图 5-83 所示，长针为正极脚，短针为负极脚；白边所指位置为负极。

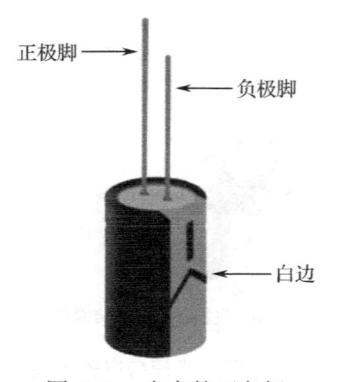

正极脚 →　　→ 负极脚

→ 白边

图 5-83　电容的正负极

（3）通过排线连接飞控与电调，如图 5-84 所示。

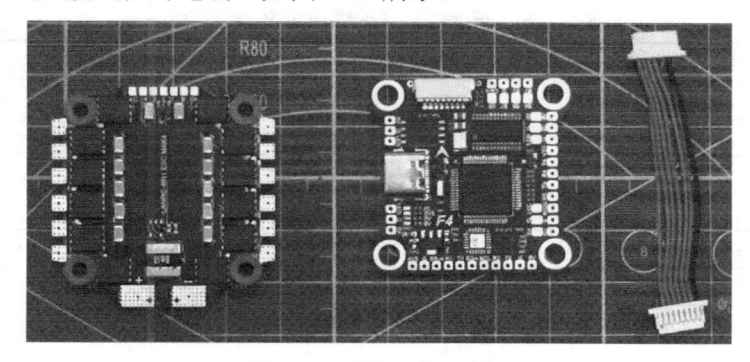

图 5-84　连接飞控与电调

参考图 5-85 所示的飞控接线图和表 5-5 所示的飞控端口定义，将各元件与飞控进行焊接，最终效果如图 5-86 所示。

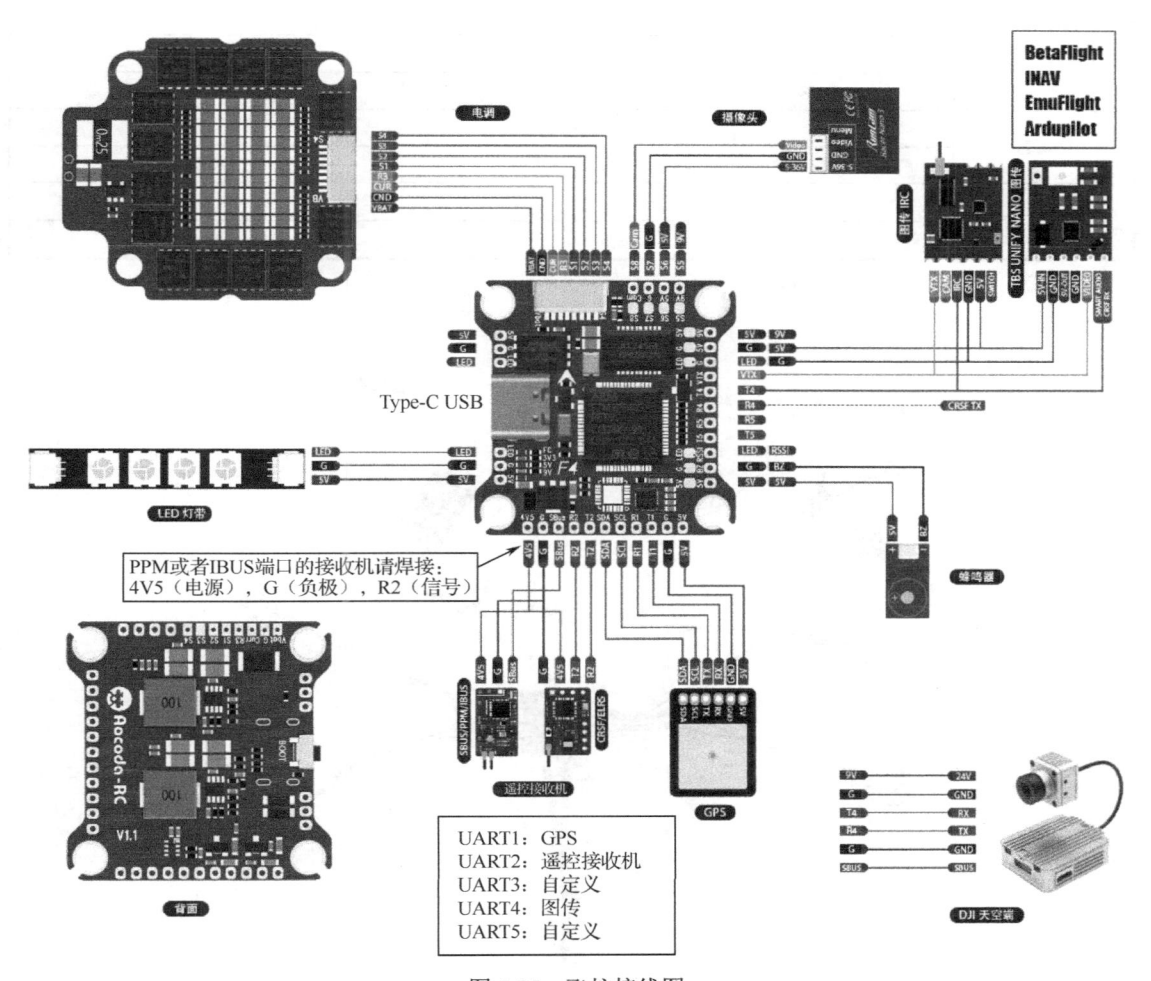

UART1：GPS
UART2：遥控接收机
UART3：自定义
UART4：图传
UART5：自定义

图 5-85　飞控接线图

表 5-5 飞控端口定义

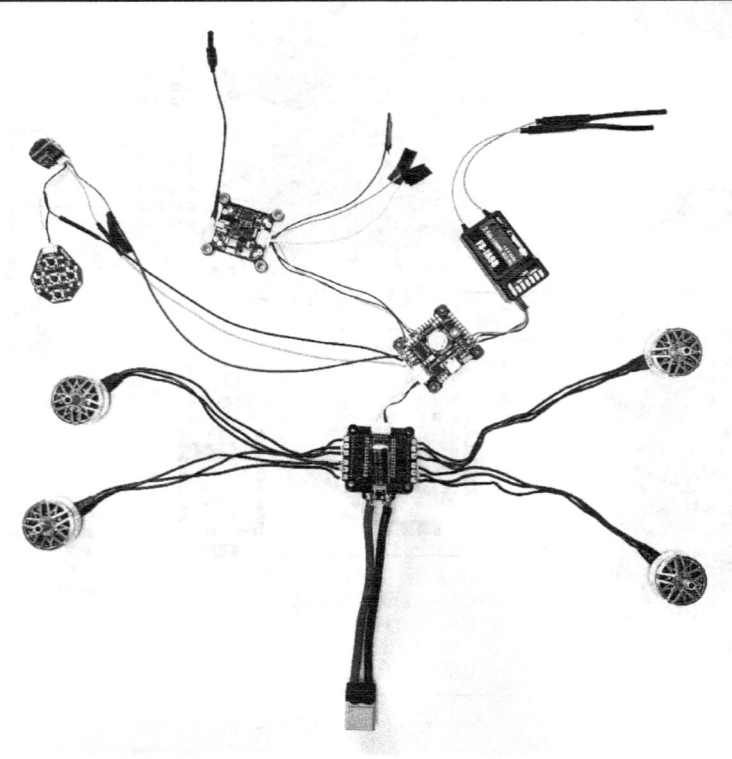

元 件 端 口		→	飞 控 端 口
摄像头	5-36 V	→	9V
	GND	→	G
	VIDEO	→	Cam
TBS UNIFY NANO 图传	7-26 V	→	9 V
	GND	→	G
	VIDEO	→	VTX
	DATA	→	T4
GPS	V	→	5 V
	G	→	GND
	T	→	T1
	R	→	R1
遥控接收机	4V5	→	4V5
	G	→	G
	iBUS	→	R2
蜂鸣器	5 V	→	5V
	BZ	→	BZ
LED 灯带	5 V	→	5 V
	G	→	G

图 5-86 飞控连接最终效果

注意事项有以下几点。

① 图传和摄像头的供电电压范围分别为 7～26 V 和 5～36 V，支持 5 V 以上的供电，建议焊接在 9 V 的焊点上。

② 图传可仅焊接 7～26 V、GND 和 VIDEO 三条线，后续可进行手动调试。如需连接电脑并在调参软件上进行调试，则必须焊接 DATA 这条线。

③ 本次实训采用的是 iBUS 协议的遥控接收机，焊接端口以"表 5-5 飞控端口定义"为准，其他协议的遥控接收机接线可参考接线图。

（4）将图传、飞控和飞塔按照顺序叠好，倒扣安装到机身底部，如图 5-87 所示。

（5）将四个电机分别安装在机身的电机安装架的底部，用螺母固定牢固，注意飞控的箭头方向与机头方向保持一致，并将各种元件的接线整理好，如图 5-88 所示。将 GPS 和摄像头穿过机身安装于机头罩内侧，遥控接收机安装在机尾部分，如图 5-89 所示。

图 5-87　图传、飞控和飞塔的叠放顺序

图 5-88　飞控上的机头方向指示

图 5-89　各零部件安装

4．上电前的检查

（1）检查飞控上各插口是否插入正确位置并连接牢固。

（2）检查电源正负极接线是否焊接正确，用万用表检查正负极焊点是否存在短路。

请根据任务完成情况填写表 5-6。

表 5-6　评价结果反馈单

姓名：		分数：	
考核内容		配　分	得　分
职业素养	（1）设备、工具及材料清点	5	
	（2）操作安全	5	
操作规范	（1）3D 打印零件是否装配无误	5	
	（2）检查电源正负极接线是否焊接正确，用万用表检查正负极焊点是否存在短路	10	

续表

考核内容		配 分	得 分
操作规范	（3）电容正负极是否焊接正确	5	
	（4）摄像头、图传、GPS、遥控接收机、蜂鸣器、LED 灯带焊接是否正确	25	
	（5）焊点饱满光滑，大小适中，接触良好	5	
	（6）飞控上各插口是否插对、插牢	5	
	（7）图传、飞控和飞塔叠放顺序是否正确，是否倒扣安装于机身底部	5	
	（8）检查各电机安装是否牢固	5	
	（9）检查机头方向和飞控位置	10	
	（10）整理线路并固定	5	
结束工作	（1）清点工具和设备	5	
	（2）清扫现场	5	

思考与改进

请与小组成员进行讨论，针对本次任务实施情况进行点评、分析和总结，并将改进意见填写在下方。

任务 4 爱国小火箭的调试

爱国小火箭的调试如图 5-90 所示。

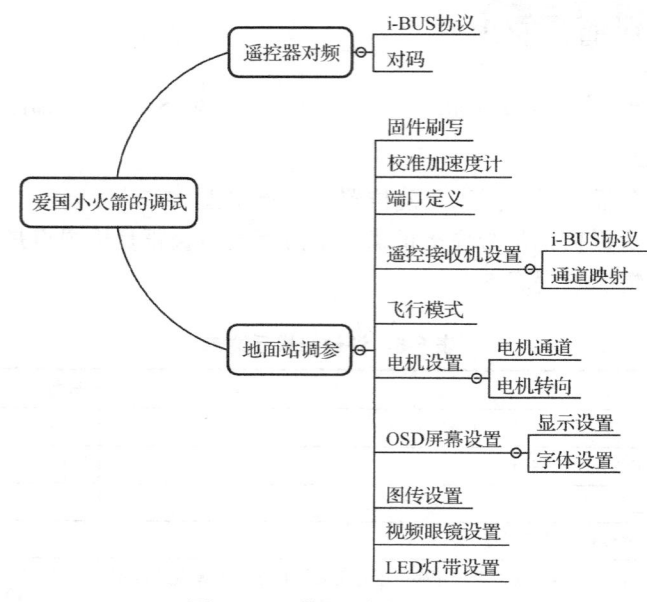

图 5-90 爱国小火箭的调试

项目五　穿越机的组装与调试

📋 任务描述

通过小组合作，完成爱国小火箭的调试，并进行自评和互评。

✏️ 任务实施

1. 遥控器设置与对码

（1）遥控器设置。打开遥控器，进入"系统—接收机设置—输出模式"，将输出模式设置为串行总线 i-BUS，如图 5-91 所示。

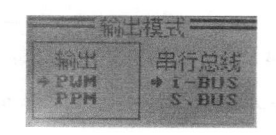

图 5-91　输出模式

（2）对码。按住遥控接收机上的对码按键不放，并给遥控接收机连接电源，遥控接收机上的红色指示灯快闪表示进入对码状态。按住遥控器左下角 BIND 按键不放手，打开遥控器，使遥控器进入对码状态，当遥控接收机与遥控器对码成后，遥控接收机状态指示灯由快速闪烁变为常亮。手动将遥控器退出对码界面，此时遥控接收机红色指示灯保持常亮，表示信号接收成功。

2. 地面站调参（无桨调试，请务必拆除桨叶！）

（1）固件刷写（选做）。

① 飞控出厂时已经刷好固件，此步骤可以跳过。如需重新刷写固件，需进入 DFU 模式，打开如图 5-92 所示的"启用专家模式"的开关。

图 5-92　启用专家模式

② 断开连接后重新连接，在如图 5-93 所示的"设置"页面中点击"激活启动引导程序/DFU"按钮。

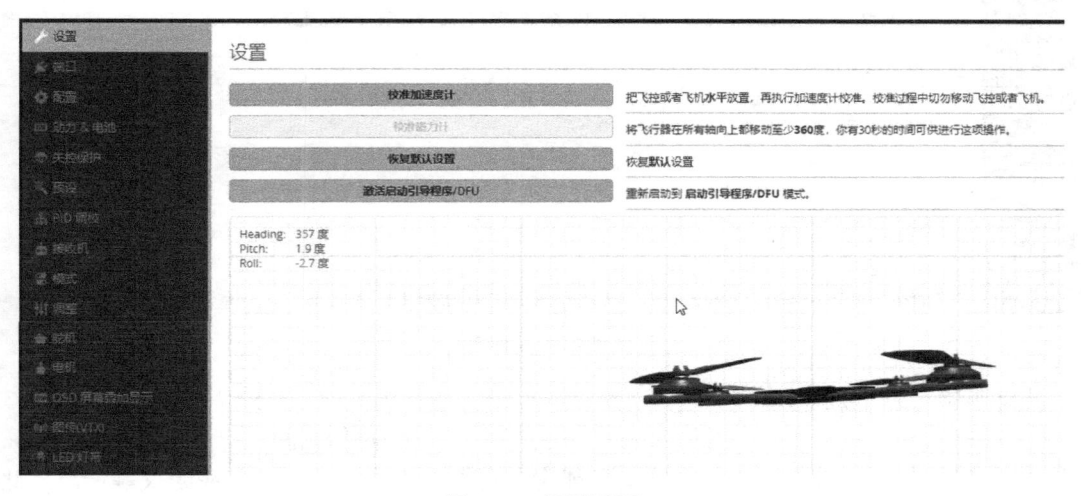

图 5-93　设置页面

151

③ 参照上一项目的提示，按照图 5-94 进行设置，完成固件刷写，驱动 Zadig 的安装。

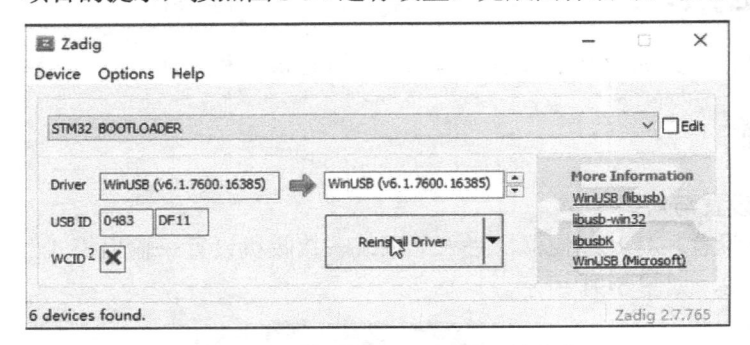

图 5-94　固件刷写，驱动 Zadig 的安装

④ 进入固件刷写工具，通过在线刷写或加载本地固件的方式进行固件刷写。

在线刷写：选择 AOCODAF405 飞控板，根据需要选择一个固件版本，然后打开"全盘擦除（会丢失所有设置）"开关，如图 5-95 所示。

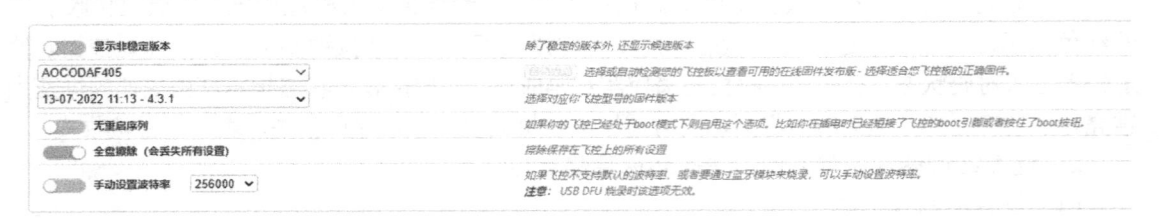

图 5-95　选择固件版本

加载本地固件（更稳定）：不选择飞控板和固件版本，打开"全盘擦除（会丢失所有设置）"开关，然后点击"从本地电脑加载固件"按钮，选择好固件后，点击"烧写固件"按钮，如图 5-96 所示，耐心等待，直到固件刷写完成。

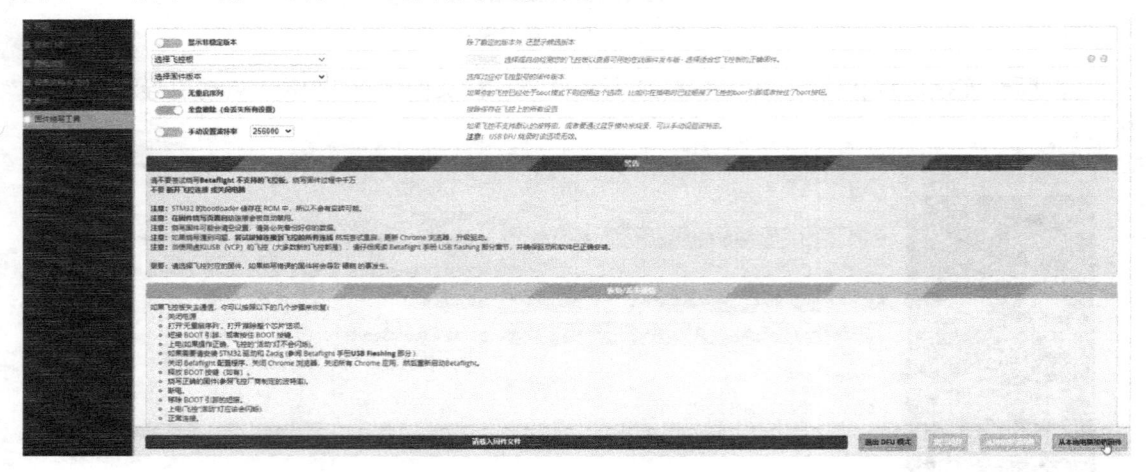

图 5-96　固件刷写

注意事项有以下几点。

① 在刷写固件过程中，尽量不要移动小火箭，也不要连接电池。

② 如果固件版本较新，刷写完成后可能会出现检测不到加速度计、陀螺仪等情况。此时需进入"CLI"（命令行），加载飞控对应的配置文件，完成后，显示效果如图 5-97 所示。

图 5-97 加载配置文件

③ 如果在设置中执行了"恢复默认设置"操作，如图 5-98 所示，也会出现检测不到加速度计、陀螺仪等情况，操作方法与注意事项②相同。

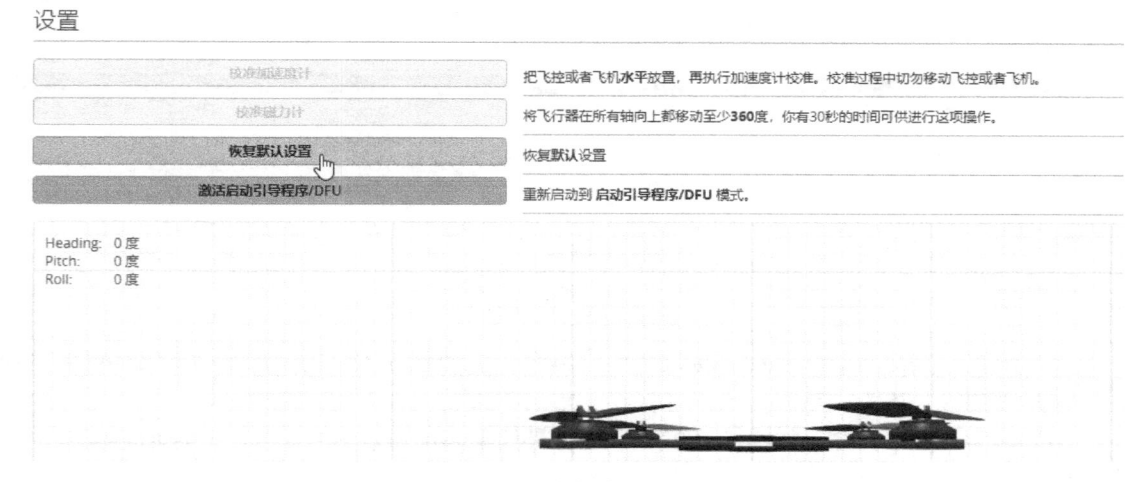

图 5-98 恢复默认设置

（2）校准加速度计。对小火箭进行移动和旋转，观察小火箭的动作是否与图 5-99 所示的调参软件中的动画一致，如果不一致，可能有以下两个原因。

① 飞控的机头方向与小火箭的机头方向不一致。
② 图传、飞控和飞塔叠装后，需要倒扣安装在机身底部。

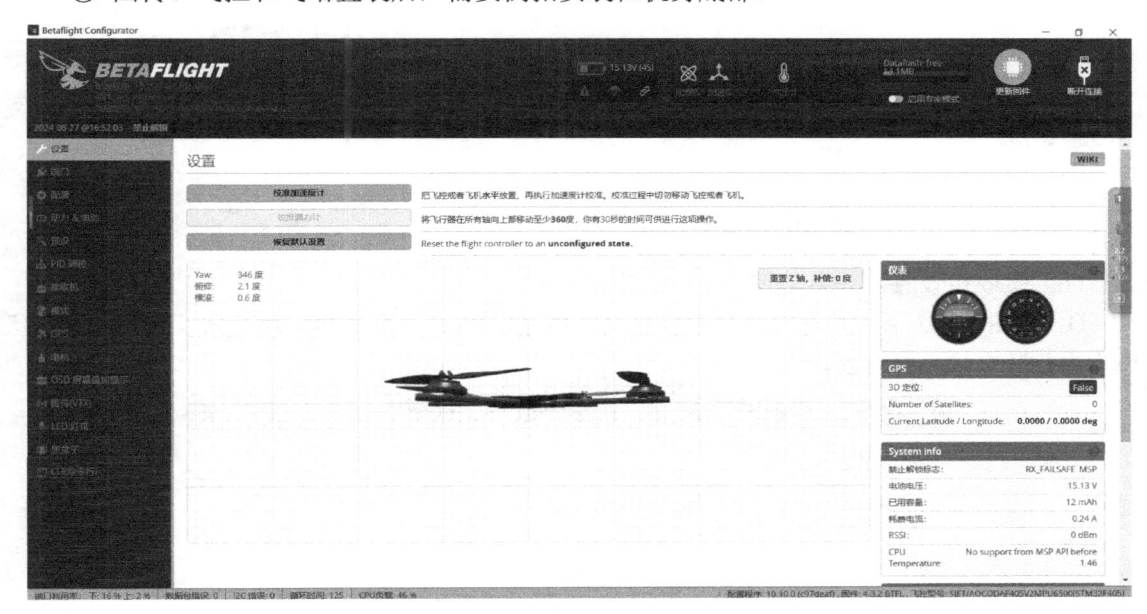

图 5-99 校准加速度计

（3）端口定义。如图 5-100 所示，UART1 接 GPS，请注意接入 GPS 后可以启用救援模式，但救援模式与飞行器返航是两个概念。返航指的是飞行器可以自动返回并降落，而救援模式只能保证飞行器返回到飞手视野内，需要人工操作完成降落，飞行器无法自行降落；UART2 对应遥控接收机，点击打开即可；UART3 是备用的，可忽略；UART4 用于连接图传设备，需选择对应的图传协议，本次实训采用 TBS SmartAudio 图传协议。完成后点击"保存并重启"保存设置。

图 5-100　端口定义

（4）配置。如图 5-101 所示，将最大允许解锁角度调整为 180 度，关闭"AIRMODE"开关，打开"GPS"开关，完成后点击"保存并重启"按钮保存设置。

（5）动力&电池设置。如图 5-102 所示，将最低单芯电压设为 3.5 V，警告单芯电压也设为 3.5 V。

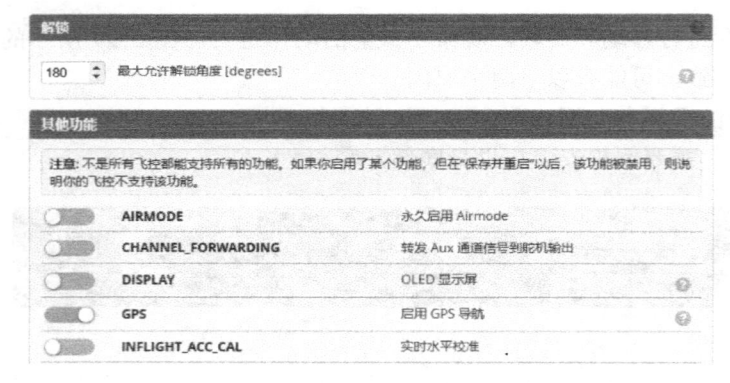

图 5-101　配置

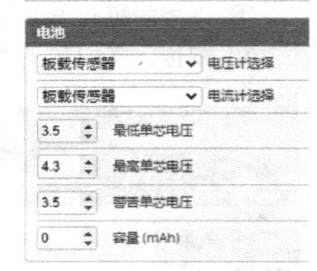

图 5-102　动力&电池设置

（6）接收机设置。

① 如图 5-103 所示，选择"串行接收机（通过 UART）"作为接收机模式，选择"IBUS"作为串行数字接收机协议。

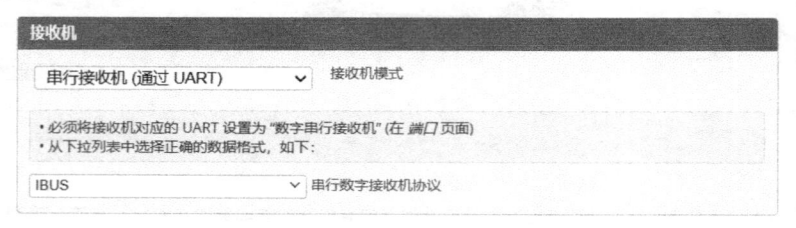

图 5-103　接收机设置

② 如图 5-104 所示，将摇杆低位阈值、摇杆中点和摇杆高位阈值分别设为 1110、1500 和 1900，将 RC 死区区间、Yaw 死区区间和 3D 油门死区分别设为 15、15 和 50。完成后点击"保存并重启"按钮保存设置。

图 5-104　摇杆低位阈值、摇杆中点和高位阈值设置

③ 打开已经完成对频的遥控器，操作遥控器，观察对应的通道映射，如图 5-105 所示。操作油门的摇杆向上移动，注意观察摇杆的方向和调参软件中的进度条方向是否一致。如果不一致，需要设置遥控器，调整通道的正反方向。

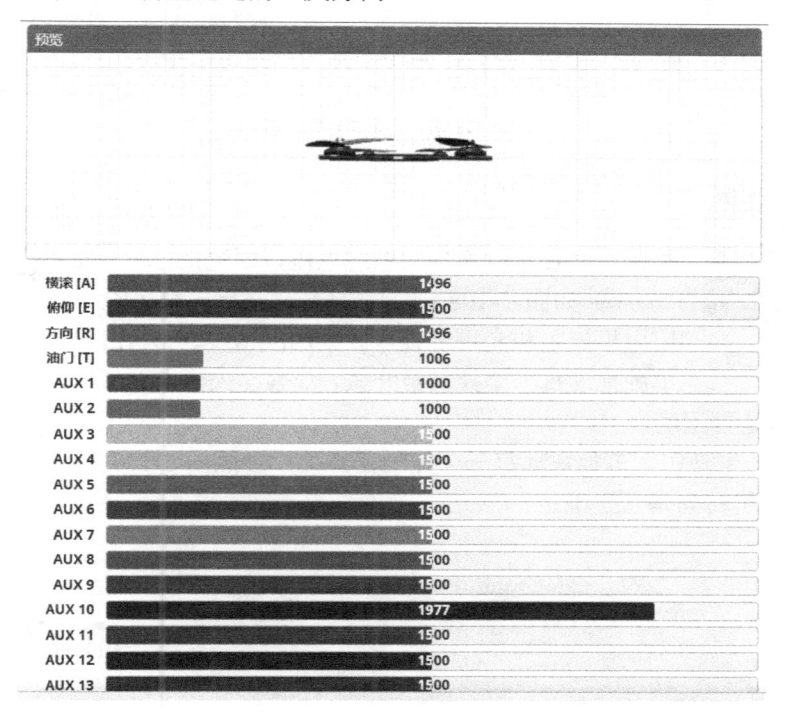

图 5-105　通道映射

（7）飞行模式设置。

① 解锁模式 ARM：AUX1 通道。

② 自稳模式 ANGLE：AUX2 通道。

③ 半自稳模式 HORIZON：AUX2 通道。

④ 循迹模式 BEEPER：AUX4 通道。

⑤ 反乌龟模式 FLIP OVER AFTER CRASH：AUX3 通道。

按照图 5-106 所示拖动滚动条，设置相应的数值范围。

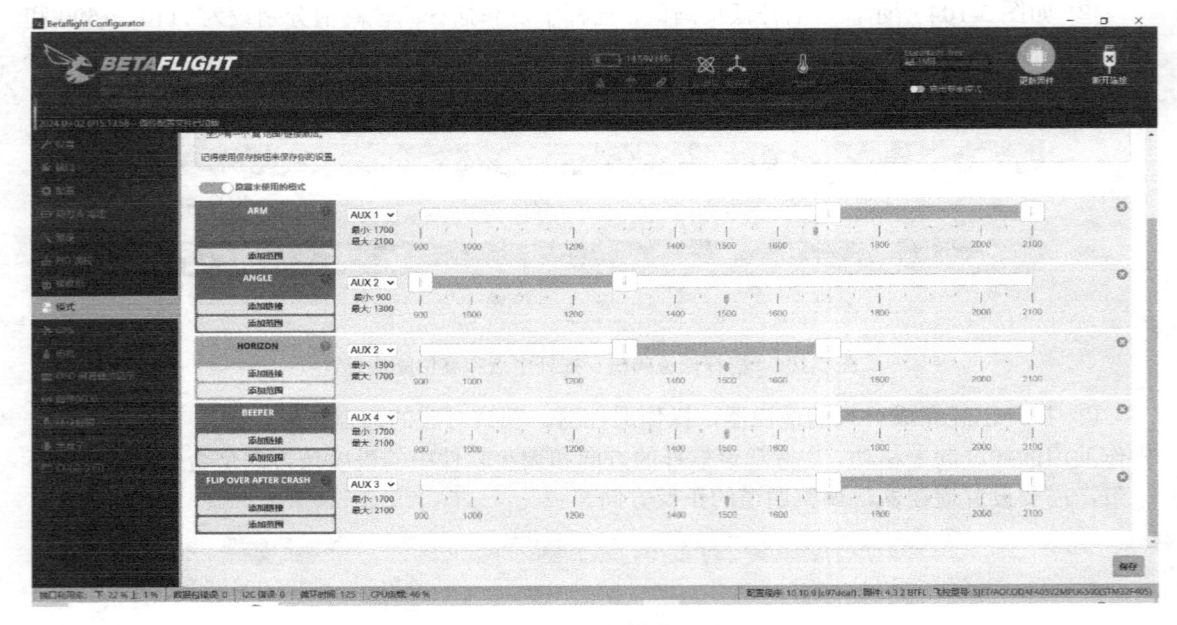

图 5-106　飞行模式设置

（8）电机设置。

① 在给小火箭通电前，请务必先拆除桨叶。通电后，可在调参软件最上方查看检测到的系统电压，即电池电量，如图 5-107 所示。

图 5-107　电池电量

② 如图 5-108 所示，打开"我已了解风险，螺旋桨已被拆除。启用电机控制和允许解锁，并禁用[预防起飞失控]"开关和主控器开关，单独拖动每一个控制器开关，观察小火箭上对应的电机是否转动，测试 4 个电机的通道是否正确。

③ 继续上一步操作，单独拖动每一个控制器开关，参照图 5-109 检查电机转向，观察小火箭上对应的电机转向是否正确。

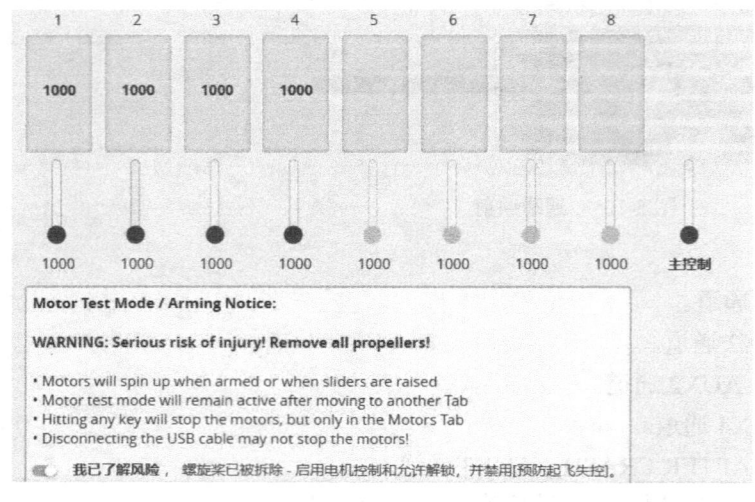

图 5-108　测试电机通道

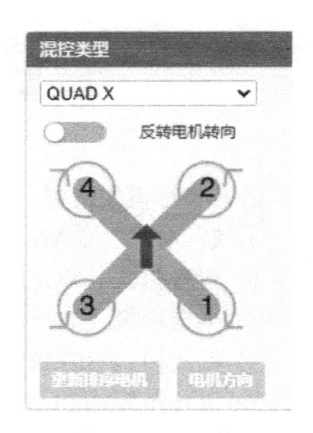

图 5-109　检查电机转向

④ 如果电机转向不正确，可点击"电机方向"按钮，然后在图 5-110 中打开"我已了解风险，所有螺旋桨已拆除。"开关，通过"向导"或"单独地"两种方式，在图 5-111 中通过单独点击电机标号改变电机旋转方向，并保证所有电机旋转正确。

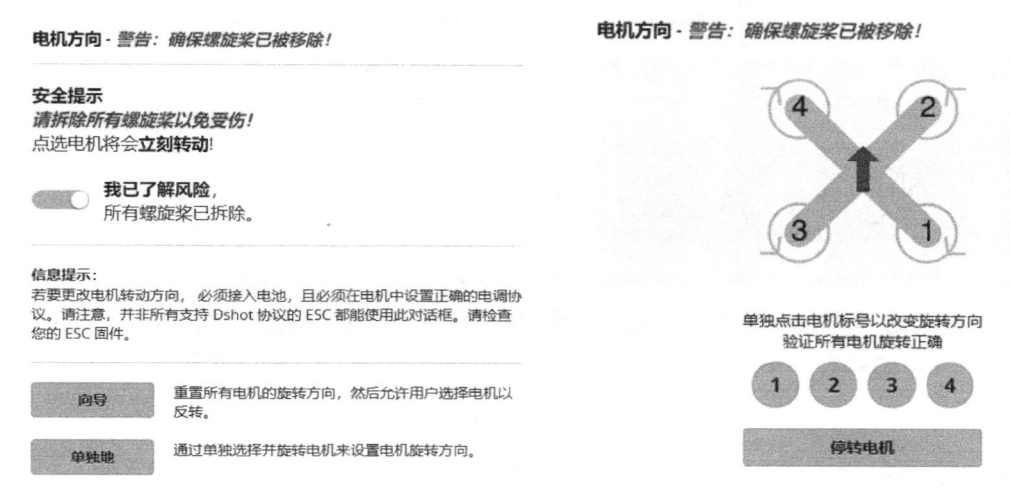

图 5-110　调整电机转向界面

图 5-111　调整电机转向

（9）OSD 屏幕叠加显示设置。

① OSD 屏幕叠加显示设置界面如图 5-112 所示。根据飞手需求可添加显示内容，如常用的电池电压、计时器 1、计时器 2、反乌龟箭头、飞行模式等。填加完成后，在调参软件的 OSD 屏幕上，拖动文字至适当位置。

图 5-112　OSD 屏幕叠加显示设置界面

② OSD 字体设置。如果显示的字体较小或出现乱码，需要打开字体管理器，如图 5-113 所示，选择"Clarity"预设字体，点击"更新字体"按钮。

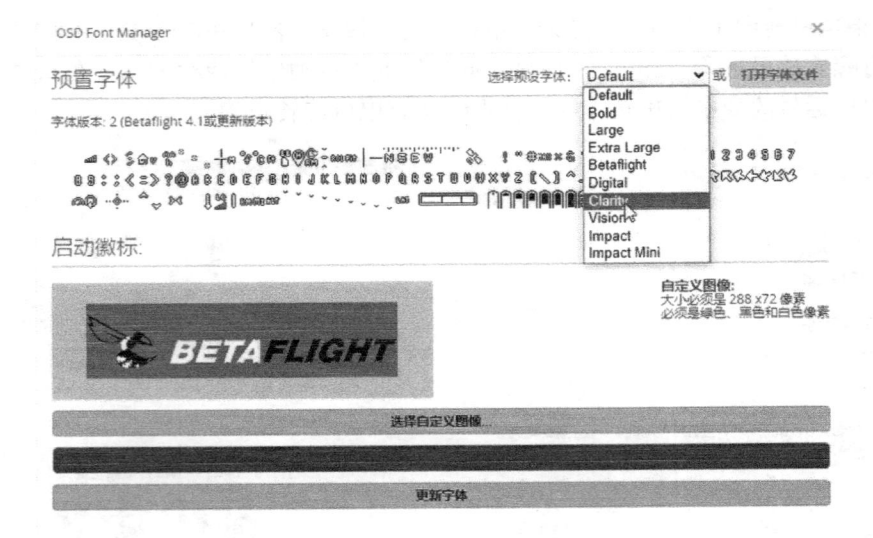

图 5-113　字体管理器

（10）图传（VTX）设置。

① 加载图传配置文件。选择"从文件加载"，找到本地图传配置文件，点击"打开"按钮加载文件，然后进行保存。

② 在小火箭通电正常，图传协议选择正确的情况下，在图传（VTX）界面的当前值中会显示"设备准备就绪"，如图 5-114 所示。

③ 选择频段、频道。用电脑调参软件给图传选择一个频段，如 R5，选择频段为 RACEBAND，选择频道为 5，在图传表中可以查看 R5 对应的频道为 5806，如图 5-114 所示，然后点击保存。这里的频道可以自行选择，既可以通过调参软件选择，也可以通过遥控器选择。

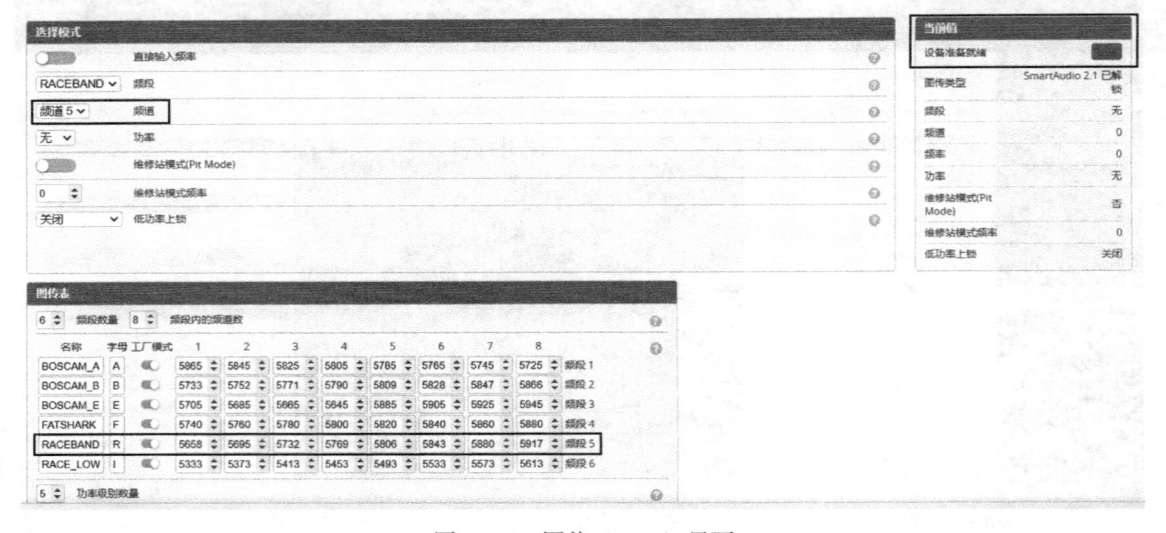

图 5-114　图传（VTX）界面

（11）FPV-DVR 视频眼镜设置。

① 安装平板天线和蘑菇天线时，不区分左右，分别安装在 A 和 B 两个位置，且可以互换位置，如图 5-115 所示。

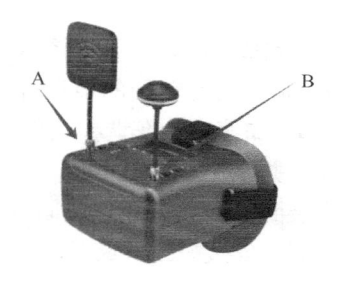

图 5-115　安装平板天线和蘑菇天线后的 FPV-DVR 视频眼镜

② 长按电源开关，打开视频眼镜，眼镜上出现雪花屏，如图 5-116 所示。然后给小火箭通电，并短按 Search 按键，眼镜将自动搜索频道，耐心等待片刻后即可看到小火箭摄像头回传的 OSD 视频信号的实时画面，如图 5-117 所示。

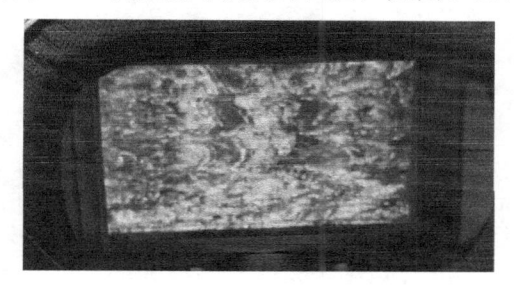

图 5-116　雪花屏

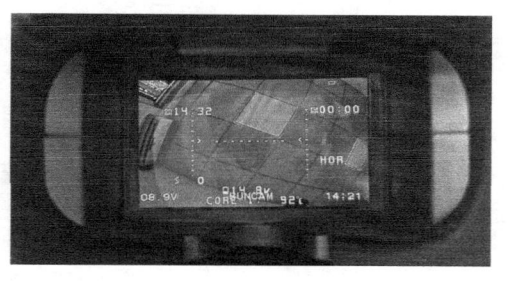

图 5-117　OSD 视频信号的实时画面

（12）LED 灯带设置。

飞控可以控制 LED 灯带上的每一个灯珠的颜色和效果。在配置过程中，需设定灯珠的位置和连线的顺序，然后按设定好的位置接入 LED 灯带，没有设置过接线顺序的灯珠位置不会被保存。在每一个颜色上双击可编辑 HSV 值。

在图 5-118 中可以参照以下步骤进行简单设置：先点击"全部清除"按钮，然后选择"布线模式"，再拖动鼠标选中一部分 LED 灯带，将基本功能选择为"锁定状态"，将颜色修改器选择为"俯仰[E]"。

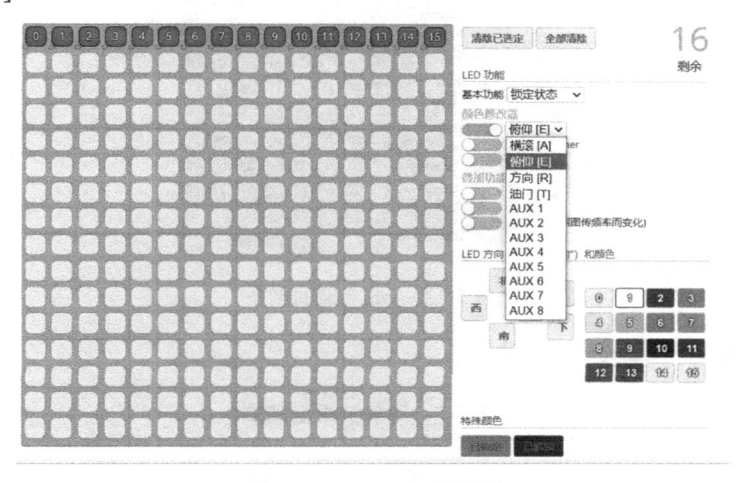

图 5-118　LED 灯带设置

无人机组装与调试

到这里为止,小火箭的调试基本完成,可以操作遥控器进行内八解锁操作。如果调试过程中出现问题,则无法进入内八解锁,需要对照前面的步骤有针对性地进行重新调试,或在设置中点击"恢复默认设置",此时陀螺仪、加速度计在调参软件中将无法被检测到,需要通过"CLI命令行"重新加载飞控的配置文件,并从头开始调试。

飞控调试完成后,将三叶桨安装到电机上并用螺母固定,然后盖上机尾和电机座装饰件,拧紧螺丝,必要时可用胶布进行加固,安装好三叶桨的小火箭如图 5-119 所示。

图 5-119 安装好三叶桨的小火箭

试飞前的准备如图 5-120 所示,准备好电池、遥控器、FPV-DVR 视频眼镜和小火箭,可到空旷场地上进行试飞。注意:此配置的穿越机飞行速度可达 300km/h,非专业人士请勿随意试飞!

图 5-120 试飞前的准备

请根据任务完成情况填写表 5-7。

表 5-7 评价结果反馈单

姓名：		分数：		
考 核 内 容			配 分	得 分
职业素养	(1) 设备、工具及材料清点		5	
	(2) 操作安全		5	

续表

考核内容		配 分	得 分
操作规范	（1）遥控器和遥控接收机是否已对码	5	
	（2）加速度计校准是否已完成	5	
	（3）端口定义配置是否正确	5	
	（4）个性化配置是否正确	5	
	（5）电池设置是否正确	5	
	（6）遥控接收机设置是否正确	5	
	（7）模式设置是否正确	10	
	（8）失控保护设置是否正确	5	
	（9）OSD 字体设置是否正确，无乱码	5	
	（10）图传设置是否正确	5	
	（11）LED 灯带设置是否正确	5	
	（12）电机转向是否正确	10	
	（13）视频眼镜设置是否正确	5	
	（14）无人机能否解锁	5	
结束工作	（1）清点工具和设备	5	
	（2）清扫现场	5	

思考与改进

请与小组成员进行讨论，针对本次任务实施情况进行点评、分析和总结，并将改进意见填写在下方。

课后习题

1. 电调最粗的两根硅胶线连接什么？（　　）
A. 电池　　　　　B. 电机　　　　　C. 飞控
2. 多旋翼飞行器重新组装后，不需要校准哪些传感器？（　　）
A. GPS　　　　　B. 磁罗盘　　　　C. 气压计
3. 多轴飞行器在没有发生机械结构改变的前提下，如发生漂移，不能直线飞行，不需关注的是（　　）。
A. GPS 定位　　　B. 指南针校准　　C. 调整重心位置
4. 简述穿越机飞行模式的种类，新手在调试与试飞时应该设置什么模式。
5. 简述 BF 地面站里 OSD 屏幕设置可以添加哪些参数。
6. 简述穿越机调试时电机反转的解决方法。
7. 简述穿越机数字图传和模拟图传的区别。

项目六　固定翼无人机的组装与调试

知识目标

1. 掌握固定翼无人机的基本组成；
2. 掌握固定翼无人机的组装方法和步骤；
3. 掌握固定翼无人机的调试方法和步骤。

技能目标

1. 能够熟练地组装固定翼无人机的各主要结构；
2. 能自行安装与调试固定翼无人机的飞控系统；
3. 能独立进行固定翼无人机飞控系统的基础调试和高级调试。

素质目标

1. 树立航空产品质量第一的意识，培养安全文明生产的职业素养；
2. 培养吃苦耐劳的精神和严谨细致、规范操作的工作态度；
3. 具有环保意识、信息素养和工匠精神；
4. 具有耐心细致、精益求精的工作态度，养成科学务实的工作作风；
5. 具有团结协作、勇于创新的精神。

课程思政

请阅读以下教学案例，结合本项目所学习的专业知识和技能，从社会主义核心价值观、民族精神和创新思维等方面，按照"三全育人"的要求，分析案例中所蕴含的社会责任感、民族自信和创新思维等思政元素。

第三届"北京大工匠"：王小东

2012年的湄公河案件中启用了无人机侦察，王小东作为此次无人机飞行的主要负责人，带领团队克服了超远距离精准侦察目标的难题，实现了无人机和地面人员的"天—地"一体侦察，获得了三大创新成果，提供了准确的地形数据和兵营哨所的分布信息，最终为抓捕糯康集团提供了准确的数据支持。

王小东推动了无人机在禁毒领域的应用，建立了国内首个基于无人机航测影像的涉毒信息数据库,并多次出色完成国家重大涉毒涉恐案件的侦破航测任务。此外,他还参与了"十一五"西部测图工程,奔赴西藏自治区与四川省交界区域进行地图测绘,结束了该地区没有超低空大比例尺精确地图的历史。

他在无人机整体设计、气动优化设计及无人机应用等领域取得了显著成绩。王小东主导研制的 P8V 三旋翼倾转无人机,采用倾转旋翼动力的方式,使其兼具旋翼垂直起降和固定翼高速巡航的特点,增强了无人机的适用性和可操控性,实现了旋翼和固定翼的复合布局,解决了常规固定翼无人机起飞受场地限制的问题。

6.1 固定翼无人机的组装与调试

任务 1 塞斯纳固定翼无人机的组装

塞斯纳固定翼无人机的组装如图 6-1 所示。

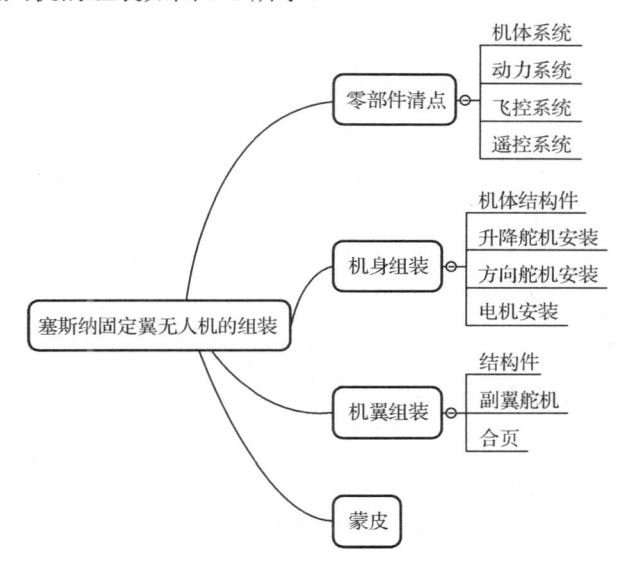

图 6-1 塞斯纳固定翼无人机的组装

知识要点

在本书的项目一中,我们已经学习过固定翼无人机的结构,它主要由机翼、机身、尾翼、起落装置和动力装置 5 个主要部分构成,同时我们完成了 P-51 野马固定翼无人机的虚拟装配。本次实训主要通过塞斯纳固定翼无人机的组装与调试,深入了解固定翼无人机的结构组成及其工作原理。

塞斯纳固定翼无人机的飞行姿态是通过调节电机和各个控制舵面来实现的。通过调节电机转速来实现升力的控制;在副翼、水平尾翼和垂直尾翼上安装舵机,通过舵机的旋转实现横滚、俯仰和偏航运动,如图 6-2 所示。

无人机组装与调试

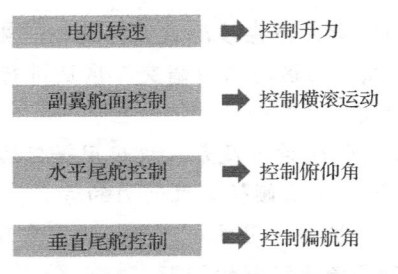

图 6-2　各舵面控制固定翼无人机飞行姿态

（1）固定翼无人机飞行姿态控制如图 6-3 所示。在结构设计方面，主机翼通过安装合页与舵机配合，实现副翼的上下摆动。水平尾翼同样通过安装合页与升降舵配合，实现升降舵面的上下摆动。垂直尾翼则通过安装合页与方向舵配合，实现方向舵面的左右摆动。

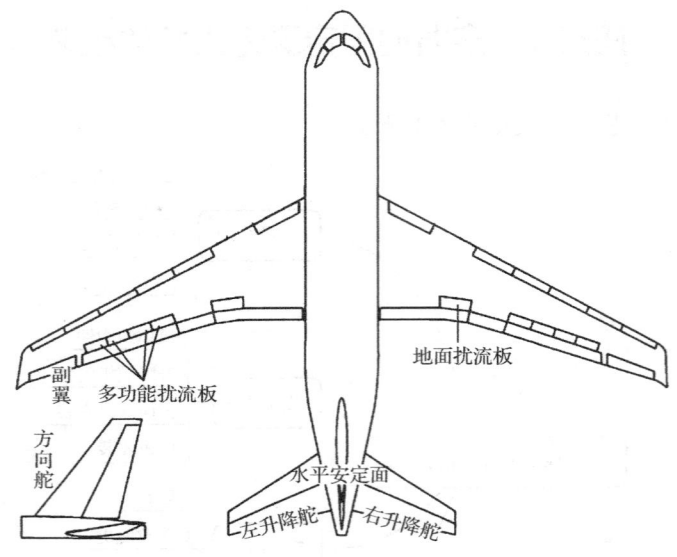

图 6-3　固定翼无人机飞行姿态控制

（2）舵机与遥控接收机的连接如图 6-4 所示。在电路连接方面，舵机与遥控接收机连接，遥控接收机通过控制舵机转动，实现副翼、升降舵和方向舵的运动。

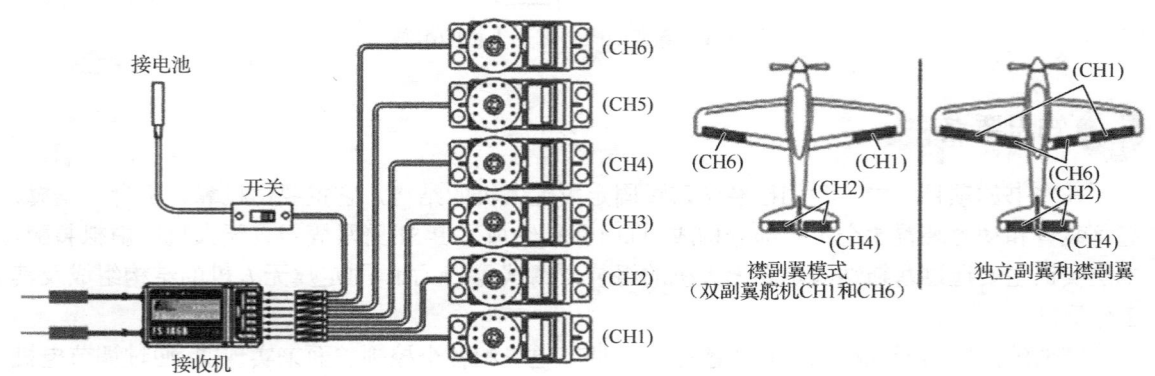

图 6-4　舵机与遥控接收机的连接

（3）在飞行控制方面（以左手油门为例），通过操控遥控器的摇杆来控制无人机的飞行状态，每个摇杆有两种功能，右摇杆控制升降和副翼，左遥杆控制方向和油门。具体情况如下。

① 升降（右摇杆向上或向下）。如图 6-5 所示，通过操控右摇杆向上或向下移动来控制固定翼无人机的俯仰运动。

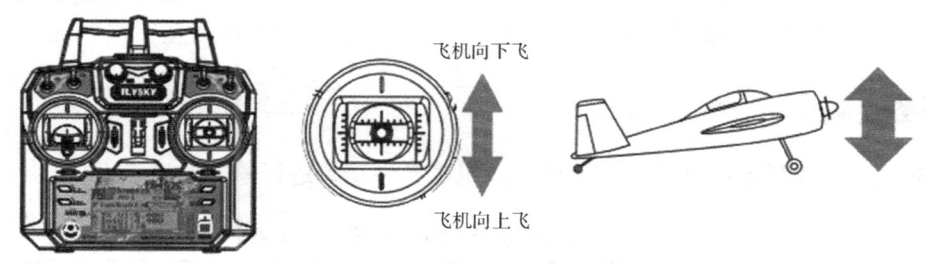

图 6-5　控制固定翼无人机的俯仰运动

② 副翼（右摇杆向左或向右）。如图 6-6 所示，通过操控右摇杆向左或向右移动来控制固定翼无人机的横滚运动。

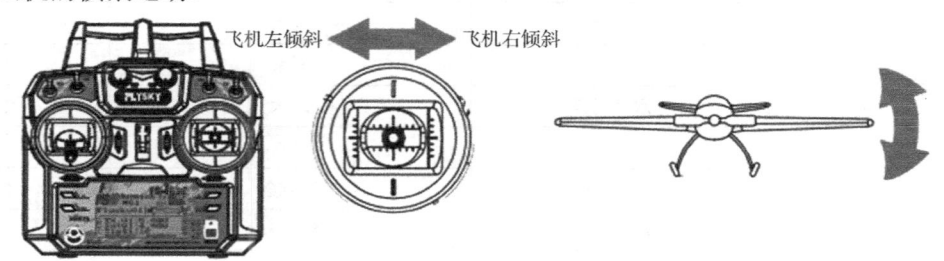

图 6-6　控制固定翼无人机的横滚运动

③ 方向（左摇杆向左或向右）。如图 6-7 所示，通过操控左摇杆向左或向右移动来控制固定翼无人机的偏航运动。

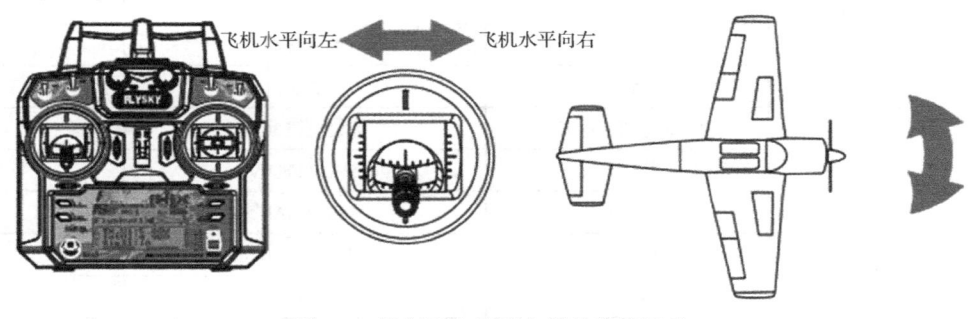

图 6-7　控制固定翼无人机的偏航运动

④ 油门（左摇杆向上或向下）。如图 6-8 所示，通过操控左摇杆向上或向下移动来控制固定翼无人机的油门，实现固定翼无人机的前飞控制。

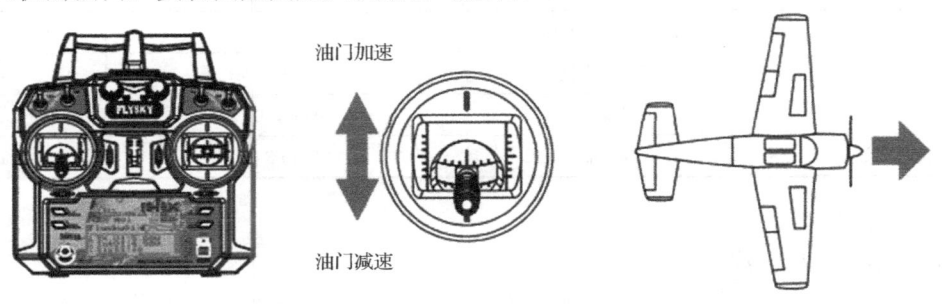

图 6-8　固定翼无人机的前飞控制

无人机组装与调试

📄 任务描述

通过小组合作，完成塞斯纳固定翼无人机的组装，并进行自评和互评。

✏ 任务实施

1. 对照表 6-1 所示的塞斯纳固定翼无人机零部件清单进行零部件清点

表 6-1　塞斯纳固定翼无人机零部件清单

部　件	零部件名称	规格或型号	数　量
机体系统	主翼	翼展 1.2 m	2
	副翼	轻木	2
	机身	轻木	1
	垂直尾翼	轻木	1
	水平尾翼	轻木	1
	机头罩	轻木	1
	前起落架	铝合金	2
	后起落架	铝合金	1
	电机座	轻木	1
	舵机底座	轻木	4
	蒙皮	—	若干
	合页	—	若干
	螺丝	各种规格	若干
	胶水	502	若干
动力系统	电子调速器（电调）	无刷电调 30 A	1
	电机	2212/1400 kV	1
	电池	1500 mAh	1
	螺旋桨	木制，15 in×8 in	1
	舵角	塑料	4
	快速调节器	塑料	4
	舵机连杆	钢丝	4
	舵机摇臂	塑料	4
飞控系统	SpeedyBee F405 Wing	—	1
	遥控接收机	富斯 FS-iA6B	1
	舵机	SG90，9g	4
遥控系统	遥控器	富斯 FS-i6	1

2. 机身组装

（1）大梁、隔框及底座的安装。

① 将大梁和隔框组装，确保零部件保持竖直，该过程不要使用胶水固定，如图 6-9 所示，

然后按照图 6-10 所示安装底板。

图 6-9　大梁和隔框组装　　　　　　　图 6-10　安装底板

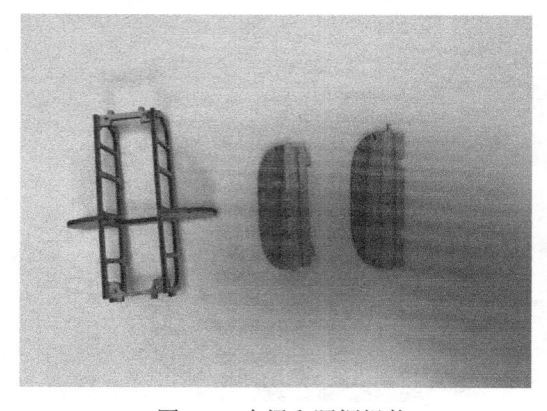

② 按图 6-11 所示安装升降舵底座，然后安装升降舵和方向舵底座，并用胶水进行固定，结果如图 6-12 所示。

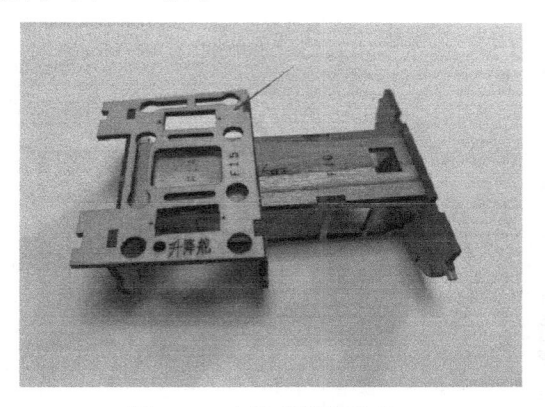

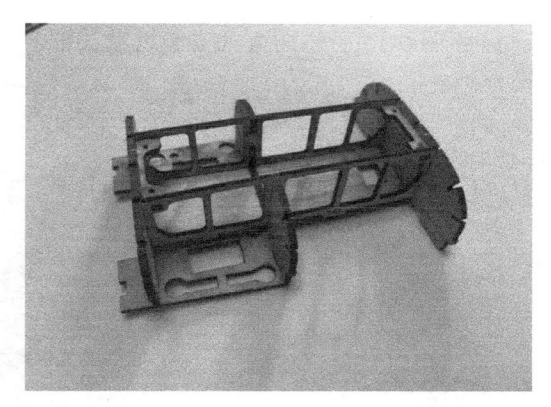

图 6-11　安装升降舵底座　　　　　　图 6-12　安装升降舵和方向舵底座

（2）侧板和加强片安装。

① 取出机身侧板和加强片，确保加强片（图 6-13 中已用箭头标注）与机身窗口位置对齐，安装在机身侧板内侧，并在机身侧板窗口位置安装加强片，然后在点胶孔里点上胶水，固定加强片，结果如图 6-13 所示。

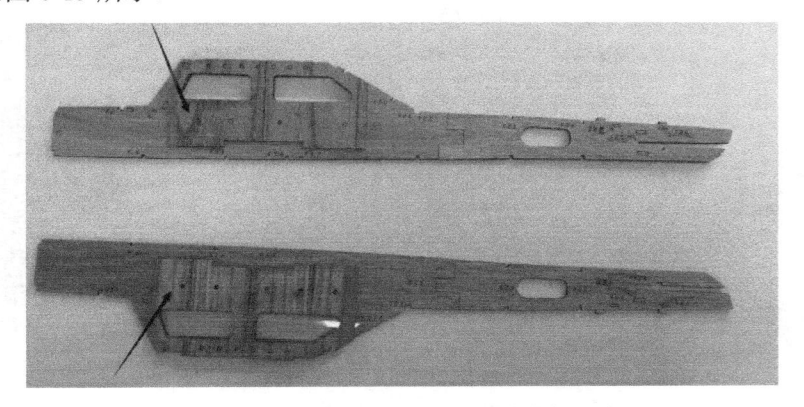

图 6-13　在机身侧板窗口位置安装加强片

② 安装机身两边的侧板，用胶水固定时注意机身侧板两边是否对齐，各卡槽是否安装到位，结果如图 6-14 所示。

（a）侧视图 　　　　　　　　　　　　　（b）俯视图

图 6-14　安装机身两边的侧板

（3）安装机身头部。

按照图 6-15 所示的方式安装机身头部，并利用胶水和边角料进行加固。

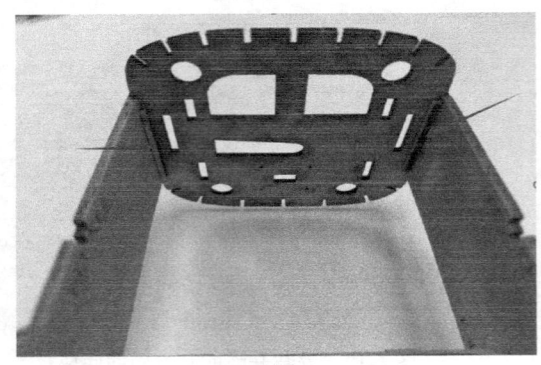

（a）固定 F5 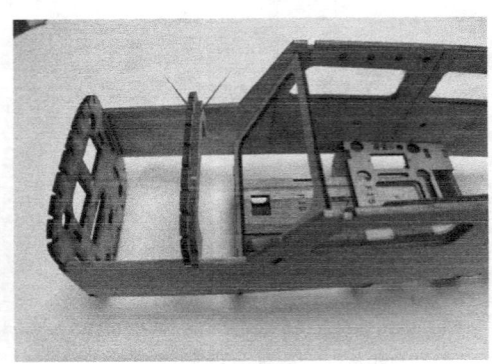　　　　　　　　　　　　　（b）固定 F2 和 F3

图 6-15　安装机身头部

（4）安装机身顶部。

① 按照图 6-16 所示的方式将 F6 和 F7 进行组合并安装于机身顶部。

（a）F6 和 F7 的组合 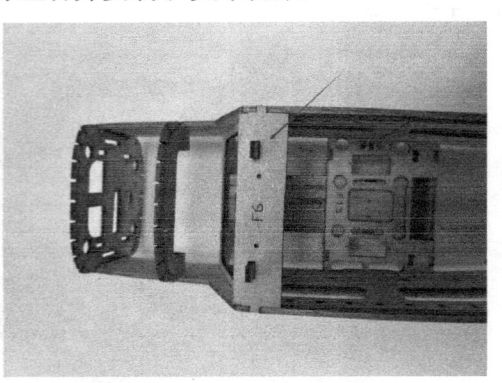　　　　　　　　　（b）F6 和 F7 安装于机身顶部

图 6-16　安装机身顶部

项目六　固定翼无人机的组装与调试

② 按照图 6-17 所示的方式找到透明塑料材质的前风挡，并按照从下往上的顺序将 F7、F8、F9 叠放安装，然后找到弧形固定件将其安装于另一侧，并对前风挡进行固定。

（a）安装 F7 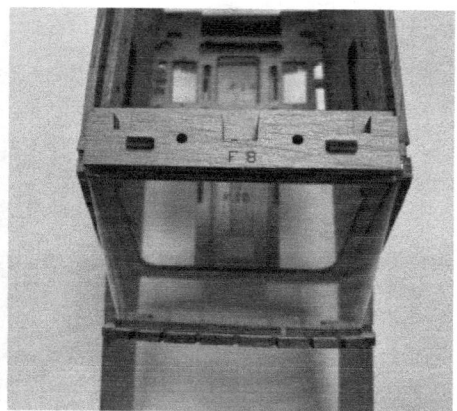　　　　　　　　　　　　（b）安装 F8

（c）安装 F9 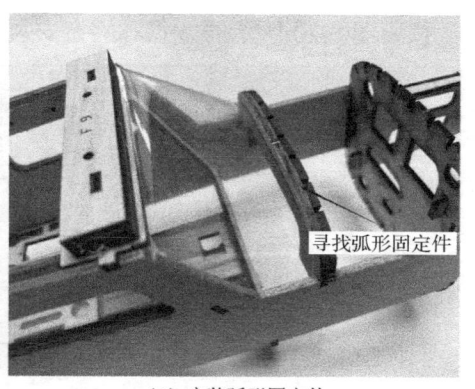　　　　　　　　　　　　（d）安装弧形固定件

图 6-17　固定前风挡

③ 按照图 6-18 所示的方式将 F19、F20、F21 三个隔框安装到机身顶部，并用胶水固定。

图 6-18　安装隔框

④ 按照图 6-19 所示的方式将 F18 和 F18.5 用两组螺丝进行组装，然后将组合体安装于机身顶部。

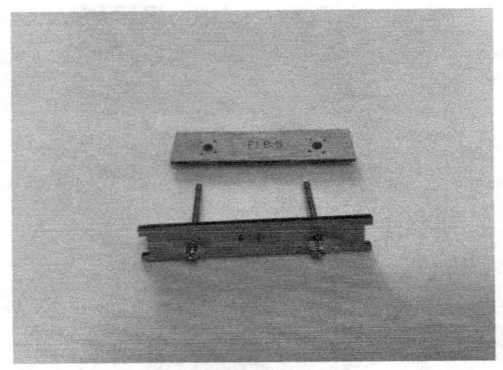

（a）组装 F18 和 F18.5　　　　（b）固定 F18 和 F18.5 的组合体

图 6-19　安装 F18 和 F18.5 螺丝

⑤ 按照图 6-20 所示的方式对侧窗安装加强条，并用胶水固定。

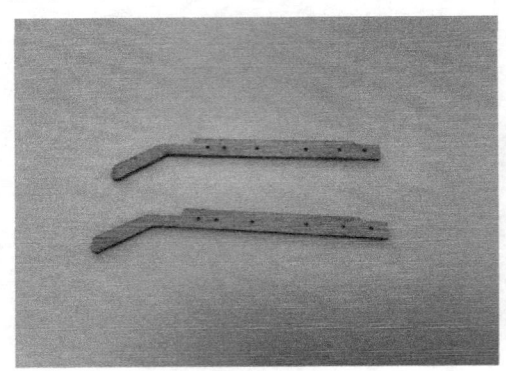

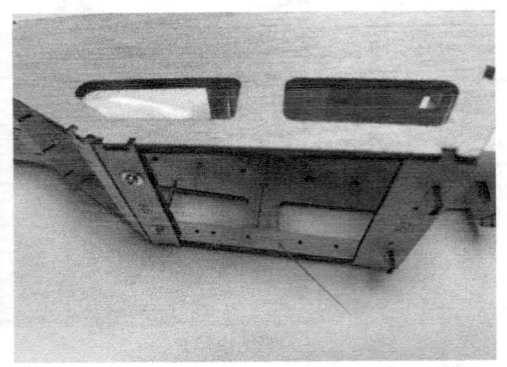

（a）加强条　　　　（b）加强条安装位置

图 6-20　侧窗安装加强条

（5）尾部安装。

① 按照图 6-21 所示的方式将 F25 木板安装到侧板上，然后安装方向舵和升降舵隔框 F23 和 F24，将其插到机身尾部后，用胶水固定。

（a）F25 木板安装位置　　　　（b）安装 F23 和 F24

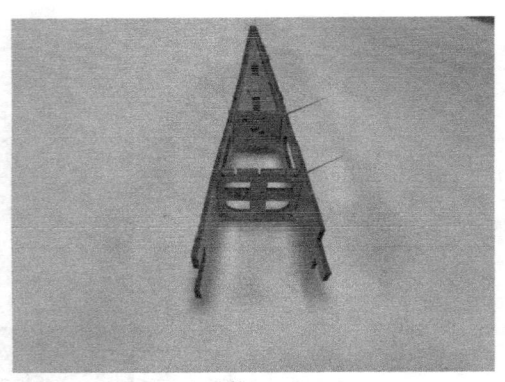

图 6-21　尾部安装

项目六　固定翼无人机的组装与调试

（c）尾部安装仰视图 　　　　　　　　　　　　　（d）尾部安装侧视图

图 6-21　尾部安装（续）

② 安装升降舵与方向舵的铁丝。将铁丝套在套管内，按照如图 6-22 所示的方式，穿过预留孔进行安装。注意穿出方向，并填充废料（边角料）进行加固，最后盖上 F26。

（a）铁丝穿过预留孔 　　　　　　　　　　　　　（b）铁丝穿出方向

（c）铁丝穿出位置填充废料（边角料） 　　　　　　（d）盖上 F26

图 6-22　安装升降舵与方向舵的铁丝

③ 按照图 6-23 所示的方式找到 2 块三角形的机身尾板，小块机身尾板安装于下方，并使用废料垫高，再将大块机身尾板安装于上方。

(a) 小块机身尾板安装于下方　　　　(b) 大块机身尾板安装于上方

图 6-23　安装机身尾板

（6）蒙条安装。

按照图 6-24～图 6-26 所示的方式完成机身顶部、机身底部和机身尾部的蒙条安装。在安装机身尾部蒙条时，应注意尾部蒙条截断的位置。

图 6-24　机身顶部蒙条安装

图 6-25　机身底部蒙条安装

项目六　固定翼无人机的组装与调试

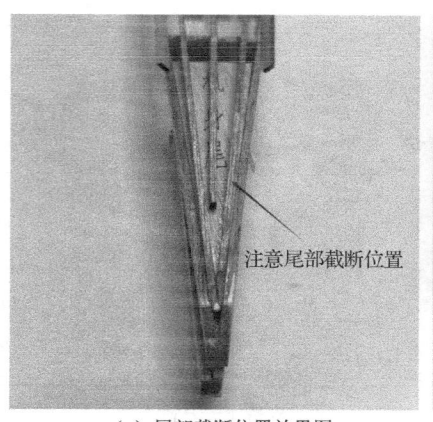

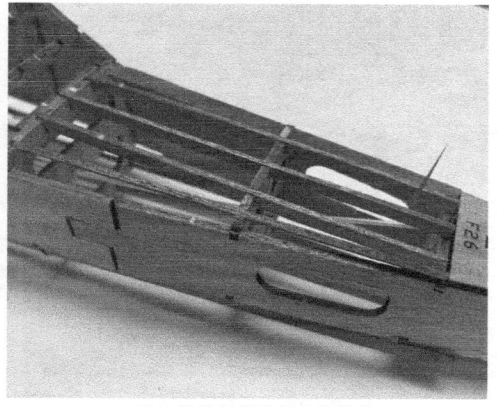

(a) 尾部截断位置效果图　　　　　　(b) 机身尾部蒙条安装效果

图 6-26　机身尾部蒙条安装

(7) 安装电机座。

按照图 6-27 所示的方式找出 1 块 X1 板、2 块 X4 板和 1 块 X6 板，组装完成后，将其安装到机身头部位置。

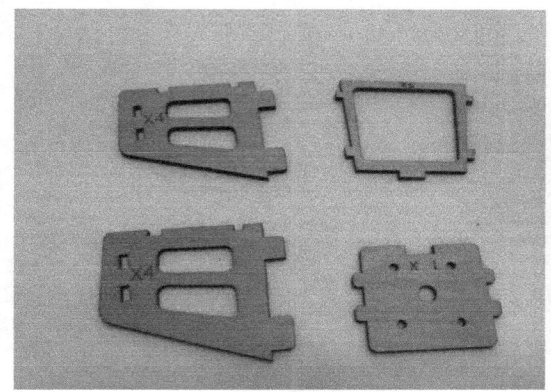

(a) 电机座所需材料　　　　　　(b) 电机座组装

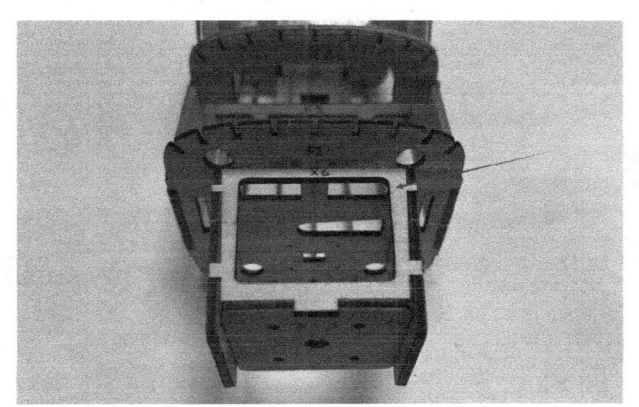

(c) 电机座安装于机身头部

图 6-27　安装电机座

(8) 组装机头罩。

按照图 6-28 所示的方式将 3 个隔框和 2 块侧板进行安装，并安装蒙条。

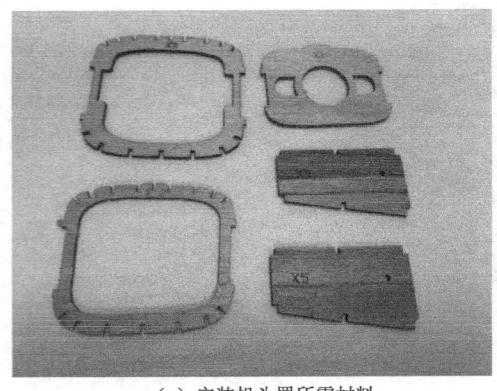

(a) 安装机头罩所需材料 　　　　　　　(b) 机头罩组装效果

图 6-28　组装机头罩

(9) 机头罩安装蒙板。

① 按照图 6-29 所示的方式给机身顶部、电池仓外侧安装蒙板，并用胶水固定。机头罩安装好蒙板以后，将其安装到机身头部位置。

(a) 机身顶部蒙板安装 1 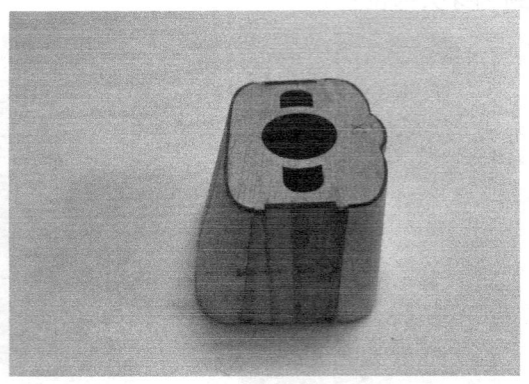　　　　　　　(b) 机身顶部蒙板安装 2

(c) 电池仓外侧蒙板安装 1 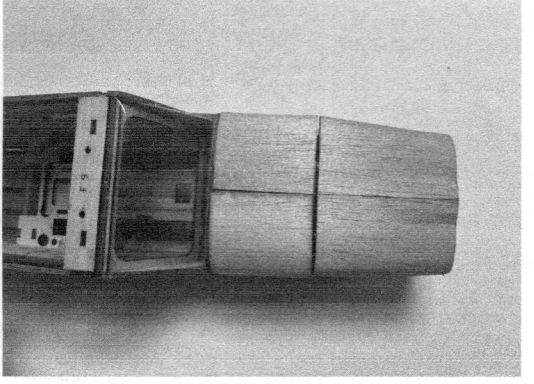　　　　　　(d) 电池仓外侧蒙板安装 2

图 6-29　机头罩安装蒙板

② 按照图 6-30 所示的方式完成机尾处木质蒙板的安装。

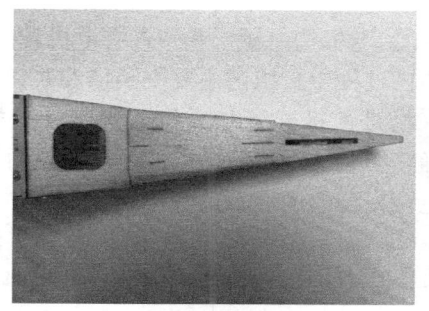

项目六　固定翼无人机的组装与调试

（a）机尾处木质蒙板安装1 　　　　　（b）机尾处木质蒙板安装2

图 6-30　机尾处木质蒙板的安装

（10）安装尾翼。

首先取出垂直安定面组件，将3片组件依次重叠，并用胶水固定；然后取出方向舵组件，将3片组件依次重叠，并用胶水固定；接下来取出合页，将合页插入适当位置，并将垂直安定面与方向舵用合页连接起来，最后将垂直尾翼固定在机身上，安装结果如图6-31所示。

（11）安装电机。

按照图6-32所示的方式将电机安装到电机座上，再整体安装到机身头部位置。

图 6-31　安装尾翼 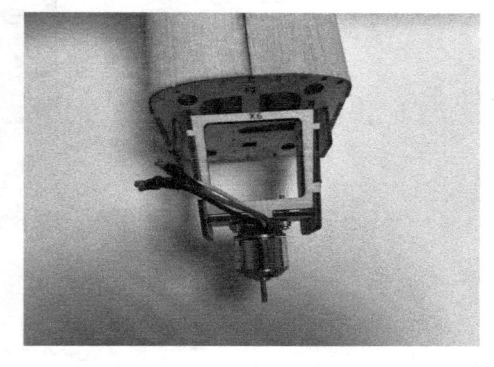　　　　　　　　图 6-32　安装电机

（12）电子设备测试。

由于电机、电调和舵机安装于机身内部和机翼上，如果质量有问题，安装后需重新拆除，因此建议在安装前先对电机、电调和舵机进行功能测试。

按照"电机→电调→遥控接收机→舵机"的顺序进行连接，如图6-33所示，给电调通电，打开遥控器进行对频操作。对频完成后，通过操作遥控器测试电机、电调和舵机功能是否完好，确认没问题后，再进行舵机的安装。

175

无人机组装与调试

① 电机的调试。首先查看电机转向是否正确。在调试过程中，切记不要安装螺旋桨，根据固定翼无人机是前推式还是后拉式来判断电机转向是否正确，如果发现转向错误，可以通过对换任意两根与电调相连的电线来改变电机的转向。

② 电调的调试。开启遥控器并将油门推至最高点，然后给电调通电，等待 2 s，会听到"滴滴"声，表示油门最高点已确认。将油门推至最低点，等待 1 s，听到一声"滴"，表示油门最低点已确认。然后会有一段音乐响起，此时电调校准完成。

③ 舵机的调试。给电调通电后，通过操作副翼、升降和方向舵来检查舵机是否转动，如果舵机能正常转动，则表示舵机状态完好。

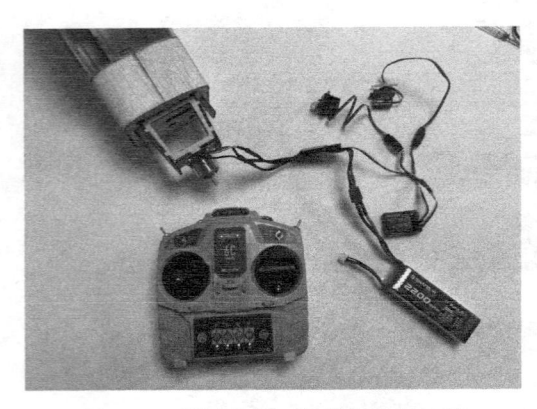

图 6-33 测试电机、电调和舵机功能

（13）安装升降舵机和方向舵机。

① 按照图 6-34 所示的方式将舵机用金属螺丝固定在机身仓内部的升降舵机底座上，使用钳子将升降舵上的钢丝一端折成直角，并使其穿过舵机摇臂上的孔；同样将另一个舵机用金属螺丝固定在机身仓内部的方向舵机底座上，使用钳子将前起落架上的钢丝及方向舵上的钢丝一端分别折成直角，穿过舵机摇臂上的孔。

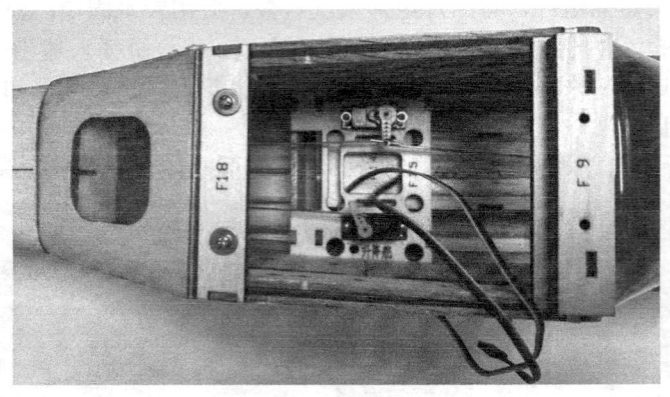

(a) 使钢丝穿过舵机摇臂上的孔

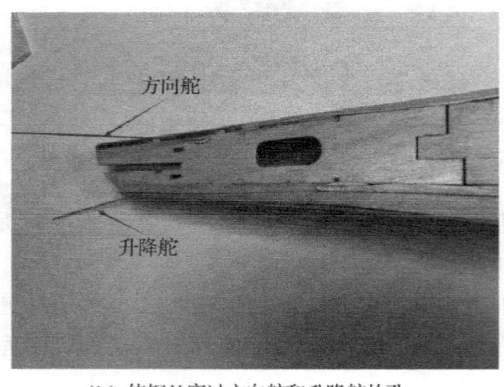

(b) 使钢丝穿过方向舵和升降舵的孔

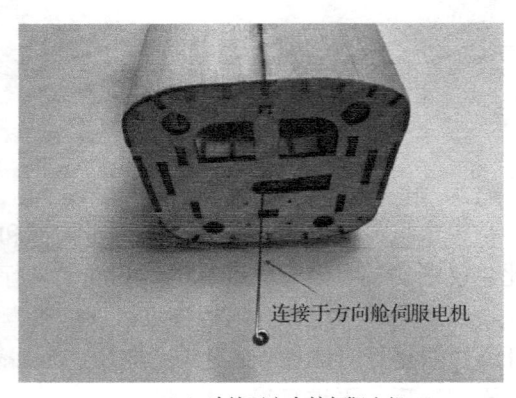

(c) 连接于方向舵伺服电机

图 6-34 安装升降舵机和方向舵机

② 找到舵角和塑料夹头快速调节器，然后按照如图6-35所示的方式分别在方向舵面及升降舵面的适当位置固定舵角和快速调节器，并将方向舵机和升降舵机摇臂上的钢丝的另一端穿入相应舵角的快速调节器孔。

3．机翼组装

两侧机翼的组装方法相同，接下来以左机翼为例，讲解机翼的组装步骤。

（1）主机翼安装。

① 按照图6-36所示的方式找到以下零件并摆好，然后将它们组装到一起。

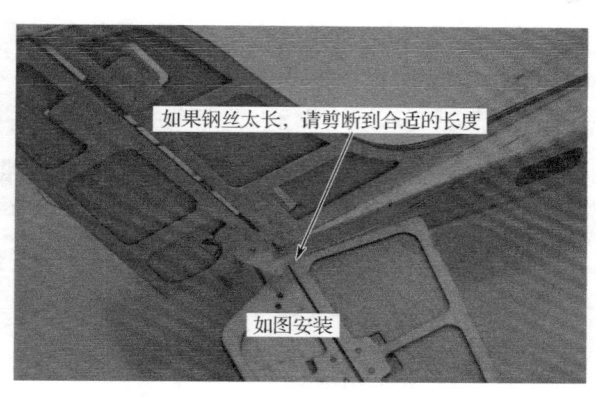

图 6-35　固定舵角和快速调节器

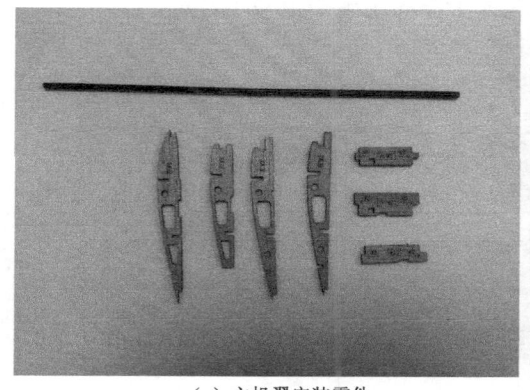

（a）主机翼安装零件　　　　（b）组装效果

图 6-36　主机翼安装

② 找到翼肋和翼梁的组装零件，按照如图6-37所示的位置摆好。

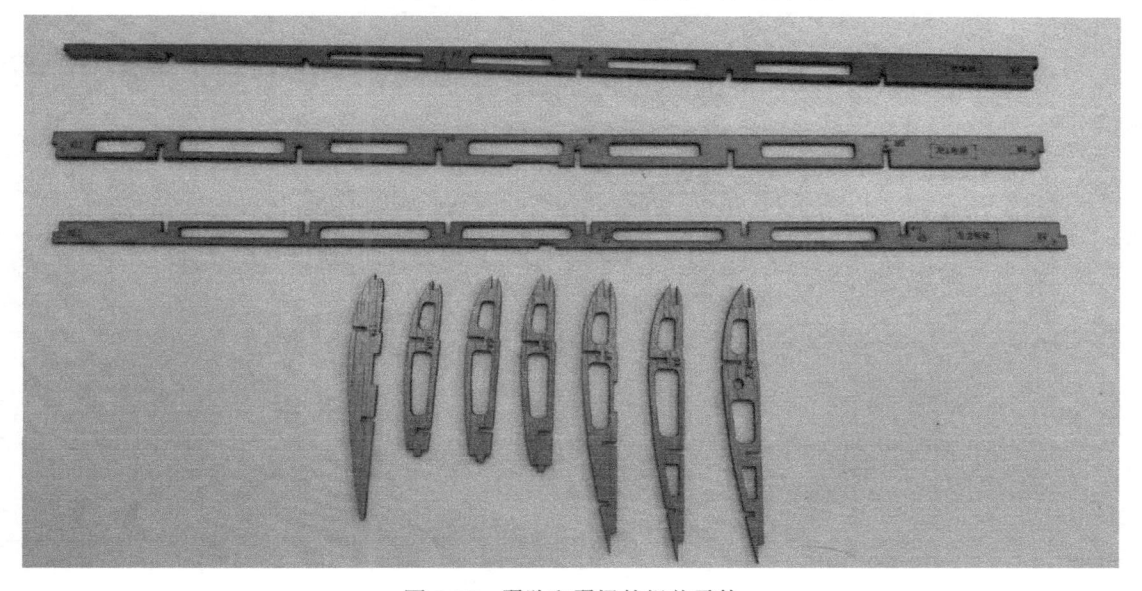

图 6-37　翼肋和翼梁的组装零件

177

③ 按照图 6-38 所示的方式先将翼肋和翼梁组合在一起，再安装左翼框架，装好后在连接处用胶水固定。

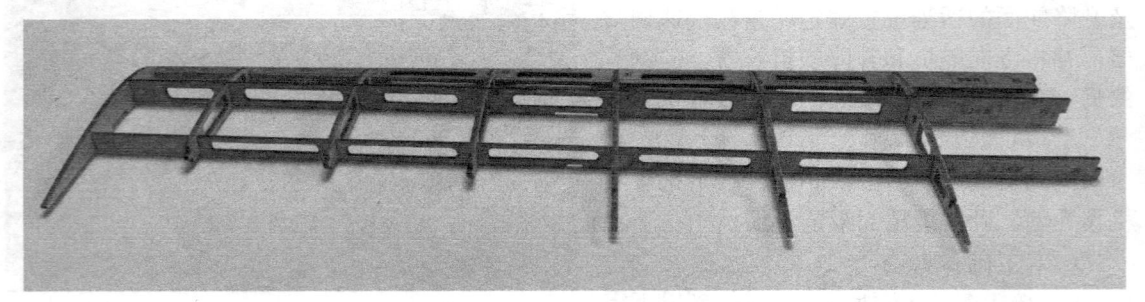

图 6-38　组合翼肋和翼梁

④ 按照图 6-39 所示，找到副翼梁、舵机框和 3 个左翼尾梁的组装零件。

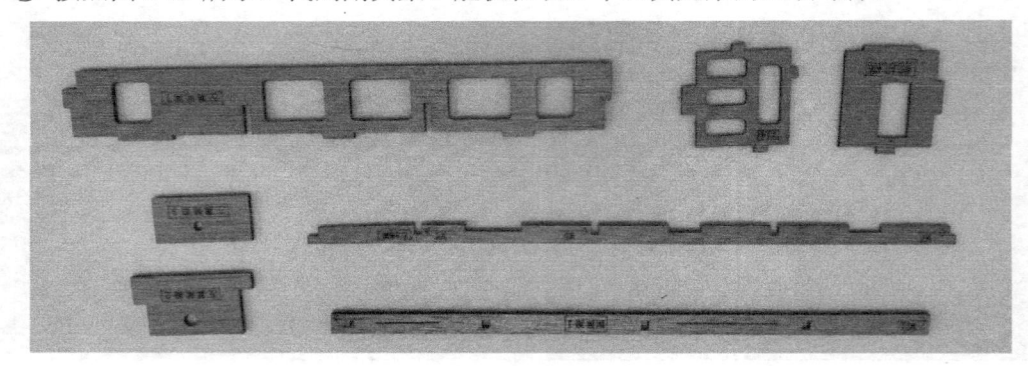

图 6-39　副翼梁、舵机框和 3 个左翼尾梁的组装零件

⑤ 按照图 6-40 所示的方式组装副翼梁、舵机框和 3 个左翼尾梁，装好后用胶水固定。注意箭头所指的两处斜边位置，如图 6-41 所示，需要用小刀削平。

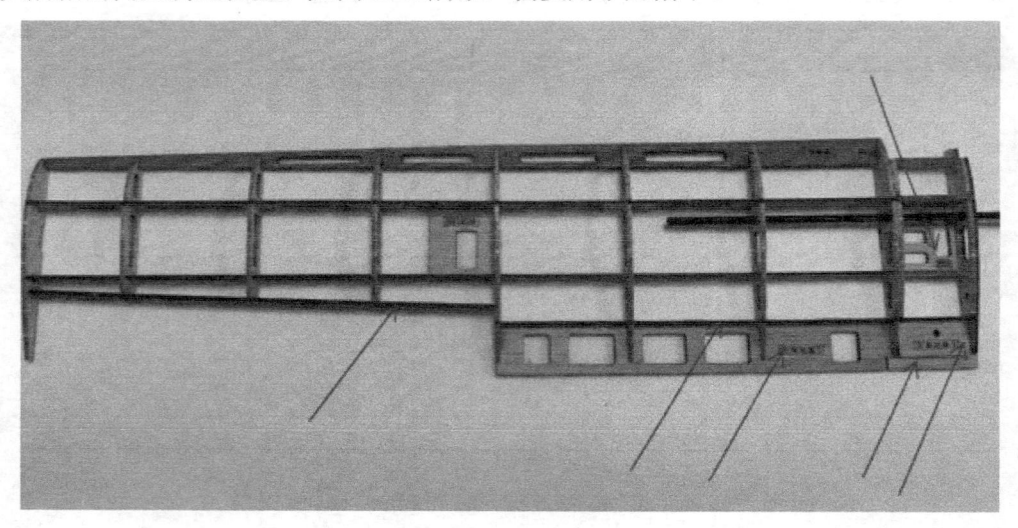

图 6-40　组装副翼梁、舵机框和 3 个左翼尾梁

项目六　固定翼无人机的组装与调试

图 6-41　组装的注意事项

⑥ 按照图 6-42 所示的方式找出左翼并组装，装好后用胶水固定。至此左翼组装完成。

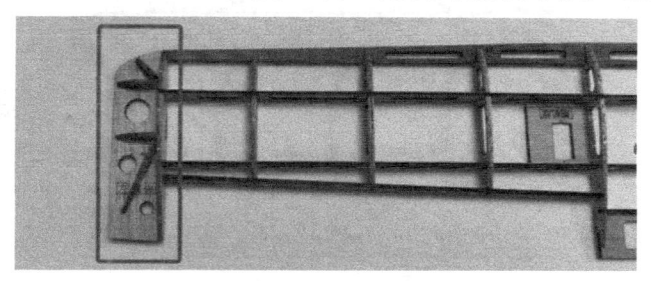

图 6-42　左翼组装

（2）主机翼安装蒙板。（注意：蒙板要用胶水固定。）

① 按照如图 6-43 所示，找出这几片蒙板，分别安装到主机翼的正面和反面。将 1 号、2 号、3 号、4 号、6 号蒙板安装到主机翼的正面，正面蒙板安装效果如图 6-44 所示；将 5 号、7 号蒙板安装到主机翼的反面，反面蒙板安装效果如图 6-45 所示。

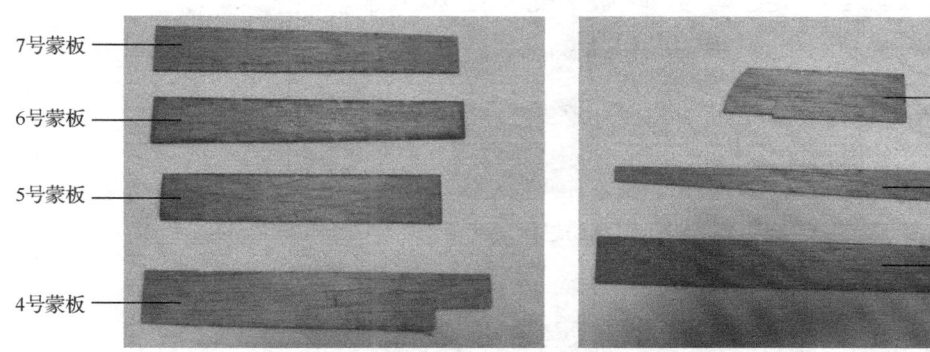

图 6-43　主机翼安装蒙板

图 6-44　正面蒙板安装效果

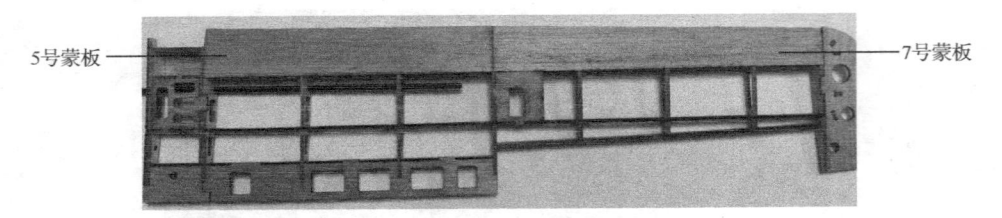

图 6-45　反面蒙板安装效果

② 按照图 6-46 所示的方式，通过 6 个小三角形板，加强翼肋。

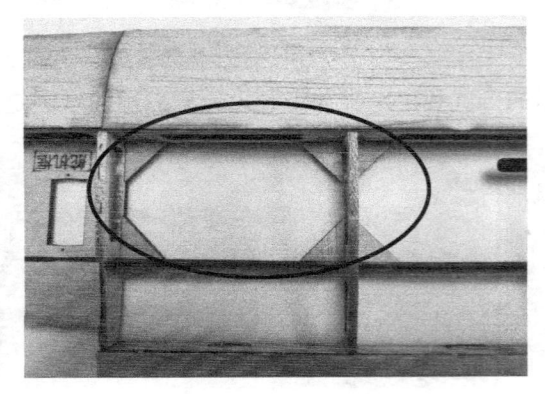

图 6-46　加强翼肋

③ 分别找到比较窄的蒙板，对翼肋进行蒙板安装。安装位置如图 6-47 所示。主机翼蒙板的安装效果如图 6-48 所示。

图 6-47　对翼肋进行蒙板安装

图 6-48　主机翼蒙板的安装效果

（3）副翼组装。

按照图 6-49 所示的方式找到副翼零件并进行组装。

项目六　固定翼无人机的组装与调试

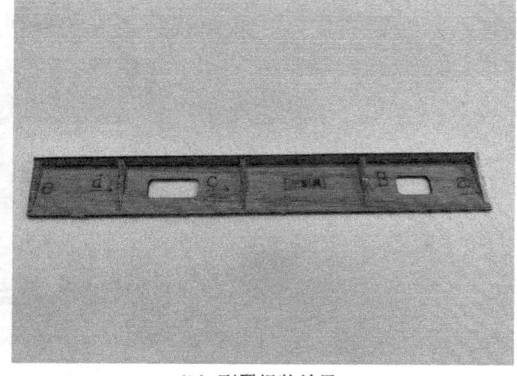

(a) 副翼组装零件　　　　　　　　　(b) 副翼组装效果

图 6-49　副翼组装

（4）按照图 6-50 所示的方式对副翼安装蒙板，装好后用胶水固定。

图 6-50　副翼安装蒙板

同理，完成右机翼的组装。至此，左、右机翼的组装完成，结果如图 6-51 所示。

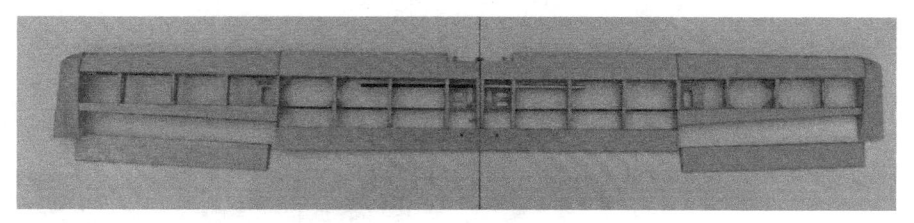

图 6-51　左、右机翼的组装

4．蒙皮

蒙皮是一种带有颜色的薄膜，其背面涂有热敏胶水，撕掉保护层后，遇热就会产生黏性并收缩，从而将无人机表面绷紧。蒙皮不仅使无人机的强度提高 1 倍，还具有装饰作用。

蒙皮工具可使用专用的蒙皮电熨斗。如果没有条件，也可采用普通的家用电熨斗。具体的蒙皮温度通过在木板上测试一小片蒙皮来确定。

（1）砂纸打磨。

用 320# 以上的砂纸对机身和机翼进行打磨，确保每个地方都要打磨平滑，不允许有粗糙面的存在。打磨得越光滑，蒙皮时越不容易出现褶皱、缺口等表面缺陷。

（2）机头罩蒙皮。

① 试温度。先选取一个小部件，从平面开始，由易到难进行蒙皮。蒙皮质量取决于部件打磨的光滑程度和蒙皮速度，速度越慢，越容易获得光滑的表面。

② 机头罩蒙皮。先对机头罩的底面进行蒙皮，再对侧面进行蒙皮，这样可以将底面多余

的边包到侧面的蒙皮内，从而获得更好的外观效果，如图 6-52 所示。

图 6-52　机头罩蒙皮

（3）机身蒙皮。

施工前充分处理机身表面，打磨棱角至圆滑并清洁除尘。操作时注意张力均衡，从中心向外螺旋加热并轻拉蒙皮消除褶皱。机身蒙皮及完成效果如图 6-53 和图 6-54 所示。

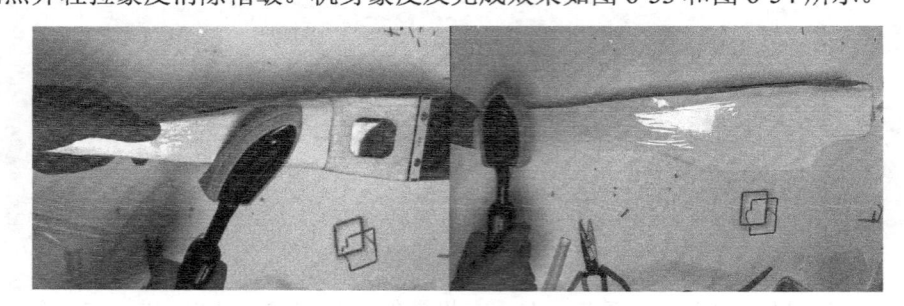

图 6-53　机身蒙皮

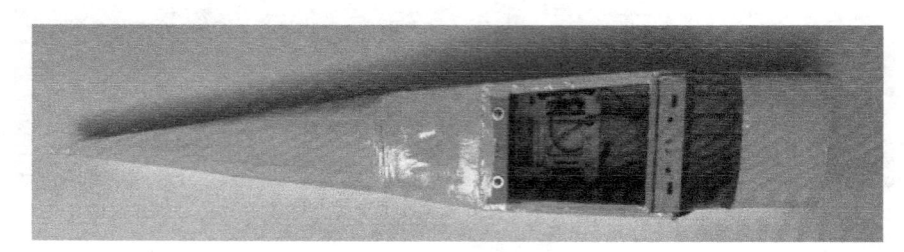

图 6-54　机身蒙皮完成效果

（4）机翼蒙皮。

① 主机翼蒙皮。

将左、右主机翼放在蒙皮上，根据其尺寸略微留出余量，剪下上、下共四块蒙皮。撕下保护膜后，将蒙皮覆盖在主机翼上。

先对正面进行蒙皮处理，采用点烫的方式，将蒙皮的上下、左右位置固定好，然后将主机翼翻过来，将多余的边折进去使其包住主机翼，用熨斗烫牢边角。在副翼处，用剪刀剪出斜口，便于将蒙皮向上翻折，用刀切除多余的部分，切割完成后再烫平，确保蒙皮与主机翼的形状完全贴合。正面蒙皮完成后，采用同样的方法对反面进行蒙皮处理，最终效果如图 6-55 所示。

② 副翼蒙皮。

与主机翼蒙皮的方法相同，对副翼进行蒙皮处理。左、右机翼的操作方法一致，最终效果如图 6-56 所示。

图 6-55 主机翼蒙皮

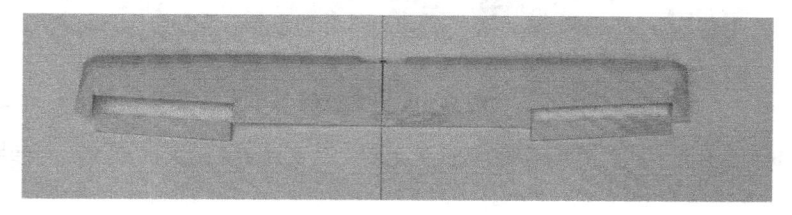

图 6-56 副翼蒙皮

（5）尾翼蒙皮。

对水平尾翼（水平安定面+升降舵）和垂直尾翼（垂直安定面+方向舵）的各部分分别进行蒙皮，最后将它们组装到一起，最终效果如图 6-57 所示。至此，蒙皮完成，各部分完成蒙皮的效果如图 6-58 所示。

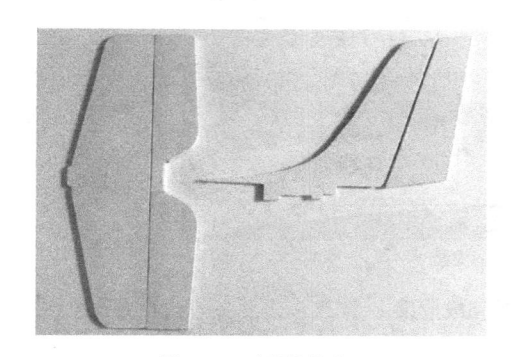

图 6-57 尾翼蒙皮

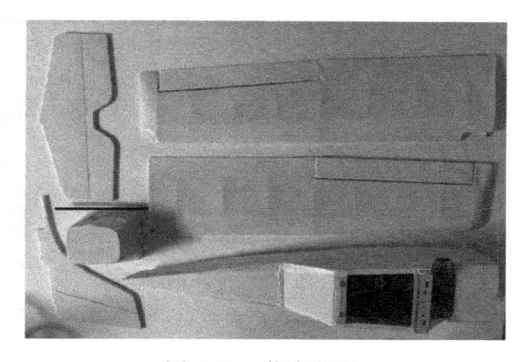

图 6-58 蒙皮完成

5．合页安装

① 按照图 6-59 和图 6-60 所示方式先取出合页，用刀具把蒙皮割开，再将合页的四个角剪成倒角，以便于插入。先插入一侧合页，用胶水固定，再插入另一侧合页，同样用胶水固定。

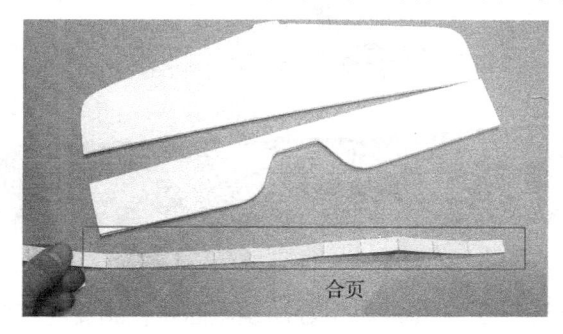

图 6-59 取出合页

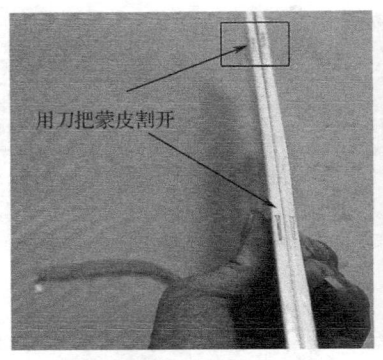

(a) 用刀具把蒙皮割开 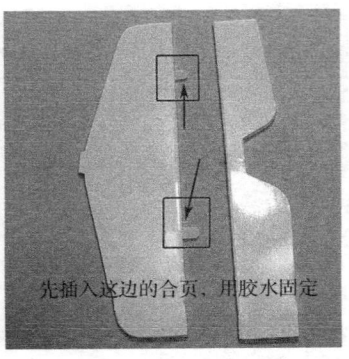　　　　　　(b) 插入合页用胶水固定

图 6-60　合页安装

② 采用同样的方法完成水平尾翼、垂直尾翼、左右机翼合页的安装。安装完成后，可以贴上装饰条，最终效果如图 6-61 所示。

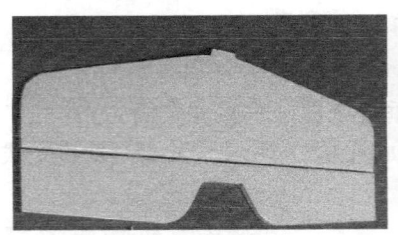

(a) 水平尾翼合页的安装 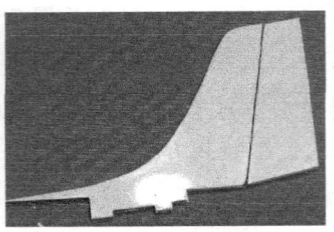　　　　　　(b) 垂直尾翼合页的安装

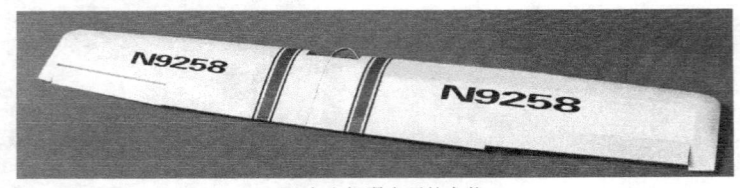

(c) 左右机翼合页的安装

图 6-61　合页安装完成效果

6. 安装副翼舵机

① 按照图 6-62 所示的方式找出舵机线、Y 延长线和热缩管，先将舵机线和 Y 延长线连接好，再套上热缩管并加热进行收缩，保证热缩管包裹牢固且不会脱落。

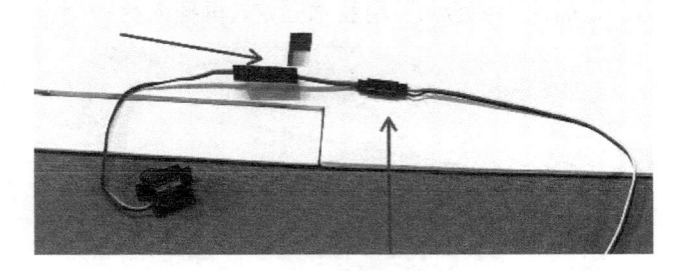

图 6-62　安装副翼舵机 1

② 按照图 6-63 所示的方式先将舵机用金属螺丝固定在副翼舵机底座上，再利用钢丝慢慢把舵机延长线从主机翼的孔内勾出。

图 6-63　利用钢丝慢慢把舵机延长线从主机翼的孔内勾出

③ 按照图 6-64 所示的方式摆好舵角，确保与舵机在一条线上，将左、右副翼摇臂上的钢丝另一端穿入相应舵角的快速调节器孔中，并用胶水将舵角黏牢。

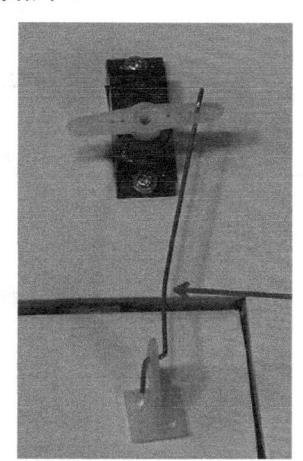

(a) 舵角与舵机在一条线上　　　(b) 将钢丝穿入相应舵角的快速调节器孔中

图 6-64　安装副翼舵机 2

左、右副翼舵机安装方法相同，最终效果如图 6-65 所示。

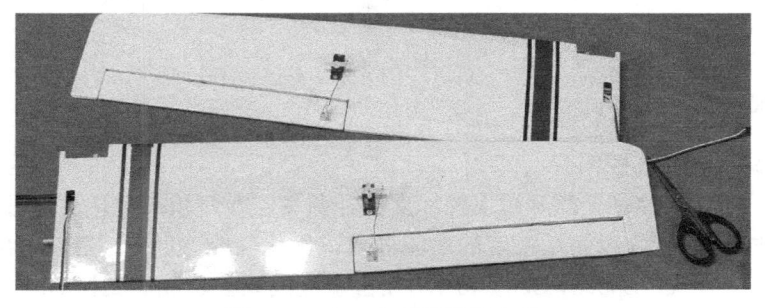

图 6-65　左、右副翼舵机安装

请根据任务完成情况填写表 6-2。

表 6-2　组装塞斯纳固定翼无人机实训任务评价表

姓名：			分数：	
考 核 内 容			配　　分	得　　分
职业素养	(1) 设备、工具及材料清点		10	
	(2) 操作安全		10	

续表

考核内容		配分	得分
操作规范	（1）安装机翼	10	
	（2）安装尾翼	5	
	（3）安装螺旋桨	5	
	（4）安装起落架与尾翼尾轮	10	
	（5）安装舵机	10	
	（6）安装舵角	5	
	（7）检查舵机接线	5	
	（8）飞控、电调接线与安装	10	
	（9）安装机头	5	
	（10）安装完成，整机检查	5	
结束工作	（1）清点工具和设备	5	
	（2）清扫现场	5	

思考与改进

请与小组成员进行讨论，针对本次任务实施情况进行点评、分析和总结，并将改进意见填写在下方。

任务2 塞斯纳固定翼无人机的调试

知识要点

Speedy Bee F405 飞控简介

Speedy Bee F405 飞控是一款开源飞控，支持开源飞控固件和二次开发。用户可以根据自身需求定制和修改飞控固件，以满足特定的功能需求或优化性能。开源飞控的特点包括以下几点：

支持多种连接方式：Speedy Bee F405 飞控自带无线调参功能，支持 BLE、WiFi 和经典蓝牙 SPP 三种连接方式，用户可以通过 BOOT 键快速切换连接方式，并兼容更多的调参 App；

低成本和高灵活性：自制 Speedy Bee F405 飞控的成本较低，且支持开源固件和二次开发，为用户提供了高度的自定义和升级可能性。

这些特点使 Speedy Bee F405 飞控非常适合那些希望深度定制和控制系统的无人机爱好者和使用者。

任务描述

通过小组合作，完成塞斯纳固定翼无人机的调试，并进行自评和互评。

项目六　固定翼无人机的组装与调试

任务实施

1. 安装电子设备

本次实训主要采用 Speedy Bee F405 飞控系统，该系统主要由无线板、飞控板和 PDB 板构成。其叠放顺序如图 6-66 所示。装机时需注意将蜜蜂图案的头部对准机头方向，以确保正确的安装和操作。

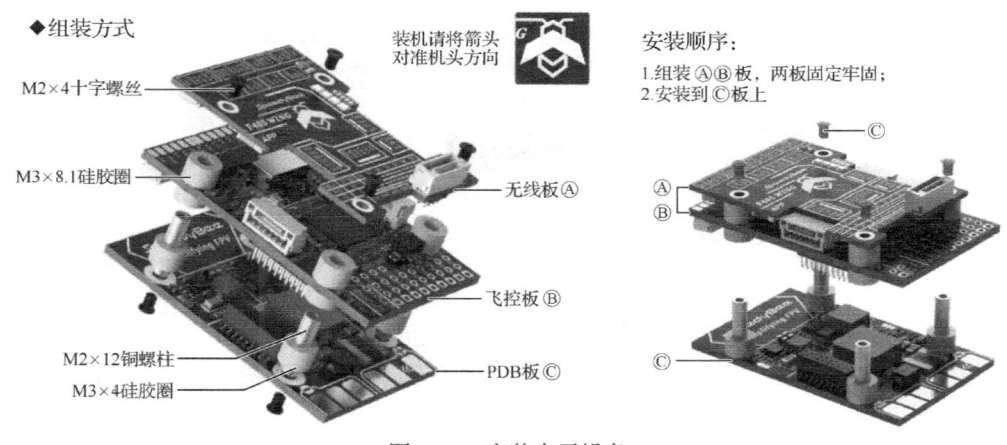

图 6-66　安装电子设备

（1）飞控校准。

在飞控调试的初始阶段，首要任务是进行加速度计的校准。此步骤对于大多数无人机来说至关重要，请务必将飞控单独取出并平放在桌面上进行校准。

将飞控通过数据线连接到电脑，打开 INAV 地面站软件，进入 Calibration 界面进行校准加速度计。在校准前，各方向的图示是灰色的，点击"Calibrate Accelerometer"开关即可进行校准，如图 6-67 所示。

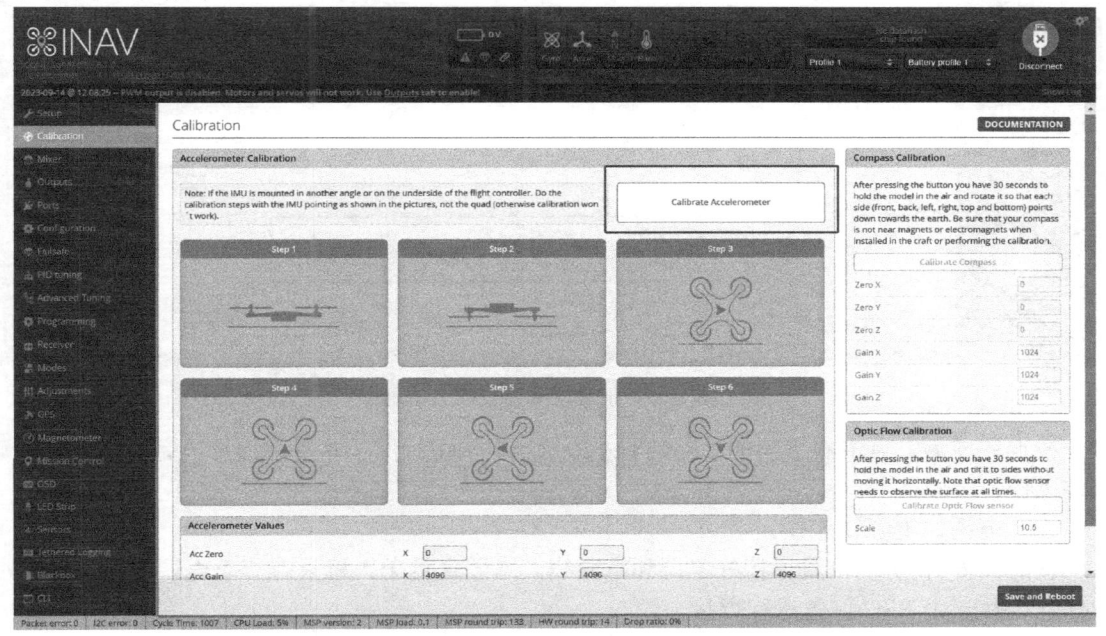

图 6-67　校准加速度计

加速度计校准使用六面方向校准法，按照如图 6-68 所示的步骤进行校准。

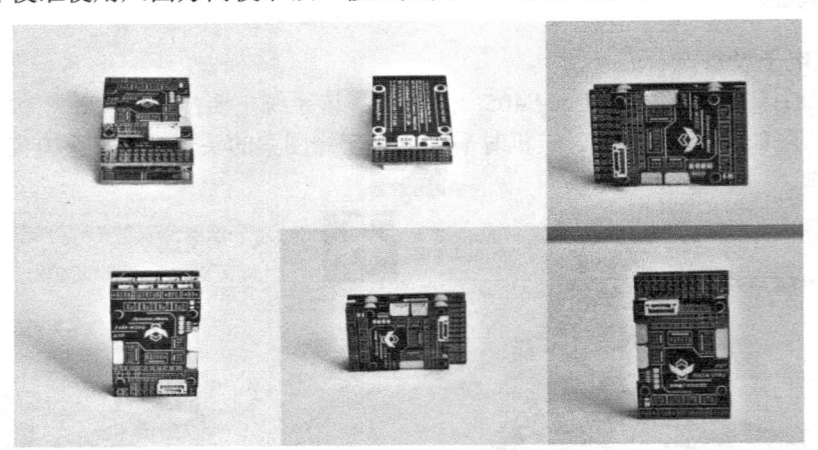

图 6-68　六面方向校准法

按照图 6-69 所示进行设置，可以使加速度计校准更精确，在每个方向上保持静止几秒钟，直到飞控捕获到稳定的加速度数据。校准完成后，各方向的图示将变为蓝色，同时，加速度计的值也会相应变化。

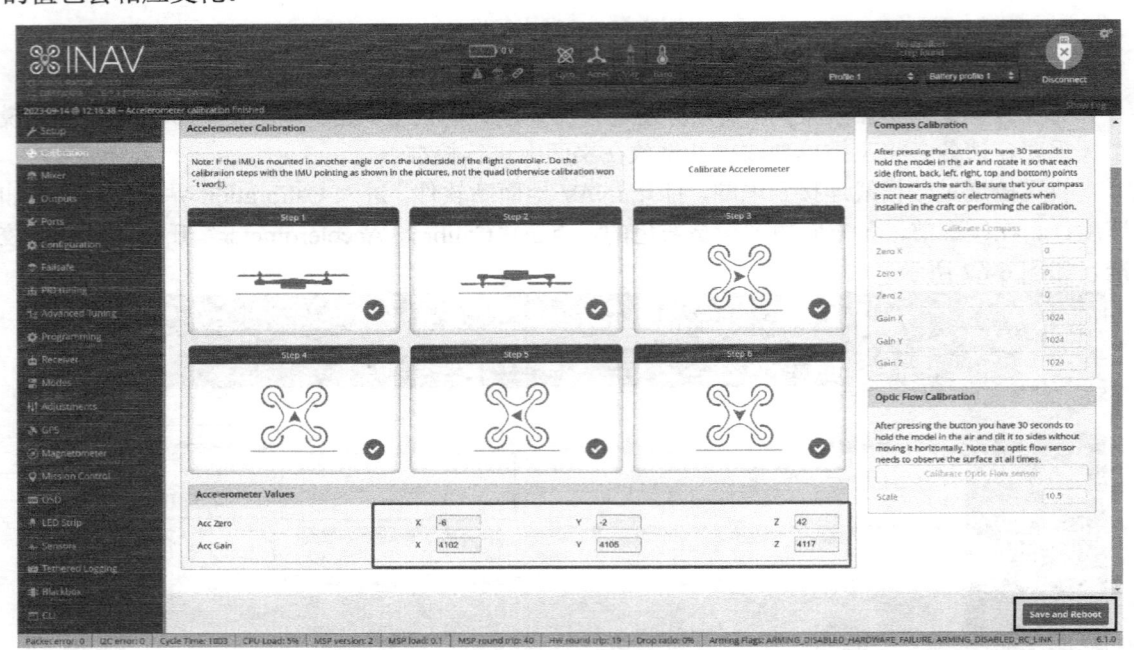

图 6-69　使加速度计校准更精确

校准完成后，点击右下角的"Save and Reboot"按钮，保存并重启飞控。完成校准后即可安装飞控。

（2）电调、电源线焊接。

按照图 6-70 所示位置焊接好电调和电源线。本固定翼无人机只有一个电调，可在图 6-69 中任意选择一个 ESC 位置进行焊接。

项目六 固定翼无人机的组装与调试

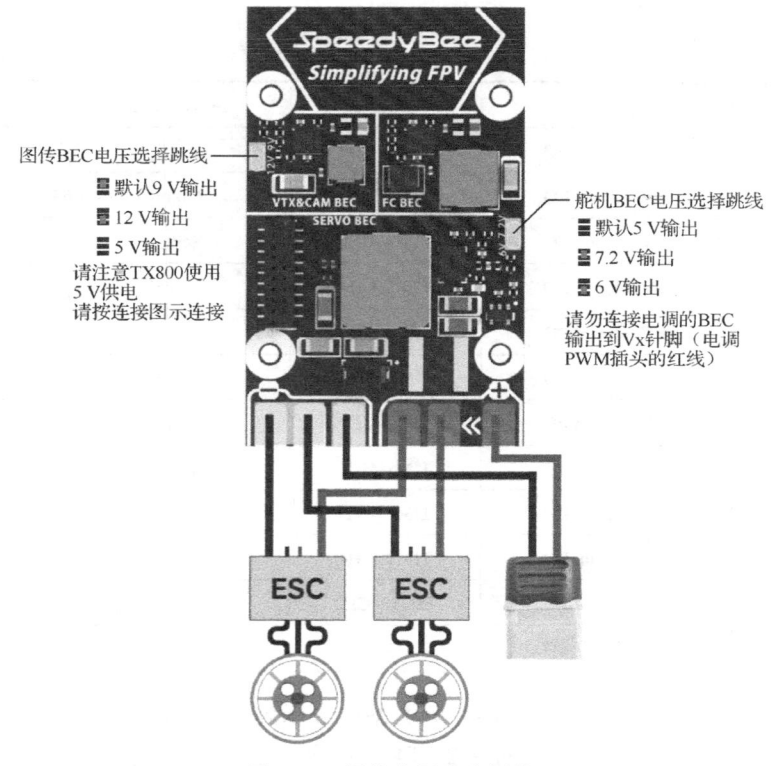

图传BEC电压选择跳线
- 默认9 V输出
- 12 V输出
- 5 V输出
请注意TX800使用
5 V供电
请按连接图示连接

舵机BEC电压选择跳线
- 默认5 V输出
- 7.2 V输出
- 6 V输出
请勿连接电调的BEC
输出到Vx针脚（电调
PWM插头的红线）

图6-70 焊接电调和电源线

（3）飞控板外接设备连接。

本次实训主要涉及以下外接设备的连接：1个电调、4个舵机、1个GPS模块、1个调参模块（带BOOT标识）和1个富斯FS-iA6B遥控接收机，参考图6-71和表6-3所示的INAV针脚映射表进行接线。

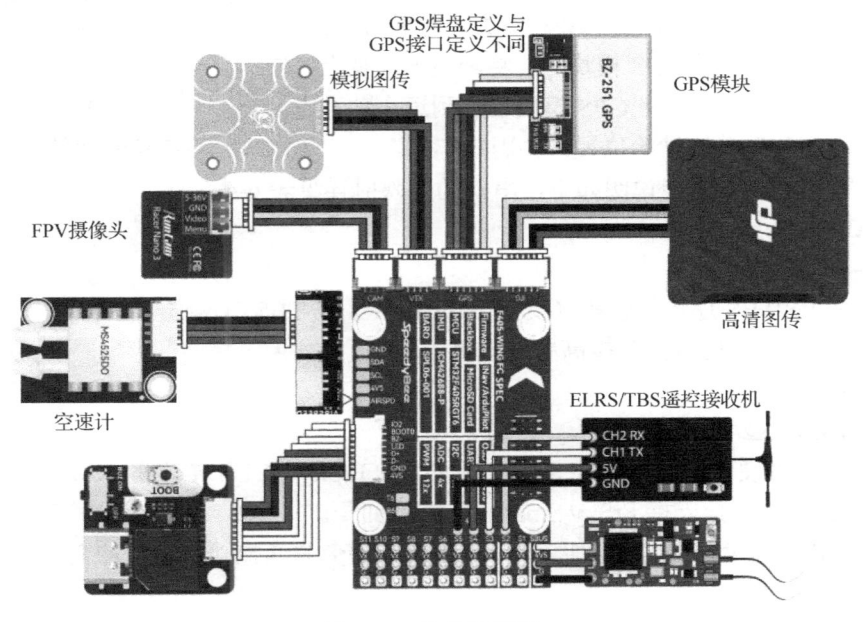

图6-71 飞控接线图

189

表 6-3 INAV 针脚映射

PWM		TIMER	INAV Plane	INAV MultiRotor
S1	5 V tolerant I/O	TIM4_CH2	Motor	Motor
S2	5 V tolerant I/O	TIM4_CH1	Motor	Motor
S3	5 V tolerant I/O	TIM3_CH3	Servo	Motor
S4	5 V tolerant I/O	TIM3_CH4	Servo	Motor
S5	5 V tolerant I/O	TIM8_CH3	Servo	Motor
S6	5 V tolerant I/O	TIM8_CH4	Servo	Motor
S7	5 V tolerant I/O	TIM8_CH2N	Servo	Servo
S8	5 V tolerant I/O	TIM2_CH1	Servo	Servo
S9	5 V tolerant I/O	TIM2_CH3	Servo	Servo
S10	5 V tolerant I/O	TIM2_CH4	Servo	Servo
S11	5 V tolerant I/O	TIM12_CH2	Servo	Servo
LED	5 V tolerant I/O	TIM1_CH1	WS2812LED	WS2812LED

① 将电调插接到 S1 接口，在 INAV 地面站中显示为 Motor1。注意：请勿将电调的 BEC 输出连接到 Vx 针脚，即电调 PWM 插头的红线不需要插到飞控板上。

② 左、右副翼的舵机通过 Y 线连接，因此只需接 3 条舵机线，分别是固定翼的副翼、升降舵和方向舵。将它们分别插接到 S3～S5 接口，在 INAV 地面站中分别显示为 Servo1、Servo2 和 Servo3。

③ 富斯 FS-iA6B 遥控接收机的接线参考图 6-71 中的 ELRS/TBS 遥控接收机的接线方式。

④ 如图 6-72 所示为 BZ-251 GPS 模块（内置 QMC5883 罗盘）的正反面。在安装 GPS 模块时，将天线一面朝上，排线插座一面朝向后方，确保将 GPS 模块安装到远离动力电源线、电机、电调和舱盖磁铁的位置，并固定牢固。

图 6-72 BZ-251 GPS 模块（内置 QMC5883 罗盘）的正反面

UART 接口的核心功能说明如下，串口功能映射详见表 6-4。

① UART1

引脚：TX1/RX1。

功能：ELRS/TBS 遥控接收机（支持 ExpressLRS 或 TBS Crossfire 协议）。

特性：5V 兼容，可直接连接高频接收机模块。

② UART2

引脚：TX2/RX2/SBUS 焊盘。

功能：RX2 带硬件反向电路的 SBUS 输入（如 FrSky SBUS 接收机），无需外接反向器；启用 Softserial_Tx2 后，支持 FrSky SmartPort 遥测回传。

注意：SBUS 焊盘与 RX2 引脚绑定，使用时需避免与其他功能发生冲突。

③ UART3

引脚：TX3/RX3。

功能：GPS 模块（如 BN-880、M10 系列）。
配置建议：波特率通常设为 9600bps 或 115200bps，需在飞控软件中启用 NMEA 协议。
④ UART4
引脚：TX4/RX4。
功能：自定义接口，可扩展外设（如 LED 灯带、舵机控制器等）。
灵活性：支持用户自定义协议（如 MSP、CRSF），需手动配置飞固件。
⑤ UART5
引脚：TX5/RX5。
功能：DJI OSD/VTX（大疆数字图传系统）。
关键点：需通过 TX5 发送 OSD 数据至 DJI Air Unit 或 Caddx Vista，RX5 用于接收图传控制信号。
⑥ UART6
引脚：TX6/RX6。
功能：板载数传（如与地面站通信的无线模块等）。
典型应用：连接 ESP8266/ESP32 WiFi 模块或蓝牙数传，波特率建议设为 57600bps。

表 6-4 串口功能映射

UART			
USB	—	USB	—
TX1/RX1	5 V tolerant I/O	UART1	ELRS/TBS 接收机
TX2/RX2/SBUS	5 V tolerant I/O	SBUS 焊盘	SBUS 接收机，SBUS 焊盘=RX2 带反向电路
		TX2	FrSky SBUS 遥测，启用 Softserial_Tx2
TX3/RX3	5 V tolerant I/O	UART3	GPS 模块
TX4/RX4	5 V tolerant I/O	UART4	自定义
TX5/RX5	5 V tolerant I/O	UART5	DJI OSD/VTX
TX6/RX6	5 V tolerant I/O	UART6	板载数传

2．固定翼调试
(1) 安装如图 6-73 所示的 INAV 地面站（6.1.0.0 版本）软件。

图 6-73 安装 INAV 地面站（6.1.0.0 版本）软件

(2) 飞行平台调试
① 重心调试。装好电池之后，双手托举机翼的前 1/3 处，查看是否保持水平，允许有轻微偏差。对于电动无人机，一般通过调整电池的安装位置来调节重心。若调整电池位置不能满足要求，则可以通过调整无人机上的电子设备来达到平衡要求。
② 气动舵面的调试。确保气动舵面的偏转方向与操作方向一致，避免发生反舵现象。

3. 遥控器对频及相关设置

（1）遥控器设置。

INAV 不支持 PPM 协议，因此需要在系统设置中将其关闭，具体操作方法为：开机后，短按 OK 键 1 s，进入菜单；进入系统设置，在下拉菜单中找到 RX setup，在 RX setup 中找到 PPM Output，如图 6-74 所示，并将其关闭。

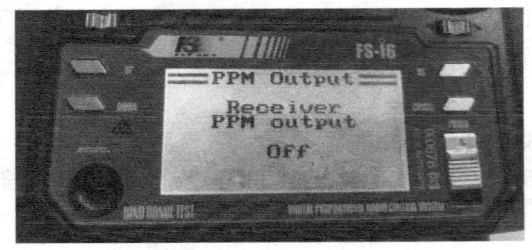

图 6-74　遥控器设置

（2）遥控器对频。

先将遥控器返回主页面并关机，接下来开始对频。将遥控接收机的线接入 B/VCC 接口，如图 6-75 所示，此时遥控接收机的红灯快闪，表示遥控接收机进入对频状态。

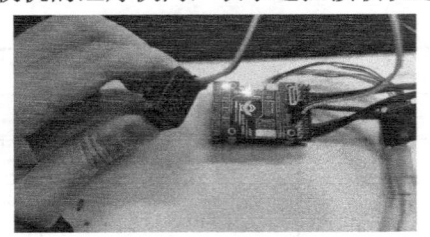

图 6-75　将遥控接收机的线接入 B/VCC 接口

如图 6-76 所示进行遥控器对频，按住遥控器的对频键并开机，此时遥控接收机的红灯快闪变为常亮，且遥控器显示 RX 电量及输入电压。

图 6-76　遥控器对频

将遥控接收机接在 B/VCC 上的杜邦线拔出，插在如图 6-77 所示的插口中，输出 PWM 信号。另一端接在飞控板 UART1 的 RX1、4V5、GND 三个针脚位置。

（3）INAV 设置。

打开 INAV 地面站，进入 Ports 界面，将 UART1 行中的 RX 打开，如图 6-78 所示，然后点击 "Save and Reboot" 按钮保存设置。

项目六　固定翼无人机的组装与调试

图 6-77　输出 PWM 信号

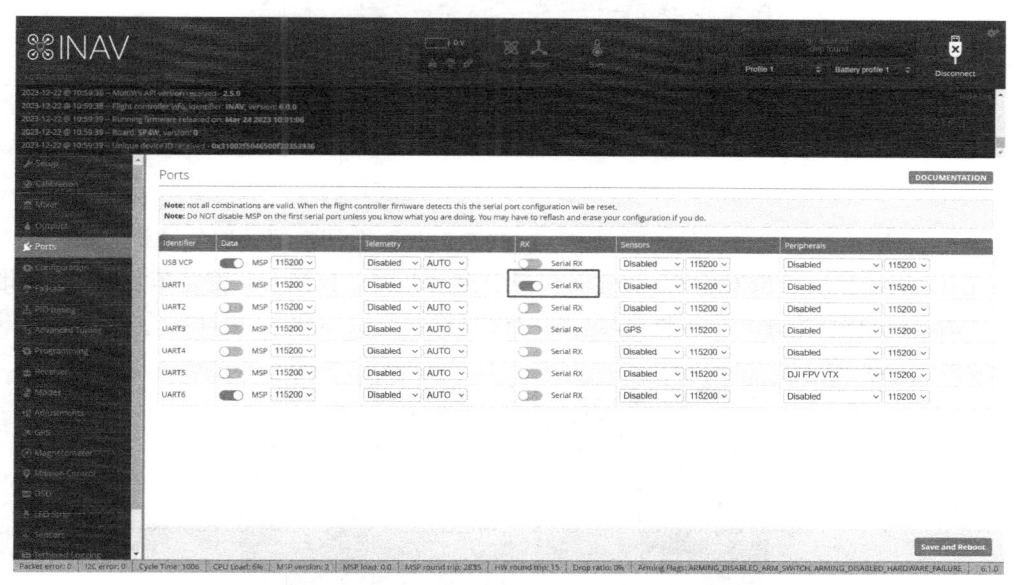

图 6-78　将 UART1 行中 RX 打开

进入 Receiver Mode 界面，将协议改为 IBUS，然后点击"Save and Reboot"按钮保存设置，如 6-79 所示。

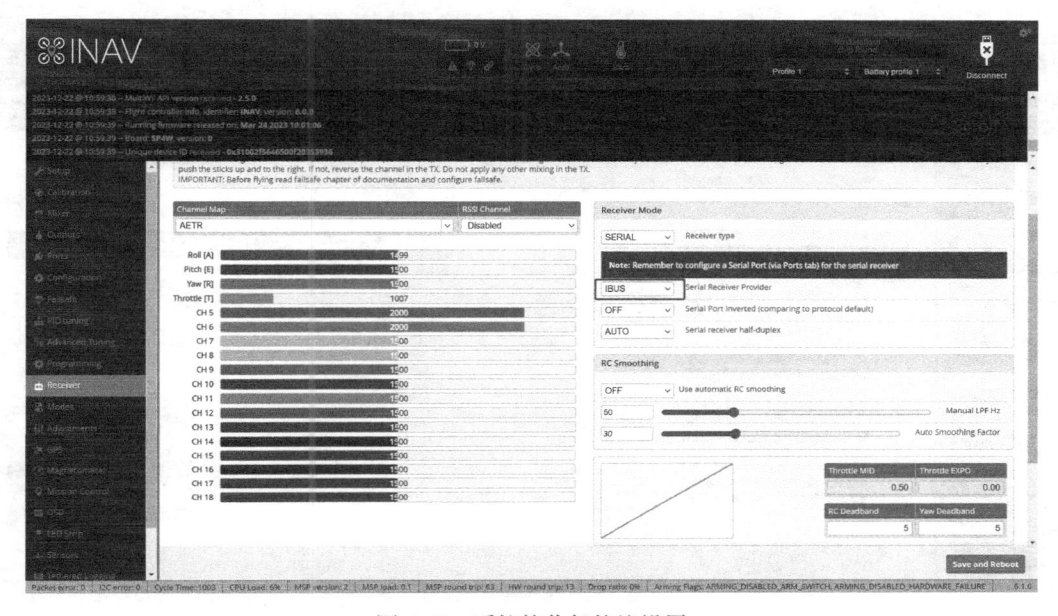

图 6-79　遥控接收机协议设置

（4）油门行程及中位设置。

INAV 固件要求油门行程的最小值要低于 1100，最高值要高于 1900，中位值要在 1400～1600。若遥控器不满足此要求，可以进入系统设置菜单，并选择 Functions setup 功能，如图 6-80 所示，找到 End points 和 Subtrim 页面。

图 6-80　油门行程及中位设置

如图 6-81 所示，在 End points 页面中，短按 OK 键切换到需要调整的通道，如 Ch3，将其数值改至 110%，然后长按 CANCEL 键保存并退出此页面（长按 OK 键是恢复默认）。此时，在 INAV 的 Receiver 界面中可以看到此时油门行程的最低值为 958，最高值为 2000，如图 6-82 所示，行程变大。

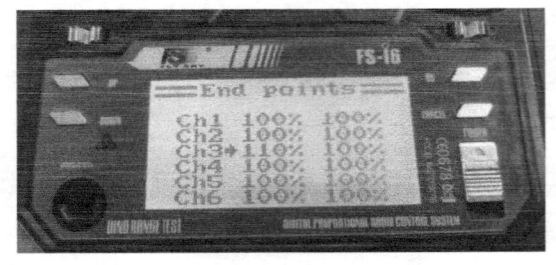

图 6-81　调整通道

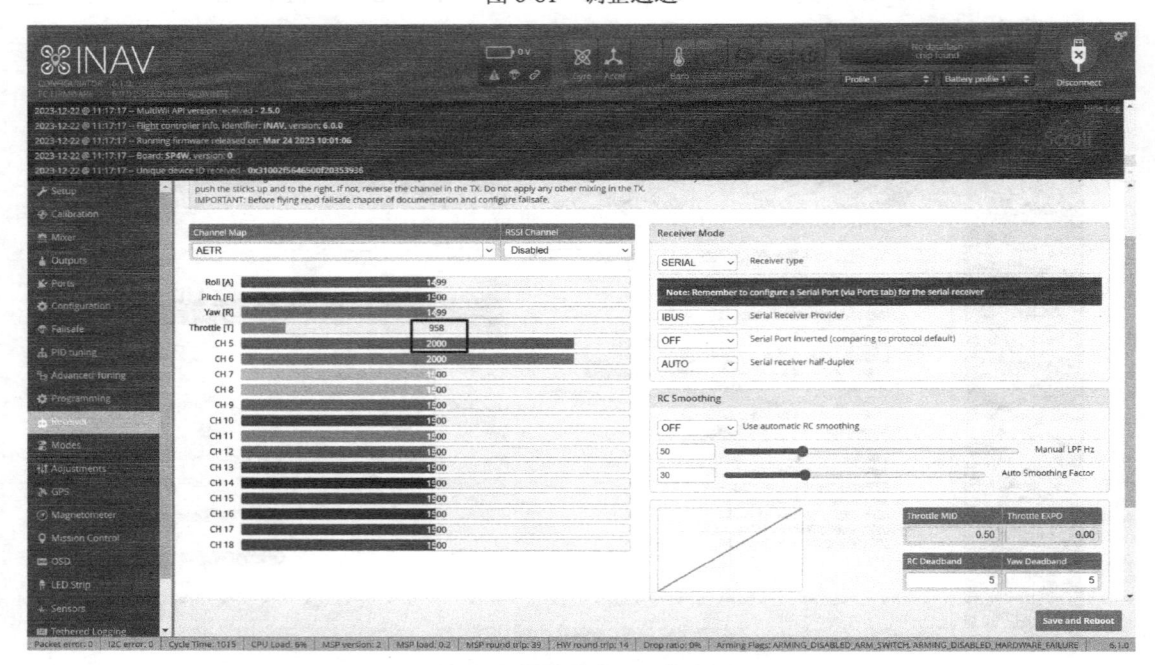

图 6-82　行程变大效果查看

项目六　固定翼无人机的组装与调试

如图 6-83 所示，在 Subtrim 页面中，双击 UP 或 DOWN 键用于增加或减小中位值，长按 CANCEL 键用于保存并退出（长按 OK 键恢复默认）。

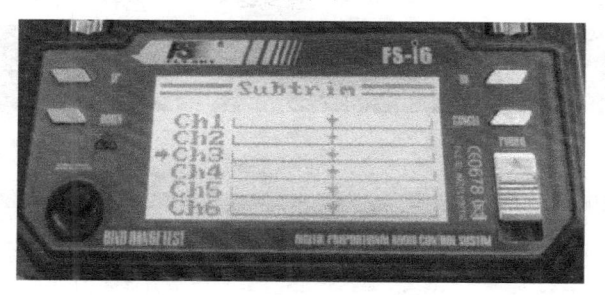

图 6-83　增加或减小中位值

（5）模型配置。

以本次实训的塞斯纳固定翼无人机为例进行调试时，可参考以下步骤。

首先将飞控与电脑连接，并确保连接稳定。然后打开 INAV 的 Configurator 界面，点击右上角的连接按钮，通常会出现一系列飞控连接选项，如图 6-84 所示。

① 选择适当的机型。由于本实训采用的是固定翼无人机，因此可在选项中选择 Airplane with a Tail（带尾翼的飞行器）。选择此选项后系统会自动生成参数并进行保存，在后续重新连接时，可直接选择 Keep current settings（Not recommended）。

② 重启飞控。完成参数选择后，飞控设备会自动重新启动。请注意：如果使用的是旧版本的固件，可能需要手动点击连接的操作，而新版本通常会自动重新连接。本次实训使用的固件版本为 6.1.1 [SPEEDYBEEF4OSWIING]，无需刷写固件。如果需要重新刷写固件，请参照软件界面的提示，如图 6-84 所示，刷写方法与前面介绍的多旋翼无人机固件刷写方法类似。

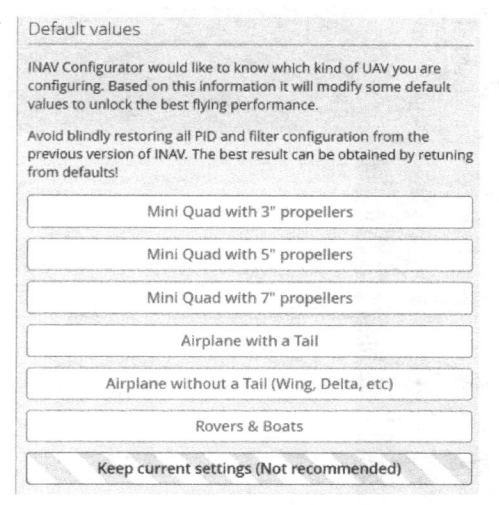

图 6-84　飞控连接选项

设备重启后进入调参的主界面，主界面的上方区域是飞控硬件的相关信息，中间区域是无人机姿态演示图，左侧区域是各功能模块的按钮，右侧区域则是解锁前的检查及各项飞控检测数据。

（6）端口设置。

点击进入 Ports 界面，如图 6-85 所示。参考飞控说明书的针脚映射部分对 UART 的定义，根据不同外部设备选择合适的端口进行设置，完成后点击"Save and Reboot"按钮保存设置。UART1 对应遥控接收机，需打开"Serial RX"；UART3 对应 GPS；UART6 对应数传。

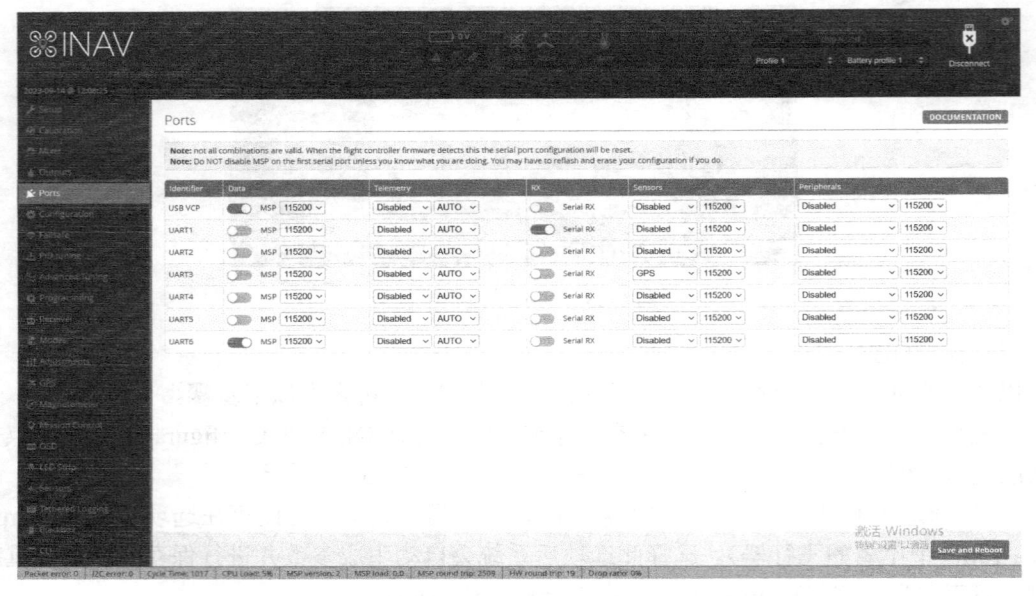

图 6-85　Ports 界面

（7）GPS 配置。

进入如图 6-86 所示的 GPS 界面，打开"GPS for navigation and telemetry"开关，点击"Save and Reboot"按钮保存并重启。

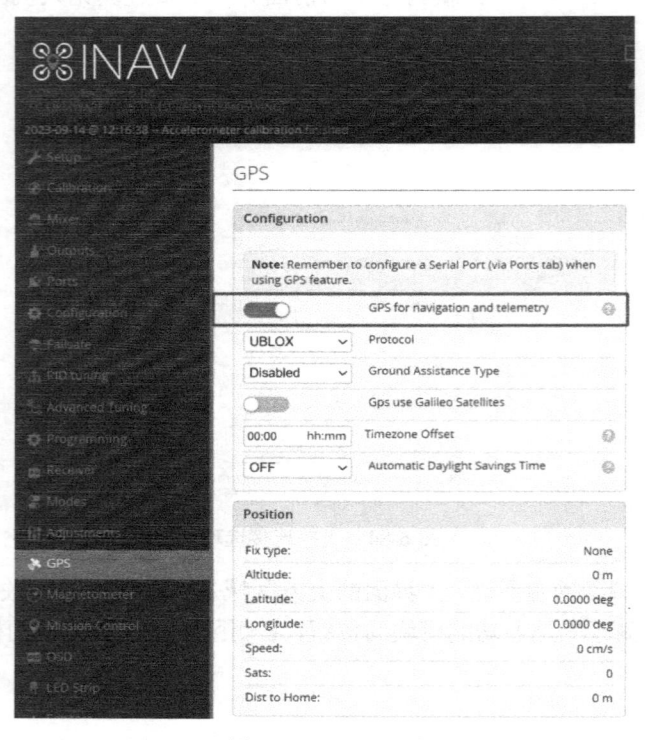

图 6-86　GPS 界面

（8）罗盘校准。

罗盘采用 BZ-251GPS 模块，该模块内置 QMC5883 罗盘，因此，进入 Configuration 界面后，选择的罗盘型号为 QMC5883，如图 6-87 所示。

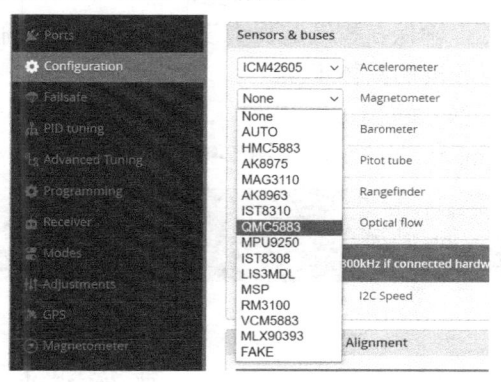

图 6-87　选择罗盘

在使用 INAV 固件时，需要设置 GPS 罗盘的安装朝向，可以通过排线插座来确定参数的选择。根据 GPS 的安装位置，选择合适的罗盘朝向，如图 6-88 所示。

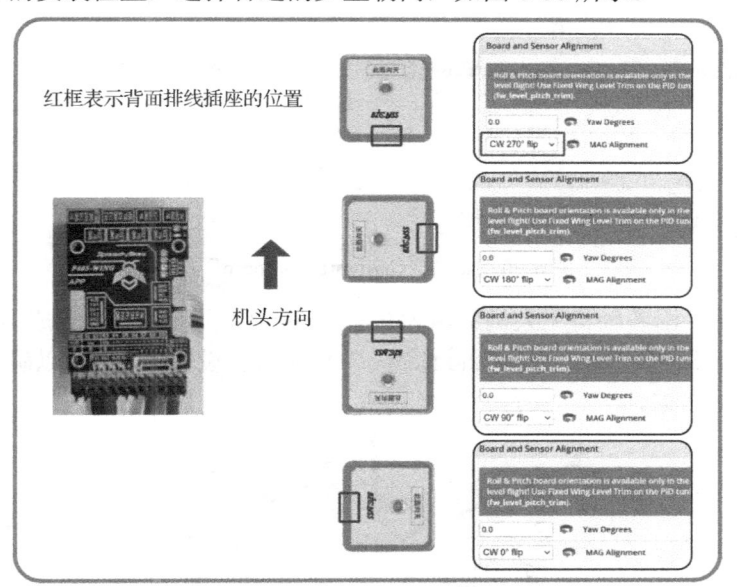

图 6-88　选择合适的罗盘朝向

通常情况下，飞行控制器默认选择顺时针旋转 270°（CW 270°flip），如图 6-89 所示，这是飞行控制器识别机头方向的一种方式。

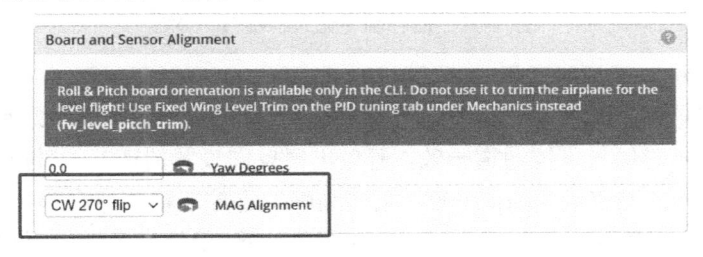

图 6-89　选择顺时针旋转 270°

无人机组装与调试

设置完成后点击"Save and Reboot"按钮保存设置。这样的设置和安装方式有助于确保飞行控制器能够正确识别无人机的方向，同时罗盘的正确安装也能提供精确的方向信息，从而使飞行控制更加稳定和可靠。

罗盘校准需在室外进行，确保在校准过程中没有干扰，最好确保 GPS 能够搜到 8 颗星以上再进行校准。以下是罗盘校准的具体步骤。

① 将无人机放置在平稳的表面上。
② 点击"Calibrate Compass"按钮，如图 6-90 所示。

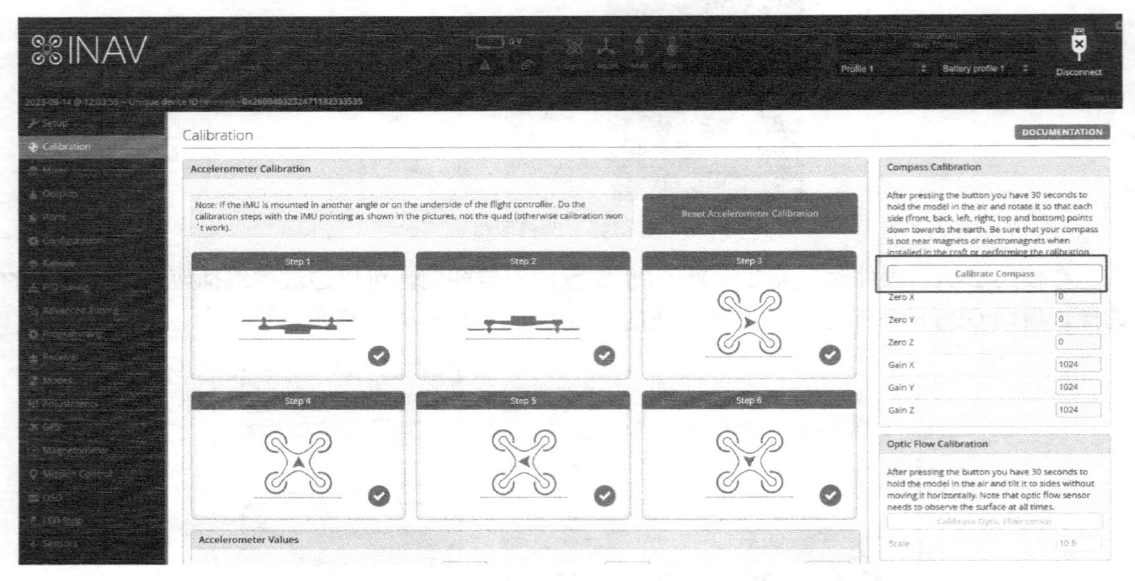

图 6-90　点击"Calibrate Compase"按钮

③ 在 30 秒内，沿各轴将无人机旋转 360°，如图 6-91 所示。校准完成后，图 6-90 中的数值会发生变化。点击右下角的"Save and Reboot"按钮保存设置。这样可以确保罗盘的准确性，并提供精准的导航数据。

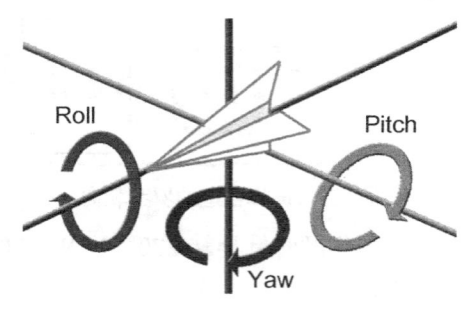

图 6-91　沿各轴将无人机旋转 360°

（9）遥控接收机及遥控器设置。

在进行遥控接收机和遥控器的连接与设置时，请详细参阅说明书，以确保设置正确。在遥控器通道调整时，要确保与飞控通道一致，避免出现反向设置的情况。遥控器行程的设置要求为通道最小值≤1000，通道最大值≥2000。某些品牌的遥控器可能存在最小值大于飞控通道的情况，这样会导致行程量变小或中位不准。在这种情况下，建议参考遥控器说明进行相应调整，遥控接收机及遥控器设置的正确案例与错误案例如图 6-92 与图 6-93 所示。

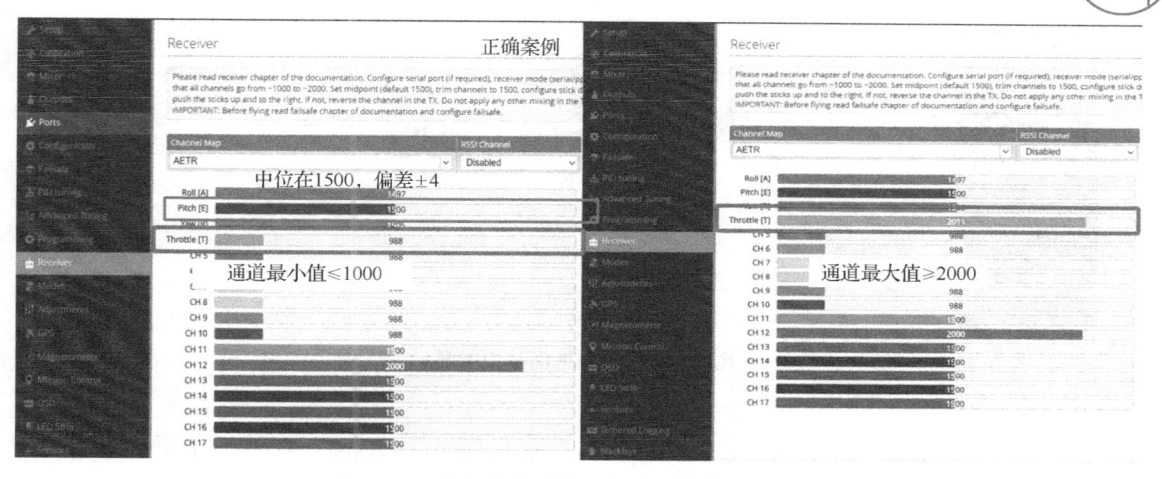

图 6-92　遥控接收机及遥控器设置的正确案例

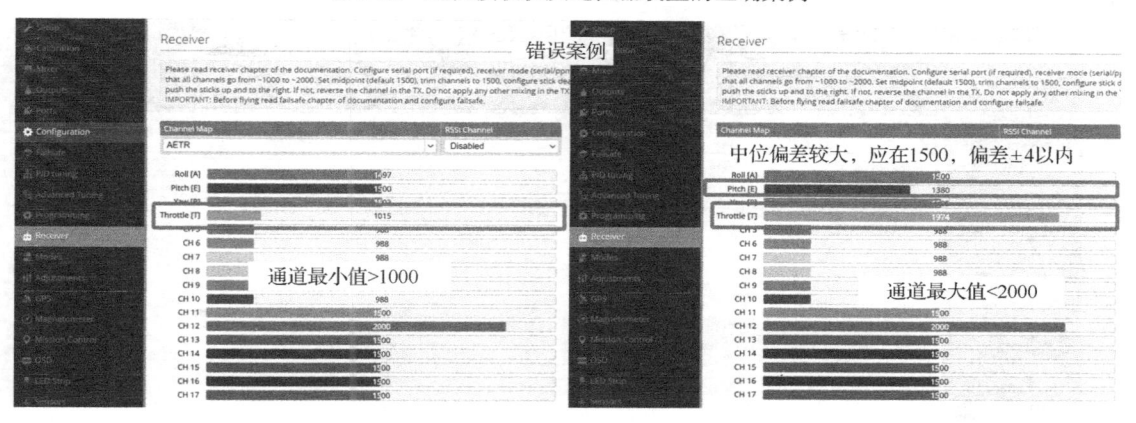

图 6-93　遥控接收机及遥控器设置的错误案例

当遥控接收机及遥控器设置有误时，OSD 会报错，如图 6-94 所示。

（10）混控。

① 选择机型为 Airplane with a Tail（带尾翼的飞行器）。

② 检查舵机与电机的接线是否与图 6-95 中显示的一致，即电机与电调连接，将电调插接到 S1 接口，其在 INAV 地面站中显示为 Motor1。将副翼、升降舵和方向舵分别插接到 S3～S5 接口，它们在 INAV 地面站中分别显示为 Servo1、Servo2 和 Servo3，如图 6-96 所示。

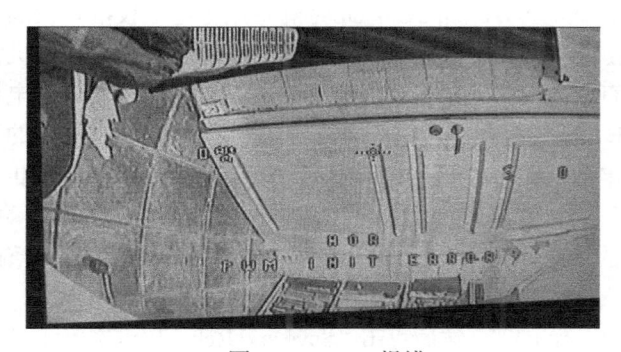

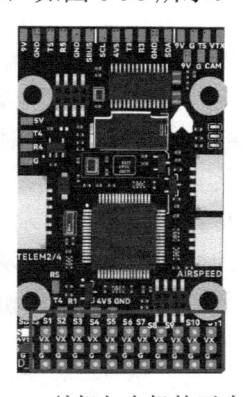

图 6-94　OSD 报错　　　　图 6-95　舵机与电机的正确接线

无人机组装与调试

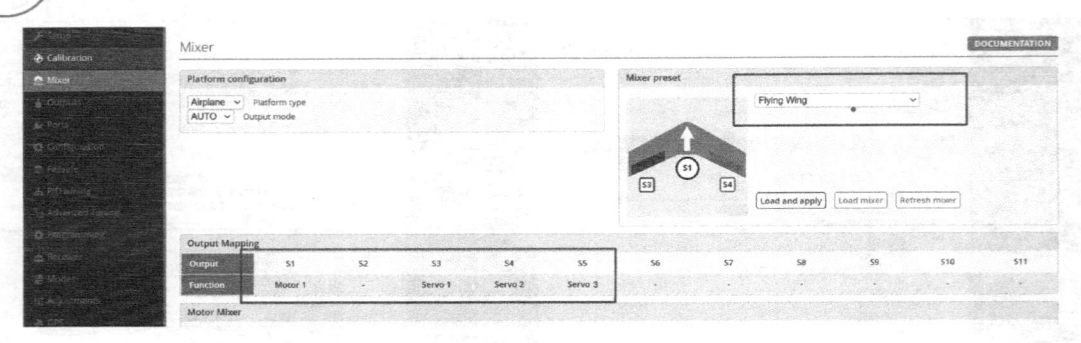

图 6-96　INAV 地面站中的显示

（11）输出。

① 点击 Outputs，打开图 6-97 所示的"Enable motor and servo output"（启用电机和舵机输出）开关，设置完成后，点击"Save and Reboot"按钮保存设置。

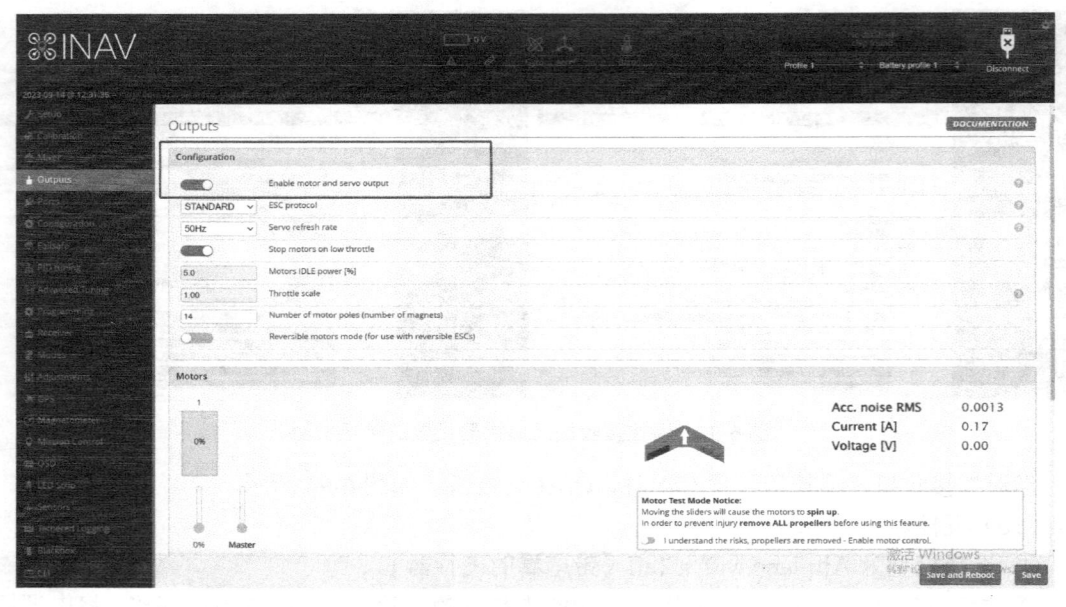

图 6-97　Outputs

② 选择正确的电调协议（如需更改刷新率，请确认电调和舵机是否同时支持，具体参考电调和舵机说明书）。如果电调为 BL32/BLHELIS 协议，可选择 Dshot300 或 600，无需进行电调校准；如果无法确认电调协议，可选择默认的 STANDARD，此时需要进行电调校准，校准方法如下：使用遥控器进行舵面及电机测试，打开如图 6-98 所示的开关，拖动左侧滑块，电机便会转动。Master 为所有电机同时转动。当有双电机时，可拖动对应滑块实现单个电机转动（电机测试请勿装桨）。具体操作为：只连接 USB，不连接电源，进行飞控通信，将图 6-98 方框中的开关打开，将左侧滑块拉到最高；然后接上电池，此时会听到电调发出"嘀嘀"声，待声音停止后，将滑块拉到最低，电调再次发出"嘀嘀"声，待声音停止后，完成电调校准。此时继续滑动滑块，电机正常转动。如出现电机反向转动的情况，需手动调换任意两根电调信号线后再进行测试。

（12）失控保护。

在如图 6-99 所示的 Failsafe 界面中选择 RTH，然后点击"Save and Reboot"按钮保存设置，以确保在无人机失控时，飞控系统能够自动执行返航操作，使无人机返回到头顶盘旋，从而恢复控制。

项目六　固定翼无人机的组装与调试

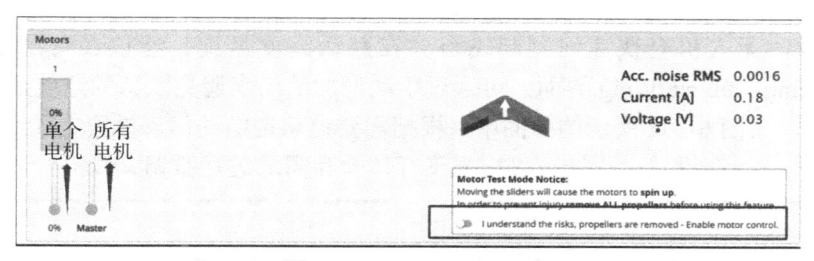

图 6-98　舵面及电机测试

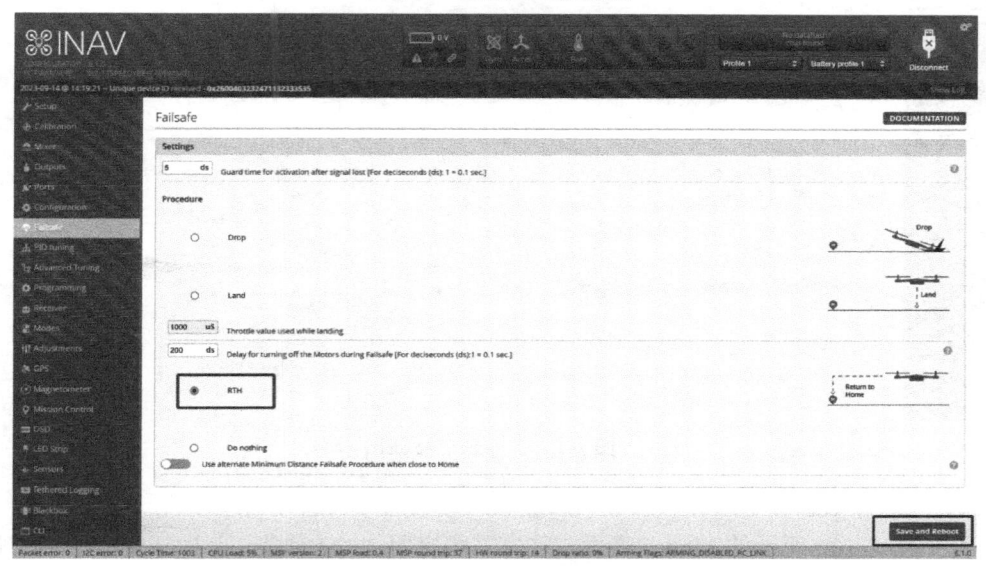

图 6-99　Failsafe

（13）高级调整。

注意检查图 6-100 方框中 Land after RTH 的设置，如果为 ALWAYS，则无人机在切换到返航模式后，到达起飞点附近时将自动开始着陆，这存在较大风险，所以此处应设置成 FS_ONLY（仅在失控后执行）或 NEVER（从不执行此操作）。

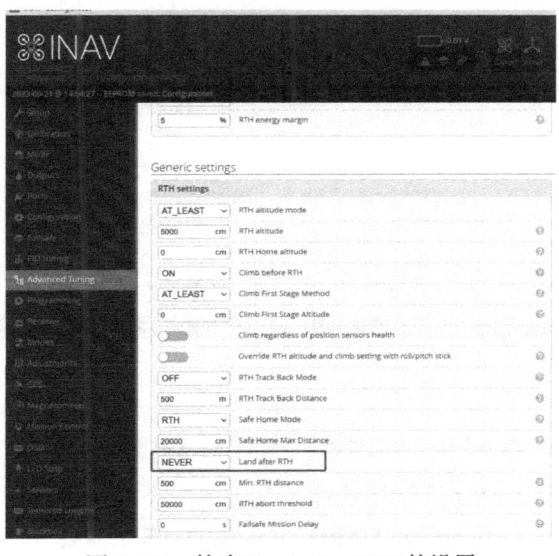

图 6-100　检查 Land after RTH 的设置

无人机组装与调试

在返航时，无人机会快速回到起飞点并在默认高度盘旋。建议在首次返航时，进入 Advanced Tuning：Fixed Wing 界面，可通过手动增加油门来避免默认的返航速度过低，从而防止意外发生。在图 6-101 所示的界面中，根据需要调整巡航油门。设置完成后，点击"Save and Reboot"按钮保存设置。后续可以根据飞行体验和需求进行微调，以提升飞行效果。

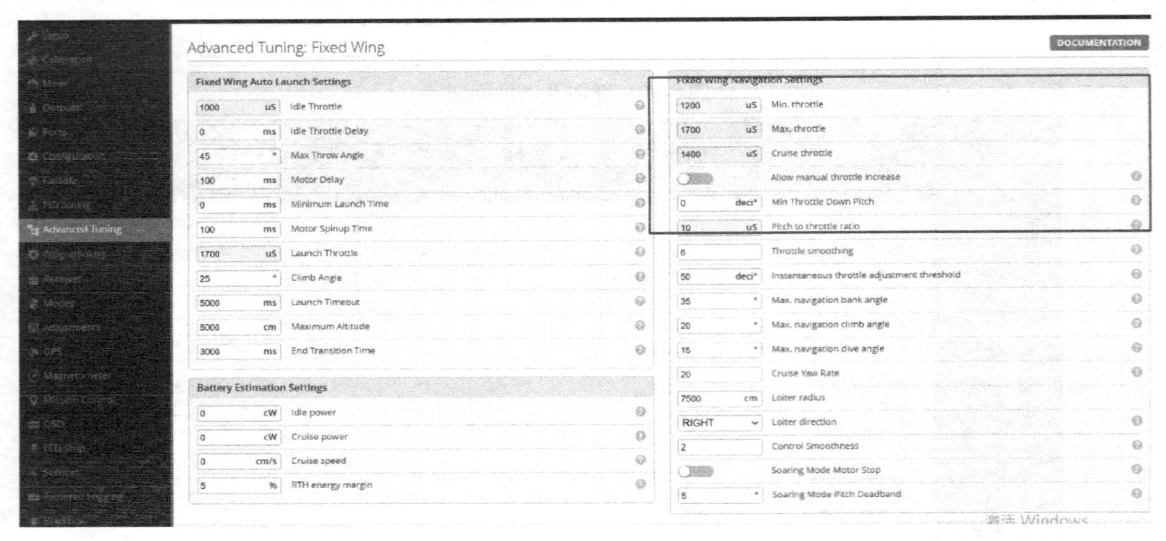

图 6-101　调整巡航油门

（14）飞行模式。

打开如图 6-102 所示的 Modes 界面，首先需要启用 ARM 功能，并选择合适的通道作为解锁开关。为了方便操作，建议将三种飞行模式配置在一个三段开关上，并通过地面站调整各模式对应的行程值。对于新组装的无人机而言，必须保留手动模式。

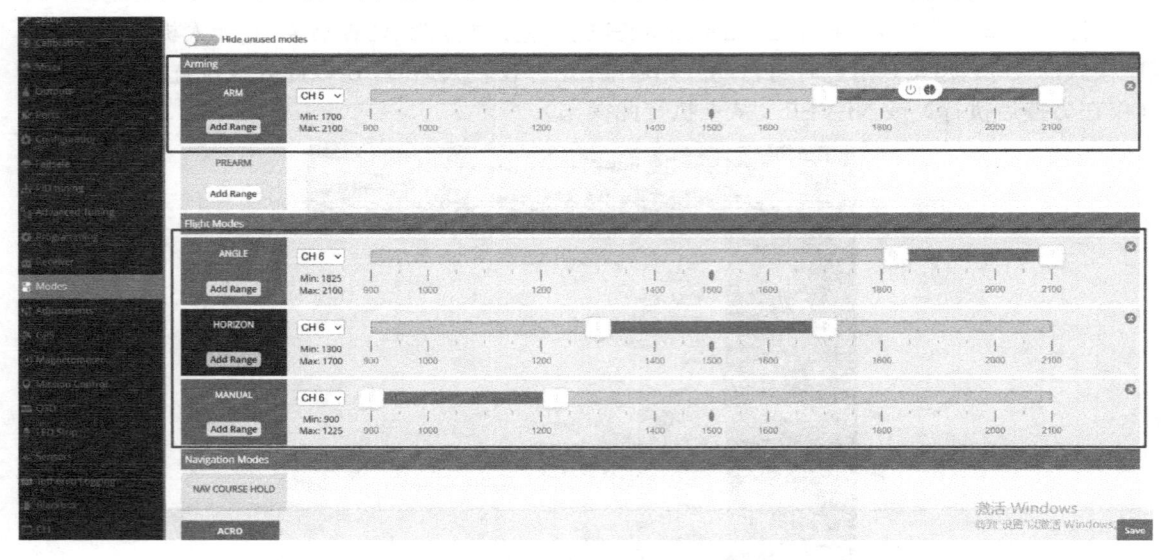

图 6-102　通过地面站调整各模式对应的行程值

如图 6-103 所示，NAV RTH 返航模式需单独设置一个通道，以便在紧急情况下快速切换，使无人机回到头顶盘旋，从而降低坠机风险。NAV RTH 返航模式需要接入 GPS 并启用相关开

项目六　固定翼无人机的组装与调试

关后，才会在模式列表中显示。

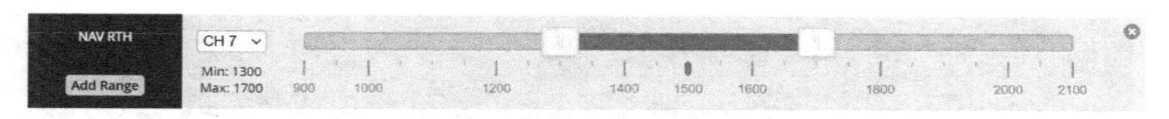

图 6-103　NAV RTH 返航模式

其他模式需在完成 AUTOTUNE 模式设置后，自行了解和测试。设置完成后点击"Save and Reboot"按钮保存设置。

（15）遥控器舵面测试。

① 进入 Mixer 界面，切换到自稳模式。先检查舵面反馈是否正确。例如，用手将无人机向左滚转，无人机在自稳模式下，舵面会将无人机拉平，此时无人机的反馈应该是左舵面向下，右舵面向上。如果舵面左边的反馈是反的，需将 Servo2 的 Weight 中的 50 改为-50，如图 6-104 所示。设置完成后点击"Save and Reboot"按钮保存设置。

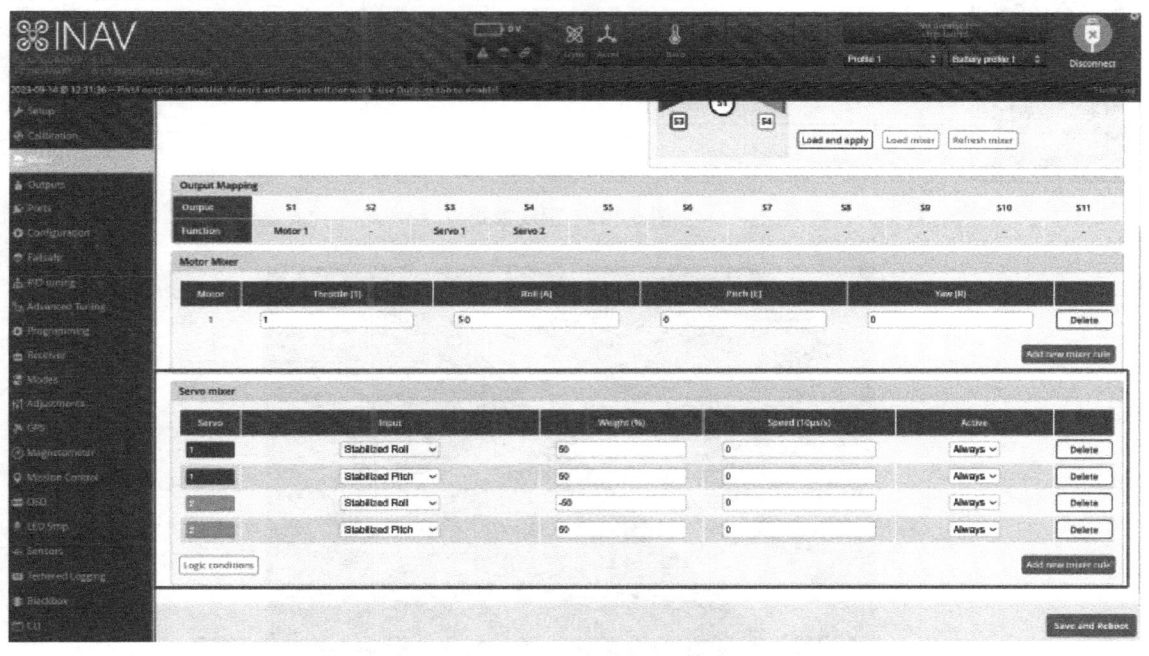

图 6-104　遥控器舵面测试

② 进入 Outputs 界面，切换到手动模式。使用遥控器检查无人机舵面反应是否与遥控器操作杆一致。例如，遥控器打左滚转时，无人机舵面应为左高右低，如果左舵面反馈相反，只需在图 6-105 中勾选 Reverse 即可。

4．整机组装

（1）起落架安装。

取出起落架，将后起落架安装在机身下部，将前起落架安装在机身头部的下方。

（2）安装电池。

将电池安装到电池仓内，并盖上仓盖。

（3）安装螺旋桨。

取下机头罩，将螺旋桨安装在电机轴上，然后重新盖上机头罩。

无人机组装与调试

至此，完成整机的组装，结果如图6-106所示。

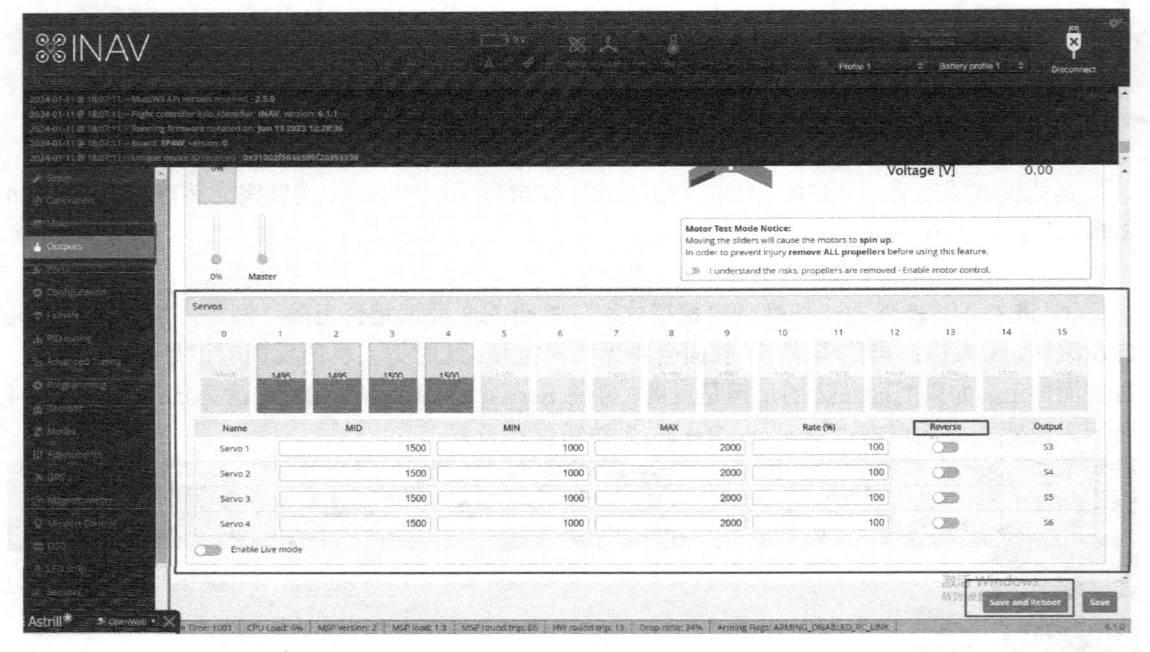

图6-105 手动模式

图6-106 整机的组装

图6-107 解锁前检查

注意事项及操作要点有以下几项。

① 请勿将电调的BEC输出连接到Vx针脚上，电调PWM插头的红线无需插到飞控板上。

② 如果自检没有通过，需要重新校准罗盘；所有自检的项目都显示为如图6-107所示的打钩时就可以进行飞行器解锁。

③ 正常解锁方式。先拨动解锁开关，然后推油门。

④ 在没有GPS信号的情况下，按解锁开关10次可以强制解锁；请注意，GPS要放到室外才有信号，GPS界面如图6-108所示。

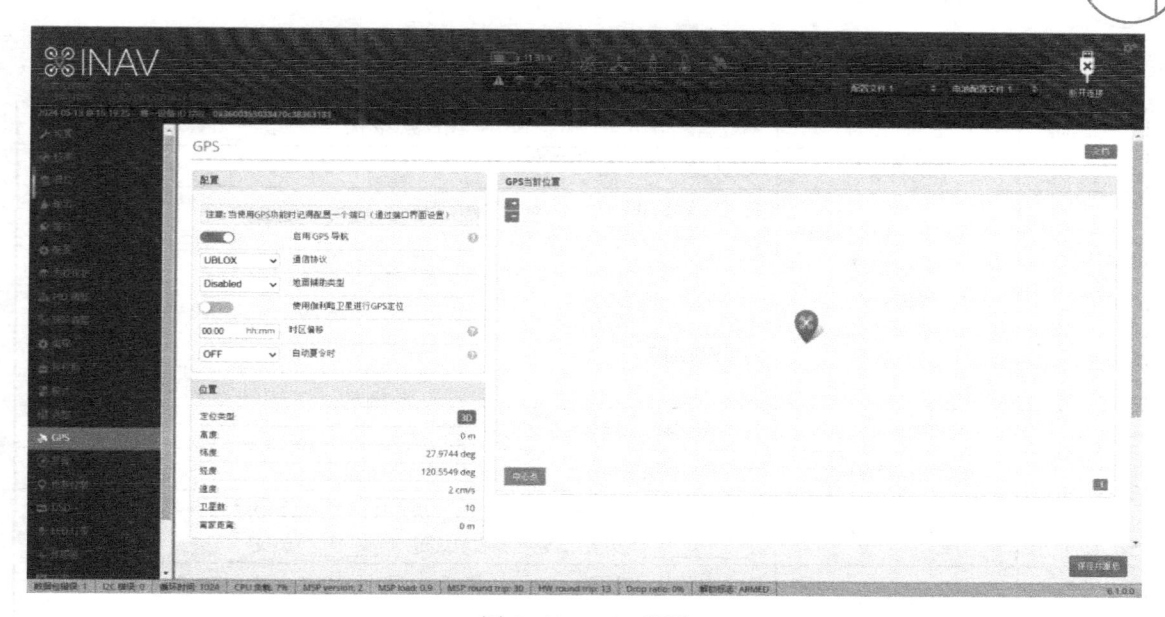

项目六　固定翼无人机的组装与调试

图 6-108　GPS 界面

⑤ 强制解锁操作。先设好解锁通道,然后将两个摇杆打到右下方,再拨动解锁开关,最后推油门。

任务分组

学生任务分配表见表 6-5。

表 6-5　学生任务分配表

班级：	组号：	组长：
本组成员：		
任务分工：		

任务分析

（1）各组派代表阐述任务分析结果。
（2）各组对其他组的任务分析结果进行评价。
（3）教师结合学生完成的情况进行点评、分析和总结。

任务实施记录

根据小组讨论、分析、归纳的结果,生成任务报告单,详见表 6-6。

表 6-6 任务报告单

序 号	任 务 名 称	任 务 报 告
1	无人机选型	所选机型（需配图）：
2	安装飞控	把飞控安装到所选的无人机上（需配图）： 所用固定材料：
3	连接电调和舵机	简述所连接的电调与舵机之间的连线
4	连接电源管理模块	电源管理模块安装在 _____ 接口上
5	连接遥控接收机	遥控接收机的连线接在 _____ 接口上，飞控上的遥控接收机连接线接在 _____ 接口上，遥控接收机采用 _____ 协议
6	连接 GPS	GPS 的连线一般插在 _____ 接口上，但一些 GPS 还会有多出的连线，需要接在 _____ 接口上
7	连接舵机	本次共连接了 _____ 个舵机 固定翼各舵面对应通道： 左副翼： 右副翼： 升降舵： 方向舵：
8	连接飞控与地面站	使用了哪种方法连接地面站和飞控：
9	加速度计校准	进行加速度计校准需要 _____ 步。分别是：
10	罗盘校准	本次校准了 ____ 个罗盘 简述校准过程： 校准过后罗盘的偏移量： 1. X____ Y____ Z____ 2. X____ Y____ Z____ 3. X____ Y____ Z____
11	遥控器校准	本次共校准了 _____ 个通道 简述遥控器校准过程： 校准后遥控器的过程量： Ch1 Ch2 Ch3

续表

序 号	任务名称	任务报告
11	遥控器校准	Ch4 Ch5 Ch6 Ch7 Ch8
12	电调校准	简述电调校准的步骤：
13	电动机转向测试	简述电动机转向：
14	飞行模式设置	本次一共设置了 _____ 种飞行模式 分别是：
15	电源模块设置	本无人机所使用的电池型号为 _____ V _____ S _____ C _____ mA·h

请根据任务完成情况填写表 6-7。

表 6-7 调试塞斯纳固定翼无人机实训任务评价表

姓名：			分数：	
考核内容			配 分	得 分
职业素养	（1）设备、工具及材料清点		10	
	（2）操作安全		10	
操作规范	（1）遥控器对频		5	
	（2）选择飞机类型		5	
	（3）对加速度计进行校准		10	
	（4）对遥控器进行校准		5	
	（5）对罗盘进行校准		5	
	（6）调试飞行模式		10	
	（7）对电调进行校准		15	
	（8）遥控器舵面测试		15	
结束工作	（1）清点工具和设备		5	
	（2）清扫现场		5	

无人机组装与调试

思考与改进

请与小组成员进行讨论,针对本次任务实施的情况进行点评、分析和总结,并将改进意见填写在下方。

6.2 固定翼无人机的飞行测试

任务 3 塞斯纳固定翼无人机试飞

知识要点

调试完成后注意选择空旷且安全的测试场地进行无人机试飞,试飞前务必检查无人机的紧固件及电池等影响飞行安全的重要因素。在完全熟悉无人机操作前,应避免进行高空或远距离飞行,以减少不必要的风险。建议新手玩家在经验丰富的技术人员的指导下进行操作,切勿单独飞行。

任务描述

通过小组合作,完成塞斯纳固定翼无人机的试飞,并进行自评和互评。

任务实施

1. 首飞前

首先确定无人机的重心是否正常,确认无人机的重心点(无人机下方标有 CG 的点为中心点,如果没有 CG,则需要找卖家确认)。用两只手指分别顶在两边的重心点上,确认无人机是否能保持平稳;然后确认手动舵面和自稳反馈是否正确,如发生错误,请重新设置;最后确认电机是否可以正常启动,以及螺旋桨转向是否正确。

2. 首飞时

请使用手动模式,因为自稳模式输出较小,可能导致无人机起飞舵量不足,从而增加失控风险。手动模式可以更好地观察无人机的硬件状态,但需要一定的操作基础,若无相关经验,请在有经验的人员的指导下进行首飞。

首飞时,无人机会达到一定高度,在保持飞机平飞时,松开摇杆,观察无人机是否有低头或抬头现象,以及是否存在较大的姿态偏差。可以通过 OSD 地平线确认重心和自稳模式是否正常。如果自稳模式不稳定,请避免远距离飞行,以防止无人机在切换返航模式后无法保持姿态，从而导致坠机。在紧急情况下，请及时切换到手动模式。

首飞时请保证飞控中带有 FAT 格式的 SD 卡。新 SD 卡请先格式化再使用，否则无法储存参数，避免使用二手 SD 卡或品质较差的 SD 卡，以防止造成飞控异常。SD 卡可以储存参数，以便在发生意外时快速排查问题。

3. 首飞后

遇到不同问题时，请结合前文所述设置进行修正。如出现无人机低头情况，可按以下步骤进行修改。

（1）重新校对重心。通过增加配重或调整飞控安装布局来调整重心。

（2）检查 OSD，检查飞行速度是否满足平飞要求，如油门推满仍不满足，需考虑电机功率是否足够。

（3）飞控安装是否平行于无人机。如不平行，请及时调整飞控的安装角度。

新机首飞后，需确认无人机在自稳状态下不会低头或抬头，巡航速度足以使无人机做大幅度的姿态动作而不导致失速。检查硬件没问题后，可以打开这两种模式，让飞控根据飞机性能自动调整参数。建议将两个模式设在一个单独的通道中，避免与其他模式冲突。如图 6-109 所示可使用三段开关修改配置，以获得更优的操作体验。

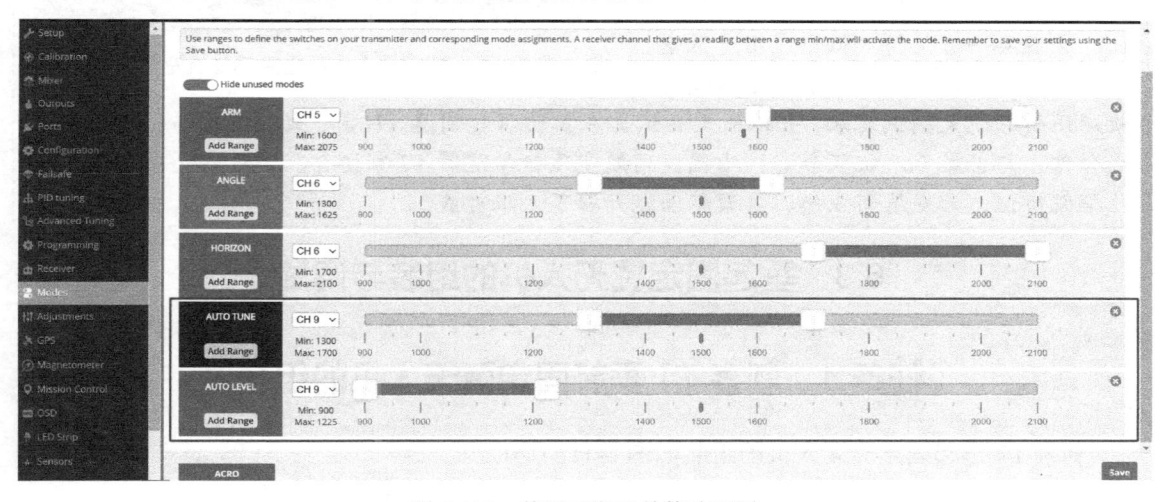

图 6-109　使用三段开关修改配置

测试完成后，请根据飞行体验修改配置，具体可参考上文的返航设置和巡航速度。有经验者可在 PID 界面进行调试。

使用模拟图传或高清图传的用户，具体设置可参考飞控说明书。

思考与改进

请与小组成员进行讨论，针对本次任务实施情况进行点评、分析和总结，并将改进意见填写在下方。

无人机组装与调试

课程思政

请阅读以下教学案例，结合本项目所学习的专业知识和技能，从社会主义核心价值观、民族精神和创新思维等方面，按照"三全育人"的要求，分析案例中所蕴含的社会责任感、民族自信和创新思维等思政元素。

低空游文成

2024年6月，温州市文成县完成了首次载人飞行的无人驾驶航空器演示，此次演示的亿航EH216-S航空器是获得型号合格证、生产许可证、标准适航证三大"通行证"的无人驾驶载人电动垂直起降航空器（eVTOL），如图6-110所示。其最大的特点是能够实现无人驾驶，乘客无需进行任何操作，航空器会根据预设航线，实现空中点对点飞行。

文成县一直坚持"低空应用是低空经济的核心"这一理念，致力于通过场景应用引领航天测试需求，并以航天测试需求推动研发制造。目前，文成县已与亿航智能达成合作，与世界无人机联合会、中国民用航空飞行学院等17家协会、高校和企业签订了合作框架协议，为发展新业态、集聚新动能开辟了无限可能。

图6-110　无人驾驶载人电动垂直起降航空器（eVTOL）

6.3　垂起固定翼无人机的组装与调试

任务4　刺客T1垂起固定翼无人机的组装

刺客T1垂起固定翼无人机的组装如图6-111所示。

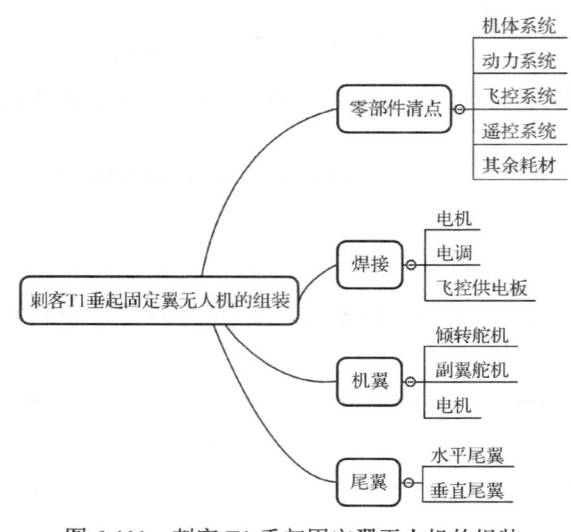

- 刺客T1垂起固定翼无人机的组装
  - 零部件清点
    - 机体系统
    - 动力系统
    - 飞控系统
    - 遥控系统
    - 其余耗材
  - 焊接
    - 电机
    - 电调
    - 飞控供电板
  - 机翼
    - 倾转舵机
    - 副翼舵机
    - 电机
  - 尾翼
    - 水平尾翼
    - 垂直尾翼

图6-111　刺客T1垂起固定翼无人机的组装

项目六　固定翼无人机的组装与调试

知识要点

垂起固定翼无人机基础知识

垂起固定翼无人机属于复合翼无人机，是一种结合了固定翼无人机和旋翼无人机特点的先进无人飞行器。这种无人机的设计通常包括一个可垂直起降（VTOL）或在低速时悬停的多旋翼系统，以及一个可在高速巡航时提供长航程和高效率的固定翼结构，如图6-112所示。

图6-112　垂起固定翼无人机

可通过以下几点进一步了解垂起固定翼无人机的基础知识。

（1）构造特点。垂起固定翼无人机通常有一个类似于传统无人机的机翼结构，用于在水平飞行时产生升力。同时，它还配有可垂直起降（VTOL）功能的旋翼系统，可以是多旋翼或者倾转旋翼等形式，以便于在没有跑道的地方实现起飞、降落及悬停。

（2）飞行模式转换。在垂直起降阶段，依靠旋翼系统提供向上的升力，使无人机如同直升机一样，能够在狭小的空间内起降。当达到预定速度后，旋翼系统可转换为推进模式或完全收折起，这时无人机依靠固定翼产生的升力进行平飞，从而获得更高的巡航速度和更长的续航时间。

（3）技术优势。该无人机结合了固定翼无人机的高速度、远航程、高效率与旋翼无人机可垂直起降的灵活性和低速操控性，通过智能化控制系统，能够在固定翼和旋翼两种飞行模式之间无缝切换，适应多种任务需求。

（4）技术挑战。该无人机设计难度大，需要平衡重量分布、动力系统布局及不同飞行模式下的气动特性。其控制系统的复杂性较高，要求具备精确控制旋翼姿态变化，以及实现飞行模式的平滑过渡的能力。垂起固定翼无人机代表了无人机技术的一个重要发展方向，旨在融合各类飞行器的优点，以应对更加多样化的使用场景和苛刻的任务条件。随着复合材料、电池能量密度、飞控系统和传感器技术的不断进步，垂起固定翼无人机的性能将进一步优化，包括更长的续航时间、更强的任务负载能力和更高的可靠性。未来，垂起固定翼无人机可能会与人工智能、5G通信、物联网等前沿技术深度融合，实现自主导航、智能识别和远程实时传输等功能，从而进一步拓宽应用边界。凭借其独特优势，垂起固定翼无人机不仅在现有领域具有广阔的应用空间，而且随着技术的不断发展，它将在未来的智慧城市管理、智能农业、防灾减灾等更多领域发挥重要作用。

任务描述

通过小组合作，将刺客T1固定翼无人机改装成刺客T1垂起固定翼无人机，完成整机组装，并进行自评和互评。

无人机组装与调试

🛠 任务实施

1. 准备工作，对照表 6-8 所示的刺客 T1 垂起固定翼无人机器材清单清点实训器材

表 6-8　刺客 T1 垂起固定翼无人机器材清单

部　件	零部件名称	规格或型号	数　量
机体系统	机身舱盖套件	2 片舱盖+把手+卡扣，EPP 材质	1
	机身	EPP 材质	1
	UBEC 快拆组件	PVC、电路板	1
	尾翼	EPP 材质	1
	尾管	碳纤维	1
	机翼	EPP 材质	2
动力系统	电调	FX-20A	1
	电机	FX-1806-2000KV	3
	电池	1550mAh 4S1P	1
	螺旋桨	乾丰 5126 桨	4
	倾转舵机	PVC	2
	倾转舵机固定座	PVC	2
	电机固定座	PVC	1
飞控系统	飞控	司南 SN-FAST 飞控，包含主控、转接板、独立信号线	1
	遥控接收机	Flysky 富斯 2.4G，14 通道 iBUS	1
	GPS	北天 BE-280	1
遥控系统	遥控器	富斯 10 通道 2.4 GHz	1
其余耗材	飞控黑色标准插头	与主飞控置于同一袋内	1
	单独信号线	替换 UBEC LED 灯 Y 线，连接倾转舵机	2
	滴胶沉头螺丝	M2×4	33
	桨固定螺丝	M2×8	8
	金插香蕉头（分公头和母头）	2.0	3 对
	舵角和舵角拉杆	PVC	6 对

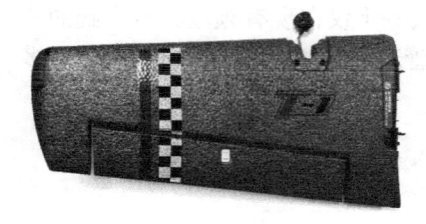

图 6-113　左侧机翼的电机固定座

2. 焊接电机、电调、飞控供电板等组件

（1）更换电机。

① 用 M2 内六角螺丝刀拆下刺客 T1 固定翼无人机左侧机翼的电机固定座，然后用电烙铁拆下固定翼上的 1404 电机，如图 6-113 所示。

② 在原来的位置上焊接好垂起固定翼无人机所需的 1806 电机。左侧机翼电机的三条线依次按顺序焊接，不要交叉，如图 6-114 所示。同理，完成右侧机翼电机的更换。

项目六　固定翼无人机的组装与调试

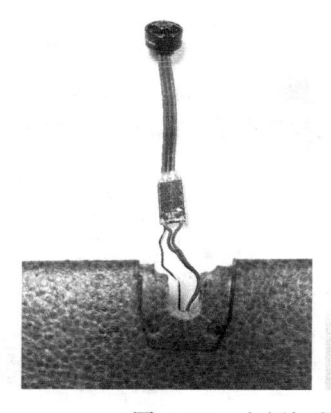

图 6-114　左侧机翼电机接线顺序

（2）焊接电调、电机。

① 取出 1 个电调和 3 个金插香蕉头母头。将金插香蕉头母头焊接到电调上，剪下略长于母头长度的黑色热缩管，将其套在母头上并用热风枪吹缩。剪下用于包覆电调主电路板的透明热缩管，用电烙铁熔化焊锡后拆下原来的白头信号线，更换成黑头标准插头。焊接完成后，套上透明热缩管，并用热风枪吹缩。

② 取出 1 个带有 250 mm 线的电机和 3 个金插香蕉头公头。将金插香蕉头公头焊接到电机线上，并套上黑色热缩管，用热风枪吹缩，电机和电调的成品如图 6-115 所示。

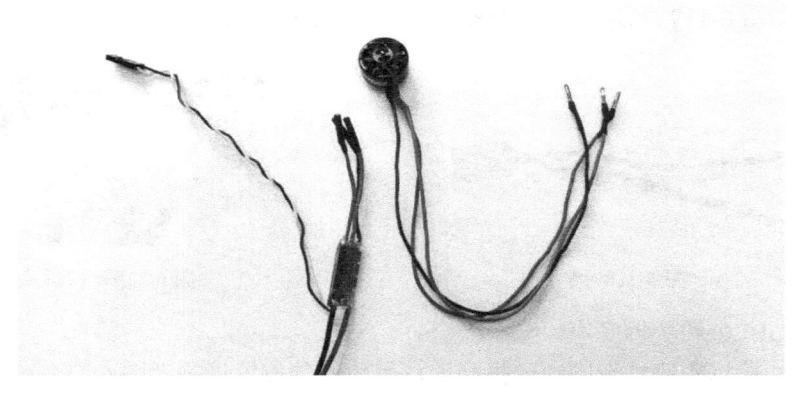

图 6-115　电机和电调的成品

（3）拆卸 UBEC 与快拆底座。

UBEC 的全称为"Ultimate Battery Eliminator Circuit"，中文直译为"终极电池消除器电路"，也称分电板。它主要应用于电池管理系统和电路设计中，旨在高效管理和转换电源，以延长电池寿命或提供稳定的电压输出。

取出无人机主体，拆下 UBEC 和快拆底座。UBEC 位于机体底部，用螺丝刀从上方将 4 个螺丝拆除。快拆底座位于机体两侧，用螺丝刀从侧面边孔插入，拆下快拆底座，如图 6-116 所示。

（4）焊接 UBEC 与飞控供电板。

① 将电调的电源线对半剪短，然后焊接到 UBEC 上。使用电烙铁将 UBEC 上原本焊好的黄色电源插头的焊锡融化并取下。将电调的另外半截电源线焊接至 UBEC 原来的黄色电源插头位置，注意红线与黑线的对应位置。

213

② 取出 SN-FAST 飞控的供电板，将刚才拆下的黄色电源插头焊接到飞控供电板的电源输入位置，再将分电板的电源线焊接到飞控供电板的输出端，在焊接过程中应确保焊点牢固，避免短路或接触不良。焊接 USBEC 与飞控供电板的成品如图 6-117 所示。

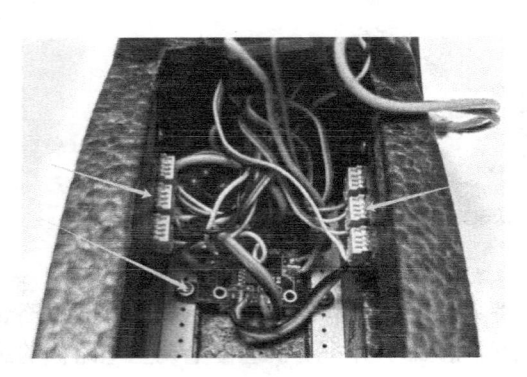

图 6-116　UBEC 和快拆底座位置 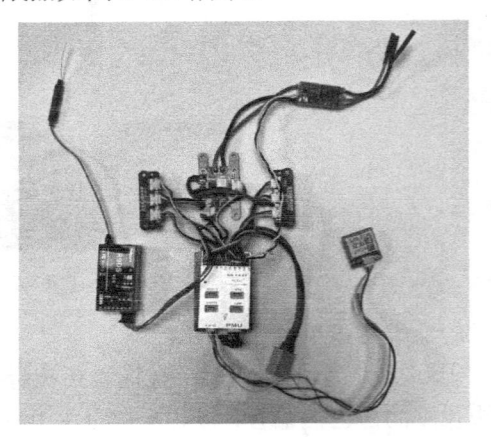　　　　图 6-117　焊接 UBEC 与飞控供电板的成品

3. 安装飞控

（1）安装信号线。

垂起固定翼改装思路是将 LED 改装成倾转舵机。用一根 Y 线（如图 6-118 所示）连接两个快拆底座（如图 6-119 所示）的 LED 插口，后续 LED 的功能将由倾转舵机替代。

图 6-118　Y 线 　　　　图 6-119　快拆底座

（2）装回 UBEC 和快拆底座。

将 UBEC 和快拆底座重新固定到机身上，具体安装位置请参考图 6-116。

（3）安装飞控。

① 取出飞控主控和飞控转接板。在主控背面贴上双面胶，按图 6-120 所示的方向将飞控贴在飞控转接板上。

② 将供电板插头插到飞控主控上，撕下供电板背部的双面胶，将其他导线整理到周围，并将供电板黏贴到 UBEC 上。最终效果如图 6-121 所示。

图 6-120　飞控贴在飞控转接板上 　　　　图 6-121　安装供电板和飞控到机身上

③ 安装完飞控以后，按图 6-122 和表 6-9 所示连接线材插头。

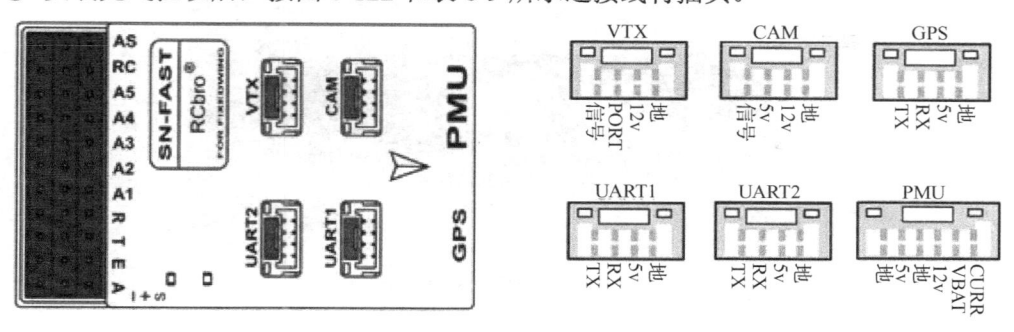

图 6-122　飞控各通道接线示意图

表 6-9　飞控各通道接线

设 备 接 口	飞 控 接 口
舵机 SERVO R/右	A5
舵机 SERVO L/左	A4
REAR/后电机	A3
RIGHT/右电机	A2
LEFT/左电机	A1
UBEC 5V IN	R
ELE/升降	E
AIL/副翼	A
SBUS 接收机	RC

（4）安装 GPS 与顶盖。

① 连接好线材插头后，开始安装 GPS。首先将线材从前孔导入，然后将 GPS 插头插到飞控上标有 GPS 位置的插口中，并将 GPS 模块黏贴到机身前部的平台上，最终效果如图 6-123 所示。

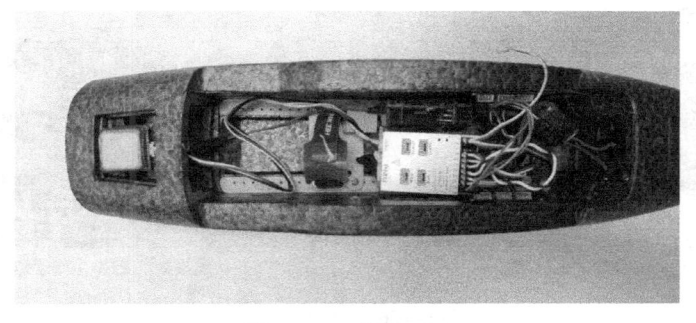

图 6-123　安装 GPS

② 取出两片塑料顶盖，在塑料顶盖的四个角上涂抹胶水，按照相应形状将其黏贴到机身前后的凹槽中，成品如图 6-124 所示，至此飞控和机身安装完成。

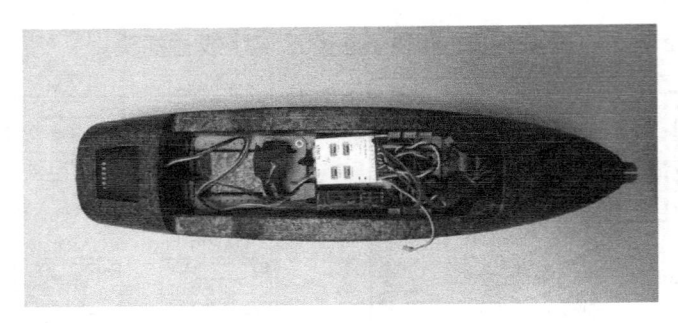

图 6-124 安装塑料顶盖

4. 改装机翼

（1）取出快拆插头的 LED 信号线。

① 垂起固定翼改装思路是通过将 LED 改装成倾转舵机实现改装。因此，需要拆下机翼的快拆插头（如图 6-125 所示），并取出 LED 信号线。

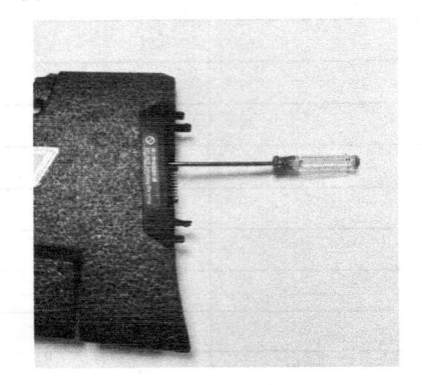

图 6-125 拆下机翼的快拆插头

② 拆下翼尖处的 LED 线，并从翼根处的 LED 接口拆下 LED 线。通过拆卸以上两侧接口，将 LED 线取出，如图 6-126 所示。左、右两侧机翼的操作方法一致。

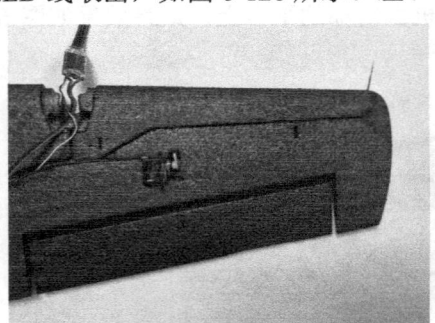

（a）拆下左翼尖反面的 LED 线　　　　（b）从翼根处的 LED 接口拆下 LED 线

图 6-126 取出 LED 线

（2）安装倾转舵机。

① 取出 2 套倾转舵机套组，分别安装在左、右机翼上。每套包括 1 个倾转舵机、1 组摇臂、1 组倾转舵机固定座和 1 对盖板（上盖板和下盖板）。图 6-127 所示为左机翼倾转舵机套组。

② 安装上盖板。用螺丝将上盖板固定到倾转舵机上。安装两侧机翼的倾转舵机时，要求输出齿均朝外，即左机翼倾转舵机安装在上盖板时，输出齿向左，如图 6-128 所示。同理，右侧上盖板安装倾转舵机时，输出齿向右。

图 6-127　左机翼倾转舵机套组

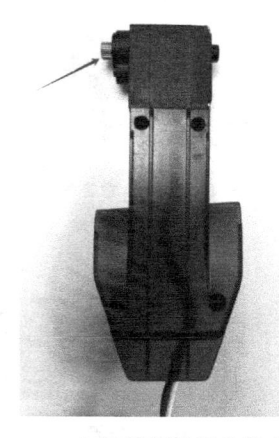

图 6-128　左机翼倾转舵机输出齿示意图

③ 如图 6-129 所示，将安装好上盖板的倾转舵机安装到机翼上，线材穿过线槽，插入翼根的 LED 插口上（如图 6-126（b）所示的位置）。将电调线埋入线槽中，电调用上、下盖板覆盖，并拧紧螺丝，固定下盖板。最后将快拆插头重新装回翼根，并锁紧螺丝。

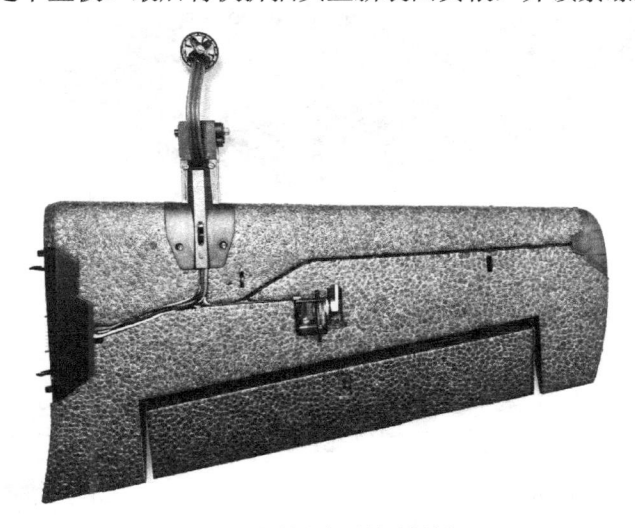

图 6-129　安装左机翼倾转舵机

（3）安装倾转舵机固定座。

① 取出如图 6-130 所示的一组摇臂和一组电机固定座，以及若干配套螺丝。

图 6-130　摇臂与电机固定座

② 安装电机固定座。使用4个螺丝将电机与电机固定座固定在一起，如图6-131所示。

③ 将安装好的电机固定座与副摇臂进行固定，如图6-132所示。舵机的摇臂将通过飞控的行程校准确定其准确位置。

图 6-131　安装电机固定座　　　　图 6-132　安装舵机副摇臂

两侧机翼的改装操作方法一致。至此，两侧机翼完成改装，最终效果如图6-133所示。

图 6-133　两侧机翼改装完成效果

5. 安装尾翼

（1）安装尾管与尾翼（水平尾翼与垂直尾翼）。

① 长尾管螺丝孔朝后，将线插入尾管中，如图6-134所示。

② 将尾管插入水平尾翼，并对齐螺丝孔，如图6-135所示。

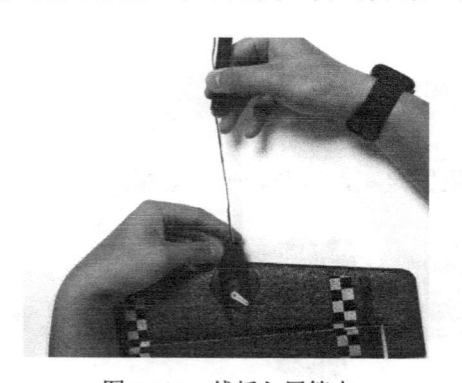

图 6-134　线插入尾管中　　　　图 6-135　尾管插入水平尾翼

③ 先将垂直尾翼插入尾管中，然后翻至水平尾翼底部，将长螺丝塞入螺丝孔并拧紧。同

时，将小螺丝拧入相应位置，结果如图 6-136 所示。

（2）安装尾部电机。

① 将电机安装在电机固定座上，如图 6-137 所示。

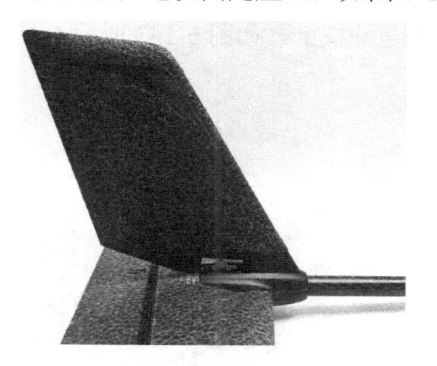

图 6-136　垂直尾翼插入尾管中 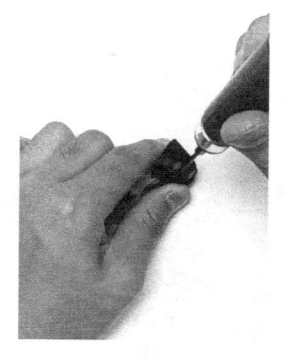　　　　图 6-137　将电机安装在电机固定座上

② 整理导线。首先将尾管中的舵机线穿入管套，接着将电机固定座安装在尾管的中间偏后位置，并拉出电机线，如图 6-138 所示。最后将 3 根电机线依次穿过小孔，并从尾管的另一侧全部拉出，如图 6-139 所示。

图 6-138　安装电机固定座并整理导线 　　　　图 6-139　拉出电机线

③ 当 3 根线全部埋入线槽后，便可以在电机固定座上安装螺丝固定电机固定座，如图 6-140 所示。

尾部电机的三根线需要先穿过碳纤维管，然后插入机身。线材整理如图 6-141 所示。

图 6-140　固定电机固定座 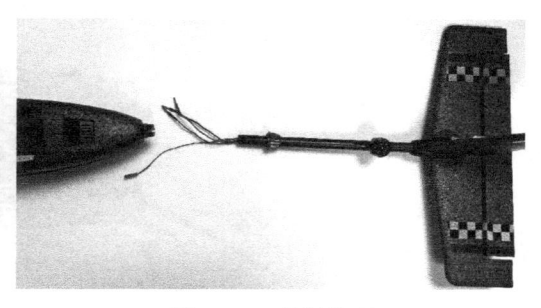　　　　图 6-141　线材整理

（3）校准尾部电机。

将螺旋桨套在电机上，确保与尾管成 90°，并与水平尾翼平行。从尾翼后方观察电机是否为水平安装。校准电机到水平安装后，紧固电机固定座的螺丝，然后将螺旋桨拆下。至此，尾

部安装完成，如图 6-142 所示。

6. 安装整机

（1）安装电池板与电池。

① 取出电池板和电池绑带，将电池绑带系到电池板上，如图 6-143 所示。

图 6-142　尾部安装完成　　　　　　图 6-143　将电池绑带系到电池板上

② 通过 4 个螺丝将电池板固定到机身的主体内，并装入电池，如图 6-144 所示。

（2）安装碳杆和机翼。

将碳杆穿过机身，并卡紧左右机翼，如图 6-145 所示。

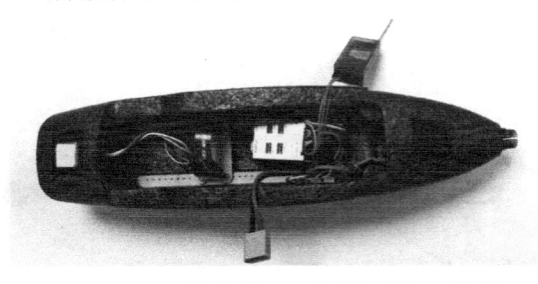

图 6-144　将电池板固定到机身的主体内　　　　图 6-145　安装碳杆和机翼

（3）安装遥控接收机。

将 SBUS 遥控接收机插到飞控的 RC 接口中。遥控接收机上的杜邦线应横向插在底部的最右侧，如图 6-146 所示。

图 6-146　安装遥控接收机

请根据任务完成情况填写表6-10。

表6-10　刺客T1垂起固定翼无人机组装实训任务评价单

姓名：		分数：	
考核内容		配　分	得　分
职业素养	（1）设备、工具及材料清点	1.25	
	（2）操作安全	1.25	
操作规范	（1）拆除1404电机，焊接1806电机	5	
	（2）金插香蕉头公头焊接至带有250 mm线长的电机上，金插香蕉头母头焊接至电调上	5	
	（3）拆卸UBEC，将UBEC上原本已焊好的黄色电源插头用电烙铁融化焊锡取下，将电调的电源线对半剪短后焊接到UBEC上；将电调的另外半截电源线焊接至UBEC原来的黄色电源插头位置	5	
	（4）黄色电源插头焊在飞控供电板电源输入位置，分电板的电源线焊在飞控供电板的输出端	5	
	（5）一根Y线连接两个快拆底座的LED插口	5	
	（6）装回UBEC和快拆底座，安装飞控	5	
	（7）连接线材插头	5	
	（8）安装GPS天线与顶盖	5	
	（9）取出快拆插头LED信号线，安装倾转舵机和电机固定座，倾转舵机摇臂调试后再安装	5	
	（10）安装尾管、水平尾翼与垂直尾翼	5	
	（11）安装尾部电机并校准位置	5	
	（12）安装电池板与电池	5	
	（13）安装碳杆和机翼	5	
	（14）安装遥控接收机	5	
	（15）安装无人机尾部并完成电机接线	5	
	（16）妥善排布机身内部元件并安装舱盖	5	
	（17）安装螺旋桨、舵角和舵角拉杆	5	
	（18）安装起落架	5	
检查事项与注意事项	（1）焊接准备的第一步，检查换上的1806电机焊线顺序是否出错，是否铺平依次焊接，不重叠或交叉	1	
	（2）焊接准备的第四步，要注意对半剪开的电源线，检查红线和黑线焊接位置是否出错	1	
	（3）焊接准备的第五步，将黄色电源插头焊接到飞控供电板输入端，且将分电板的电源线焊在飞控供电板的输出端时，检查正负极是否出错	1	
	（4）飞控安装的第三步，检查飞控插线是否正确	1	
	（5）机翼改装的第三步，检查是否错误安装了倾转舵机的摇臂	1	
结束工作	（1）清点工具和设备	1.25	
	（2）清扫现场	1.25	

思考与改进

请与小组成员进行讨论,针对本次任务实施情况进行点评、分析和总结,并将改进意见填写在下方。

任务 5　刺客 T1 垂起固定翼无人机的调试

任务描述

通过小组合作,完成刺客 T1 垂起固定翼无人机的调试,并进行自评和互评。

任务实施

1. 准备工作

(1) 软件安装。请确保电脑已经安装调参软件及驱动。首先安装 CH340SER.EXE 驱动,然后安装 SN_GCS_V70.exe 调参软件,安装完成后点击 图示,打开调参软件,调参软件界面如图 6-147 所示。

图 6-147　调参软件界面

项目六　固定翼无人机的组装与调试

（2）注意不要安装倾转舵机的舵臂，若已安装请拆下。

（3）遥控器与遥控接收机完成对码。本次实训使用乐迪 AT9S 遥控器。对码步骤如下：先打开遥控器，然后给遥控接收机通电，接着用一根细棍按对码开关 1～2 s，遥控接收机指示灯闪 8 次左右后停止闪烁，表示对码成功。

2. 飞控连接 PC

给无人机通电时，先将电池连接到电源接口，待无人机完成自检后（表现为倾转舵机和操纵面舵机停止摆动），通过数据线将飞控主控侧面的 TYPE-C 接口与 PC 的 USB 接口连接。在软件界面的右上角串口处选择一个接口（如 COM3），波特率默认为 115200，点击"连接"按钮，如图 6-148 所示。当黄底的"连接"按钮变为绿底的"断开"按钮时，表示飞控连接成功。

图 6-148　接口与波特率设置

3. 舵机输出设置

（1）点击软件界面左侧列表中的"舵机输出"按钮，在"舵机中位与方向"条目下，勾选副翼和 A5 后的方框，如图 6-149 所示。

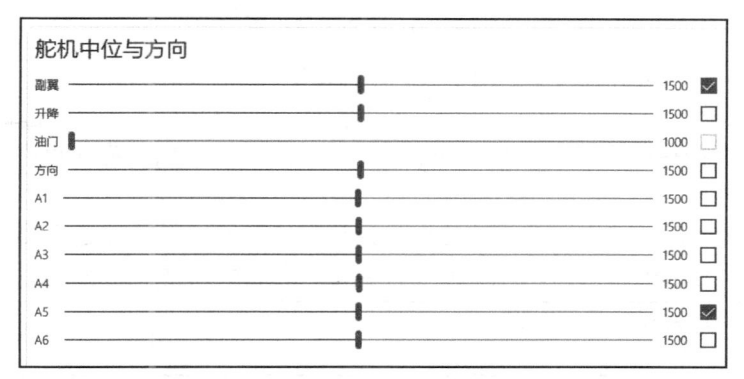

图 6-149　舵机中位与方向通道选择

（2）如图 6-150 所示，在"舵机行程"条目下，将 A4 和 A5 左边设置为 750，右边设置为 2250。

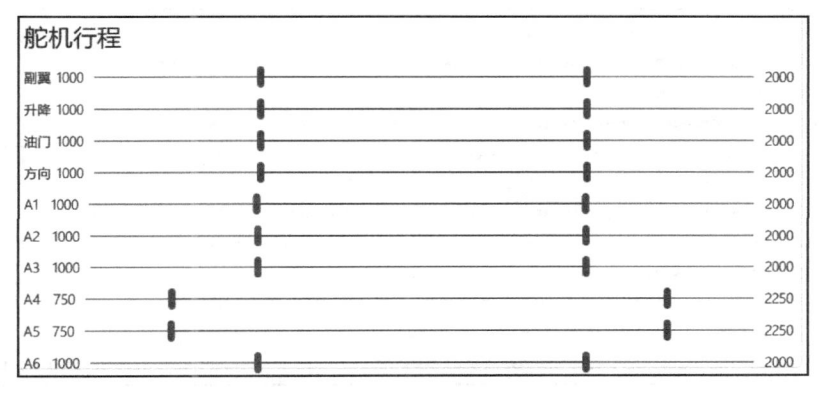

图 6-150　舵机行程设置

（3）如图 6-151 所示，在"AUX 功能设置"（辅助通道功能设置）条目下，将 A1~A6 全部设置为 CLOSE。

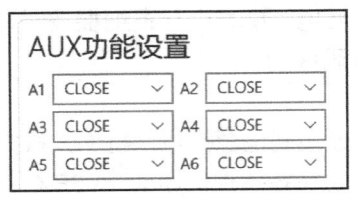

图 6-151　关闭所有 AUX 通道

（4）如图 6-152 所示，在"输出控制频率"条目下，将频率设置为 200 Hz。

图 6-152　输出控制频率设置

（5）如图 6-153 所示，在"电机差速"条目下，将电机差速设置为 10。

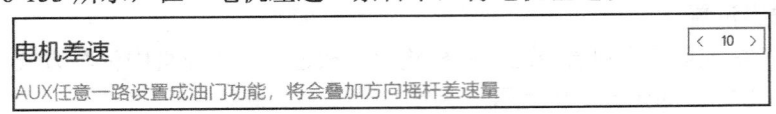

图 6-153　电机差速设置

当全部设置完成后，点击右上角的"保存"按钮。

4. 遥控器设置

（1）取出与遥控接收机完成对频后的遥控器，然后在调试软件界面点击"遥控器"按钮，进入遥控器调试界面。

（2）如图 6-154 所示，在"遥控器行程"条目下，对遥控器行程进行校准。点击"开始"按钮，然后保持油门为 0，将副翼摇杆缓慢移动到左、右的最大位置，完成后点击"停止"按钮。

图 6-154　遥控器行程设置

（3）查看副翼行程条，将副翼摇杆从中位缓慢移动到左、右的最大位置后，观察行程条变化区间是否与图 6-155 所示的"遥控器行程"条目下的数字一致，如一致则进行下一步。

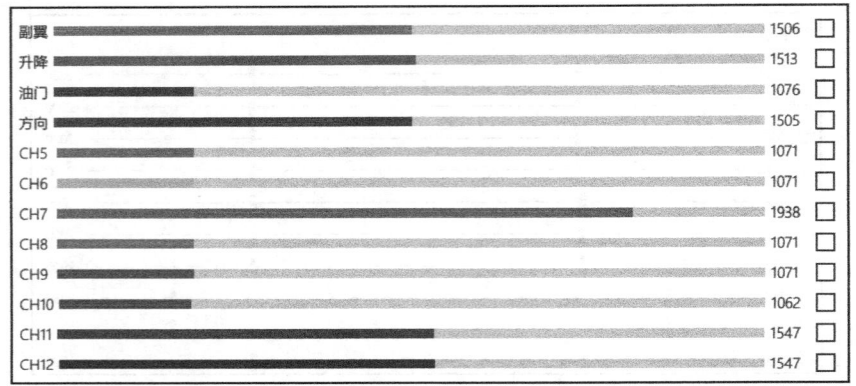

图 6-155　查看副翼行程条

（4）在"飞行模式"条目中，点击右侧的"回家"字样，如图6-156所示。在出现的窗口中，将"主模式通道"设置为"CH5"，将"从模式通道"设置为"CH6"，将"主模式1、2、3"分别设置为"回家、自稳和垂起"。若对该无人机不够熟悉，可先不设置从模式通道，只设置主模式通道即可，如图6-157所示。设置完成后点击空白处退出，然后点击右上角的"保存"按钮。

图 6-156　打开飞行模式设置窗口

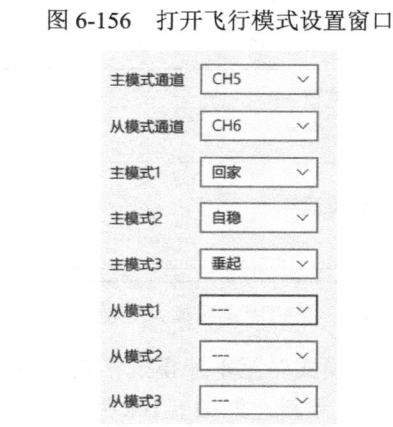

图 6-157　设置主模式通道

5. 垂直起降设置

（1）如图6-158所示，在"机型"条目中将机型设置为Y3。

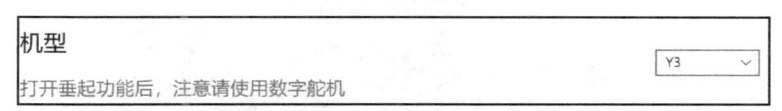

图 6-158　机型设置

（2）如图6-159所示设置操纵敏感度，将横滚感度和俯仰感度调整为0.0024，将俯仰、横滚的外环感度调整为5，然后点击"保存"按钮。

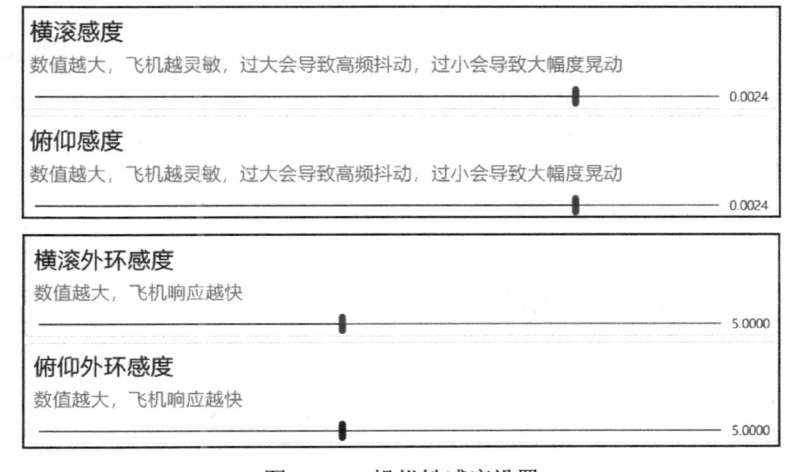

图 6-159　操纵敏感度设置

（3）安装舵臂。安装倾转舵机的舵臂有一个小技巧，即不要一次性将其安装至水平位置，否则机头左、右舵机固定翼模式位置已经达到2500，无法再进行调节。舵臂初始状态侧视图如图6-160所示。因此，安装时可以将倾转舵机略向下倾斜，再到调参软件中将最大值2500一点点减小，如图6-161所示，直到舵机中轴线位置达到水平。需要注意的是，每调节一次需点击一次右上角的"保存"按钮。

图6-160 舵臂初始状态侧视图

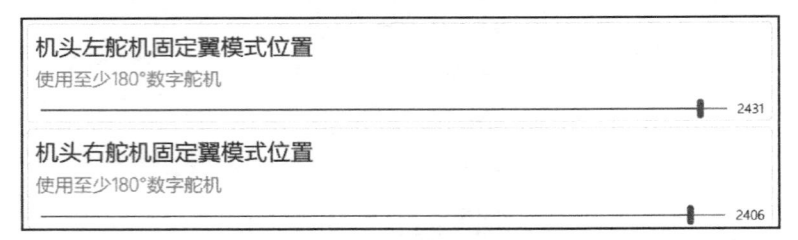

图6-161 舵机固定翼模式位置参数设置

（4）将遥控器CH5通道的飞行模式调至垂起模式（软件界面左上角的灰色字显示垂起），此时左、右机翼的电机中轴应略向前倾斜，如图6-162所示。

图6-162 垂起模式无人机状态

（5）调整机头左、右舵机多轴模式位置。从2500的最大值一点点减小，如图6-163所示，直到舵机中轴线位置达到垂直。需要注意的是，每调节一次需点击一次右上角的"保存"按钮。右侧舵机中轴线位置达到垂直时的状态如图6-164所示。重复以上步骤，对左侧的倾转舵机进行调整，如图6-165所示。调整得越准确，垂起固定翼无人机越容易控制。

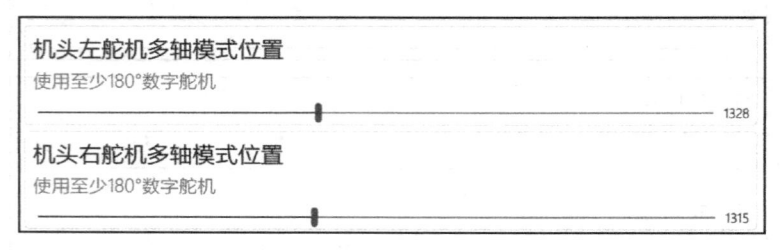

图6-163 舵机多轴模式位置参数设置

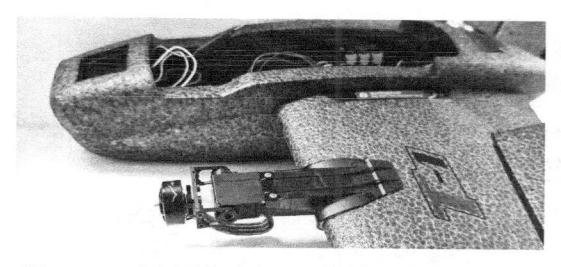

项目六　固定翼无人机的组装与调试

图 6-164　右侧舵机中轴线位置达到垂直时的状态 　　　　图 6-165　左侧舵机中轴线位置达到垂直时的状态

6．传感器设置

在进行校准前，确保飞控完全水平放置，可以使用水平尺辅助放平飞控。将飞控放平后，在如图 6-166 所示的"校准水平"条目下，点击"长按确认"按钮，直至该按钮完全变为红色。随后点击右上角的"保存"按钮。

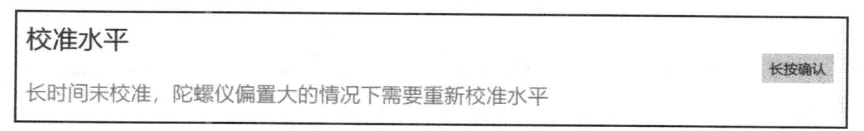

图 6-166　校准水平

7．油门行程校准

断开飞控与电脑的连接数据线，如果电池已连接，请将其取下。保持遥控器开启，将油门舵推到最高位置后接上电池，听到"滴滴"两声提示音时，将油门推到最低位置。等待音乐结束，代表自检通过，油门行程校准完毕。

8．垂起固定翼无人机解锁

将遥控器 CH5 通道的飞行模式调至垂起模式，然后将遥控器左摇杆推到右下角，并保持 8~10 s 以解锁无人机（注意：只能在垂起模式下解锁），三个电机将依次启动，表示无人机已成功解锁。

9．电机转向测试

在垂起模式下解锁后，将油门推到约 70% 的位置，检查电机转向。从俯视角度观察左侧机翼电机转向应为顺时针，右侧机翼电机转向应为逆时针，机尾电机转向应为顺时针，如图 6-167 所示。

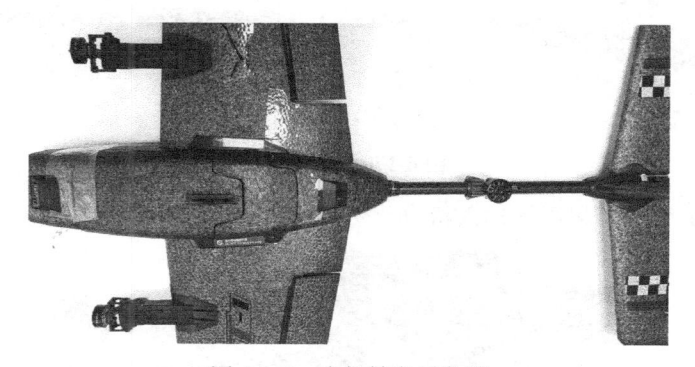

图 6-167　电机转向示意图

在电机运动时，通过 CH5 通道将飞行模式在固定翼模式和垂起模式之间进行切换，若能成功反复切换，则表明刺客 T1 垂起固定翼无人机的调试全部完成。

227

10. 安装整机

（1）安装倾转舵机主摇臂。

① 打开遥控器并给无人机通电，将飞行模式切换到固定翼模式。在该模式下，将倾转舵机的摇臂安装到舵机上。安装过程中始终保持舵臂朝前，如图 6-168 所示。

（a）主摇臂位置俯视图　　　　（b）主摇臂位置侧视图

图 6-168　主摇臂固定翼模式位置示意

② 固定好两侧的电机座。将飞行模式切换到垂起模式，如图 6-169 所示。检测正常后将无人机断电并关闭遥控器。

图 6-169　将飞行模式切换到垂起模式

（2）安装无人机尾部。

① 如图 6-170 所示，将线材穿入红色螺母，再穿入机身。

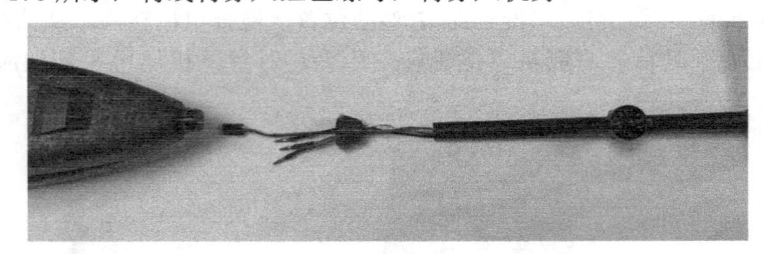

图 6-170　穿入线材

② 如图 6-171 所示，将尾管插入机身，然后拉出电源线，最后拧紧红色螺母。

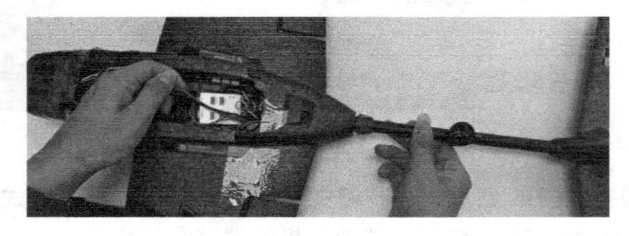

图 6-171　拉出电源线，拧紧红色螺母

③ 如图 6-172 所示，将尾舵机线插入飞控的升降通道，注意不要插错位置。

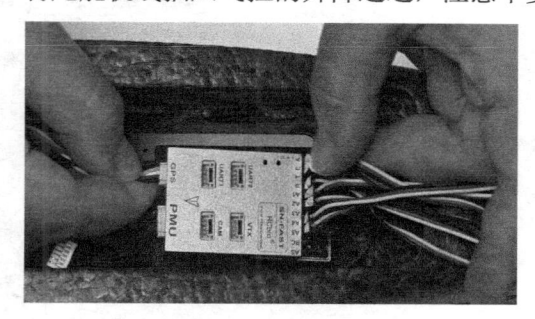

图 6-172　飞控的升降通道位置

④ 如图 6-173 所示，在无桨状态下将电机线插入电调，检查电机旋转方向是否正确，如果不正确，任意调换两根电机线以更改电机旋转方向。

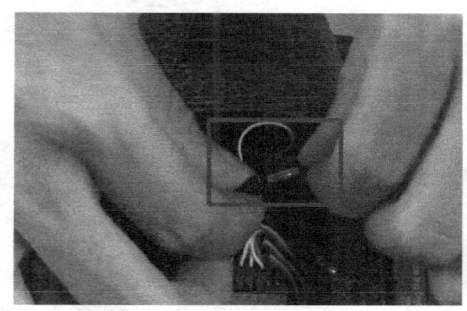

（a）电机线插入电调　　　　　　（b）无桨确认电机转向

图 6-173　在无桨状态下检查电机旋转方向

（3）安装舱盖。

① 舱盖安装所需配件如图 6-174 所示，分别是 2 片舱盖、1 个舱盖把手和 1 个方形卡扣。首先确保机身内部的各元件整理妥当，如图 6-175 所示。特别注意飞控装置一定要与机体保持水平。同时，合理布置线材，确保机身内部空间利用得当且布线整齐。

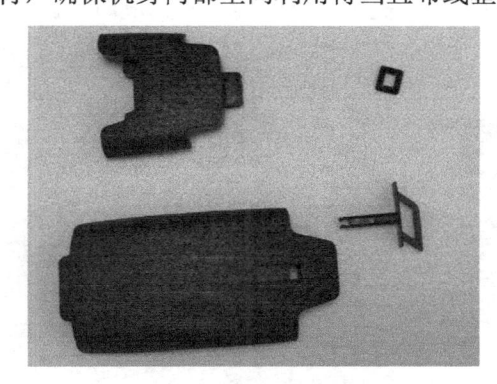

图 6-174　舱盖安装所需配件

② 将舱盖把手插入大片舱盖的开口处，然后反过来用方形卡扣将其固定。如图 6-176 所示，安装好两片舱盖。

无人机组装与调试

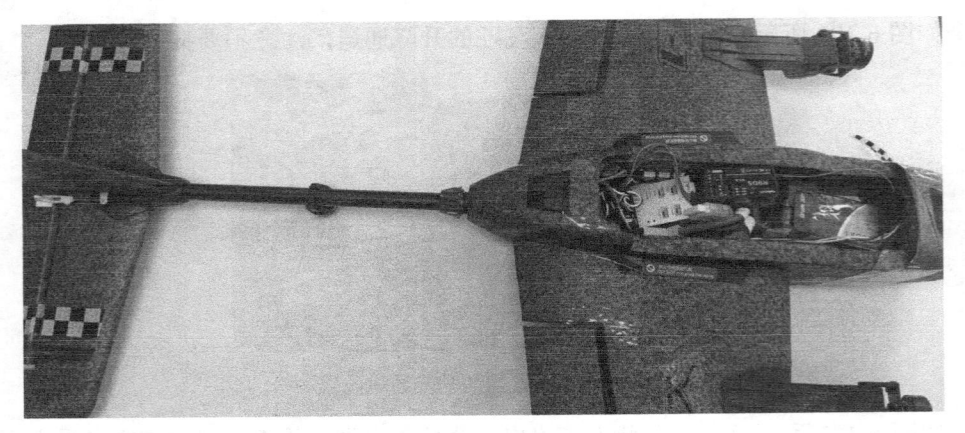

图6-175 机身内部各元件排布

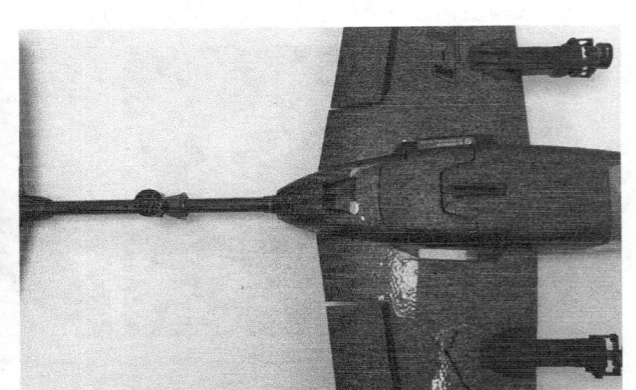

（a）手指插入舱盖开口　　　（b）舱盖安装完成效果图

图6-176 安装舱盖

（4）安装螺旋桨。

按图6-177所示的朝向安装螺旋桨。在俯视角度观察，左侧机翼电机的转向应为顺时针，右侧机翼电机的转向应为逆时针，机尾电机的转向应为顺时针。

图6-177 安装螺旋桨

（5）安装舵角和舵角拉杆。

① 将银色拉杆拧入拉杆夹头，拉杆组装最终效果如图6-178所示。

230

② 在如图 6-179 所示位置安装舵角。

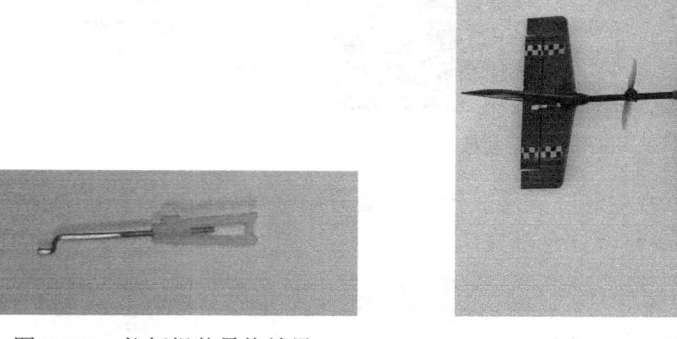

图 6-178 拉杆组装最终效果

图 6-179 舵角安装位置

③ 借助遥控器和飞控确认舵机中点。依次为遥控器和舵机通电，然后将飞行模式切换到手动模式，此时舵机处于中立位置，按图 6-180 到图 6-181 所示，将 3 个拉杆依次装到舵机上，安装效果如图 6-182 所示。

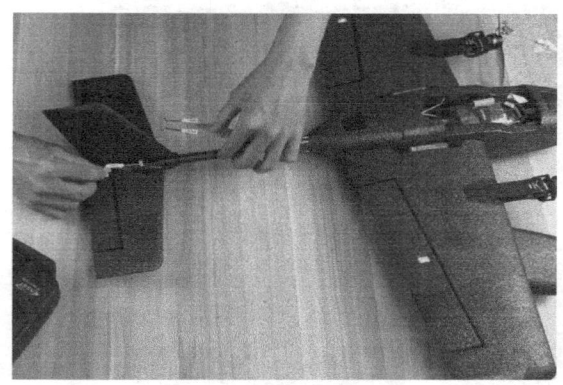

（a）安装尾部拉杆　　　　　　　　（b）安装机翼拉杆

图 6-180 安装尾部拉杆与机翼拉杆

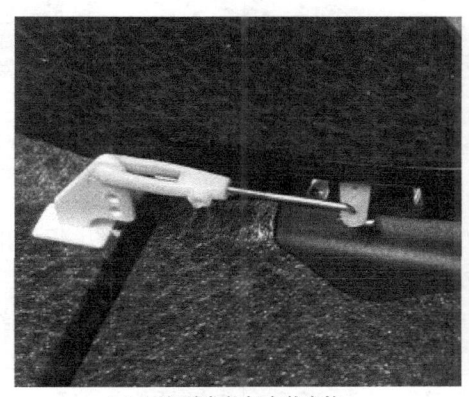

（a）尾部舵角拉杆安装完毕　　　　　　　　（b）机翼舵角与拉杆安装完毕

图 6-181 舵角与拉杆安装完毕

图 6-182　舵角与拉杆安装完毕效果图

④ 完成上述步骤后断开电源，关闭遥控器，随后贴上装饰贴纸，按图 6-183 所示，安装好起落架。至此，整机安装与调试全部完成。

（a）整机正面

（b）整机侧面无桨固定翼模式　　　　　　　　（c）整机侧面有桨垂起模式

图 6-183　整机安装完成

注意事项及操作要点有以下几项。

① 焊接电机、电调、飞控供电板等组件的步骤（1），在更换 1806 电机时，焊线顺序必须正确，确保焊线铺平且依次焊接，避免重叠或交叉。

② 焊接电机、电调、飞控供电板等组件的步骤（4），要注意对半剪开电源线，红线和黑线焊接位置不得出错。

③ 焊接电机、电调、飞控供电板等组件的步骤（5），将黄色电源插头焊接到飞控供电板的输入端，以及将分电板的电源线焊在飞控供电板的输出端时，正负极不得出错。

④ 飞控安装的步骤（3），飞控插线时要细心，不得插错位置。

⑤ 机翼改装的步骤（3），倾转舵机的摇臂先不要安装，必须在最后通过飞控的行程校准，找到舵机的准确位置后再安装，否则很容易导致舵机卡死，进而损坏舵机。

⑥ 只能在垂起模式解锁垂起固定翼无人机。

请根据任务完成情况填写表 6-11。

表 6-11　刺客 T1 垂起固定翼无人机调试实训任务评价单

姓名：		分数：	
考核内容		配　分	得　分
职业素养	（1）调参软件安装材料清点	7	
	（2）操作安全	8	
操作规范	（1）安装驱动与调参软件	5	
	（2）遥控器与遥控接收机对码	5	
	（3）飞控连接个人电脑	5	
	（4）完成舵机输出设置，要求依次完成舵机中位与方向、舵机行程设置、AUX 功能设置、输出控制频率和电机差速的设置	5	
	（5）完成遥控器设置，包括遥控器行程与飞行模式设置	5	
	（6）完成垂直起降设置，包括机型、感度设置与舵臂安装	5	
	（7）完成传感器设置	5	
	（8）完成油门行程校准	5	
	（9）完成垂起固定翼无人机解锁，并测试电机转向	5	
检查事项与注意事项	（1）安装调参软件并检查启动前是否安装驱动	6	
	（2）是否先观察到副翼行程条变化区间与"遥控器行程"条目下的数字一致，再进行后续步骤	6	
	（3）是否做到不直接将倾转舵臂安装到水平位置而是略微向下倾斜	6	
	（4）是否只在垂起模式解锁无人机	6	
	（5）电机转向测试时是否注意保持无桨调试	6	
结束工作	（1）清点工具和设备，关闭计算机	5	
	（2）清扫现场	5	

思考与改进

请与小组成员进行讨论，针对本次任务实施情况进行点评、分析和总结，并将改进意见填写在下方。

无人机组装与调试

课后习题

1. 请将固定翼无人机以下部件用线正确连接：发动机、IMU、起落架、螺旋桨、水平尾翼。（ ）

   A. IMU—发动机　　　　B. 发动机—螺旋桨　　　　C. 起落架—水平尾翼

2. 常规固定翼无人机飞行的主操纵面有（ ）。

   A. 副翼、升降舵、方向舵、调整片

   B. 副翼、升降舵（或全动平尾）、方向舵

   C. 副翼

3. 常规固定翼无人机飞行的辅助操纵面有（ ）。

   A. 副翼、升降舵、方向舵、调整片

   B. 缝翼、襟翼、调整片、全动平尾

   C. 缝翼、襟翼、调整片

4. 下列对常规布局固定翼滚转、偏转、俯仰的操作原理描述正确的是？（ ）

   A. 左压杆，左副翼下偏，右副翼上偏，左机翼升力减小，右机翼升力增加

   B. 右压杆，左副翼上偏，右副翼下偏，左机翼升力增加，右机翼升力减小

   C. 右压杆，左副翼下偏，右副翼上偏，左机翼升力增加，右机翼升力减小

5. 多旋翼飞行器螺旋桨从结构上说，更接近于（ ）。

   A. 风力发动机叶片　　　　B. 直升机旋翼　　　　C. 固定翼飞机螺旋桨

6. 下列关于垂起固定翼无人机的说法错误的是（ ）。

   A. 垂起固定翼不需要起飞跑道，扩展了可用起降场地

   B. 垂起固定翼的航速一般快于同条件同全重的多旋翼无人机

   C. 垂起固定翼无人机续航力一般长于同条件同全重的固定翼无人机

7. 下列关于倾转旋翼（矢量推进）eVTOL 的说法错误的是（ ）。

   A. 相比垂起固定翼，自重较轻

   B. 机械结构复杂，但同时带来高悬停效率

   C. 旋翼倾转过程易出现危险

8. 安装倾转舵机的舵臂时可以一次性安装到水平位置吗？若可以则阐述理由，若不可以则说明正确安装方式。

9. 焊接机翼上的 1806 电机时，如何保证三根电机线的顺序正确，以避免电机反转。若安装不当导致反转，应如何调节。

234

项目七 无人直升机的组装与调试

📦 知识目标

1. 了解无人直升机的基本构造和组件：学习无人直升机的各个部件，如飞行控制器、电机、螺旋桨、电池、遥控器等，以及它们之间的连接方式；
2. 学习飞行控制系统的配置和调试：了解飞行控制器的功能和参数设置，学习如何将其与遥控器进行配对，并进行校准和调试，以确保飞行稳定性和操控性能；
3. 学习飞行前的检查和测试：掌握对无人直升机进行预飞检查的方法，包括检查电池电量、校准陀螺仪、检查电机和螺旋桨的转动等。

🚀 技能目标

1. 能够对不同的无人直升机部件（如飞行控制器、电机、螺旋桨等）进行识别，理解其功能和相互之间的连接方式；
2. 了解飞行控制器的配置参数和调试方法，能够正确设置控制器并对其进行校准和调试；
3. 与团队成员或老师进行有效沟通，分享进展和请求帮助；同时能够在团队环境中协作，合作完成任务。

🚩 素质目标

对于无人直升机这样的高风险设备，具备高度的责任心和细致的注意力是至关重要的。在组装和调试过程中，要仔细检查每个部件的安装和连接，确保其正确性和可靠性。在组装和调试无人直升机过程中，难免会遇到各种问题和挑战。培养解决问题的能力，包括分析问题、制定解决方案并采取适当的行动，对于顺利完成任务至关重要。

📖 课程思政

思政·铸魂

请阅读以下教学案例，结合本项目所学习的专业知识和技能，从社会主义核心价值观、民族精神和创新思维等方面，按照"三全育人"的要求，分析案例中所蕴含的社会责任感、民族自信和创新思维等思政元素。

> 2008年汶川地震时，交通全部中断，车辆无法进入灾区。物资的运输和伤员的转移都需要直升机。尽管当时已经调用了国内外可以利用的所有直升机，但仍暴露出一些问题。

无人机组装与调试

首先，直升机数量严重不足。面对汶川大地震这样的大型灾害，至少需要 500 架以上的中大型直升机，而当时中国只有直 8 型直升机，还存在不配适的问题；其次，能够适应高原地形的直升机数量有限。在天气好的情况下，经验丰富的飞行员尚可执行任务，但在天气恶劣的情况下，飞行几乎无法进行。

灾区通信中断，大量地震监测站被毁，前方情况不明。当救援队伍全力打通从都江堰到汶川的公路后，才发现北川地区是另外一个重灾区。由于缺乏无人直升机提供的实时信息，救援人员只能靠中国伞兵的目测判断，大概确定伤亡地点后便携带救援包跳伞施救。如果当时有无人直升机，救灾人员能够及时了解灾情，可能会大幅度降低探索过程中的人员伤亡。

2015 年，AV500 无人直升机问世，该机型的最大起飞重量为 450 kg，最大平飞速度可达 170 km/h，最大巡航速度为 160 km/h，续航时间长达 6～7 h。其机身长 7.3 m，高 2.3 m，宽 1.6 m，机体结构采用模块化设计，在 7 级阵风情况下成功完成了海上试飞，并且创造了 5006 m 的飞行高度记录。

7.1 无人直升机的组装

知识要点

调试完成后注意选择空旷且安全的测试场地进行无人机试飞，试飞前务必检查无人机的紧固件及电池等影响飞行安全的重要因素。在完全熟悉无人机操作前，应避免进行高空或远距离飞行，以减少不必要的风险。建议新手玩家在经验丰富的技术人员的指导下进行操作，切勿单独飞行。

无人直升机的组装与调试的基本任务是将硬件按照需求合理安装好，并根据硬件配置与使用要求安装合适的调参软件。在组装过程中，每完成一道工序后，都要进行仔细的质量检查。待全部组装工作完成后，要对整机进行严格的质量检查和运行调试。所有的质量检查和运行调试的情况都应及时记录下来。

如图 7-1 所示，无人直升机主要由以下几部分构成。

机身：主要功能是装载燃料、货物和设备等，同时作为无人直升机的安装基础，将各部分连成一个整体。

主旋翼：主要提供升力，由动力装置驱动。它由自动倾斜器、桨叶和桨毂组成。自动倾斜器又称斜盘，用来改变旋翼桨叶的桨距，它主要由变距拉杆、旋转环和不旋转环组成。

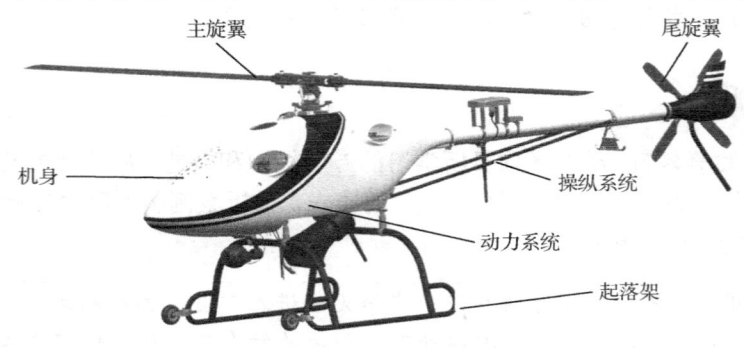

图 7-1 无人直升机结构组成

尾旋翼：尾旋翼主要起平衡主旋翼的扭矩和转向作用。大多数单主旋翼直升机需要一个单独的尾旋翼系统来克服主旋翼旋转产生的扭矩。共轴双桨的直升机则不需要尾桨。

　　操纵系统：主要通过舵机控制斜盘，从而起到操控直升机改变运动姿态的作用。

　　动力系统：油动直升机主要用活塞式航空发动机，而电动直升机则主要用无刷电机。

　　起落架：吸收着陆时由于垂直速度带来的能量，减少着陆时撞击引起的过载，以确保在整个使用过程中不发生"地面共振"。

任务 1　塔罗 550 无人直升机的组装

塔罗 550 无人直升机的组装如图 7-2 所示。

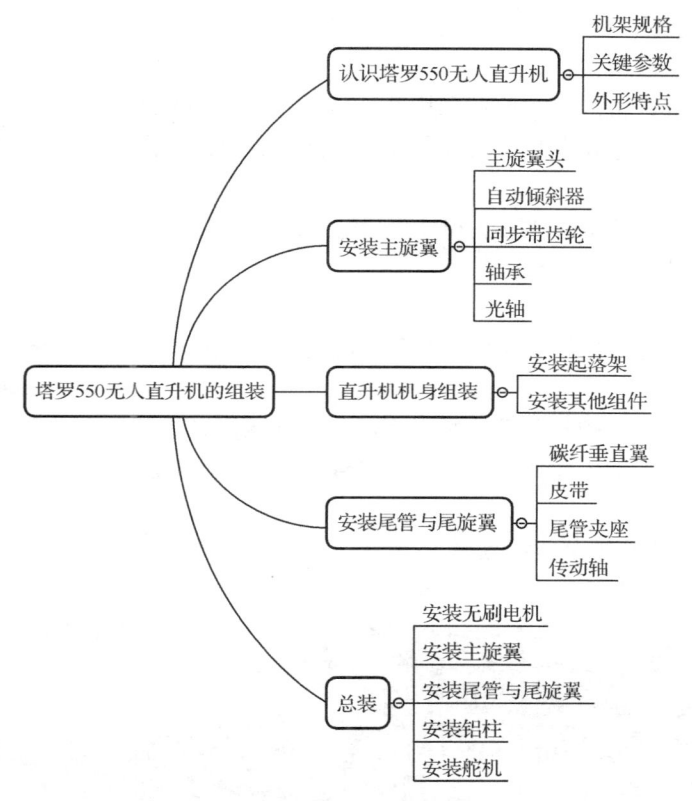

图 7-2　塔罗 550 无人直升机的组装

知识要点

（1）了解无人直升机的组件。熟悉无人直升机的各个部件，如飞行控制器、电机、螺旋桨、电池、遥控器等，并理解它们各自的功能和连接方式。

（2）了解飞行控制器的设置参数。学习如何正确配置和校准飞行控制器，以确保其适应无人直升机的具体需求。

（3）螺旋桨的安装与平衡。学习螺旋桨的正确安装方法，并进行平衡调整，以确保无人直升机在飞行时无振动，且不会出现平衡问题。

（4）遥控器配对与校准。学习如何将遥控器与飞行控制器进行配对，并进行校准，以确保信号传输的准确性和操作控制的精确性。

（5）飞行参数的调试。了解不同飞行参数的含义及其对飞行的影响，学习如何调整这些参数以优化无人直升机的飞行性能和稳定性。

任务描述

通过小组合作，完成塔罗550无人直升机的组装与调试，并进行自评和互评。

任务实施

1. 明确实训目标

（1）零部件的清点与认识。

（2）理解无人直升机的基本原理和构造，包括飞行控制系统、动力系统、通信系统等。

（3）学会正确组装无人直升机的各个部件，包括机身、旋翼、电子设备等，并熟悉所需工具和操作流程。

（4）掌握无人直升机的调试方法和技巧，包括检查和调整各个部件的安装质量、确保连接线路的正确性，以及传感器的校准等。

（5）飞控的安装。

（6）学会使用相关软件和设备对无人直升机进行初次配置和参数调整，确保其正常运行和飞行稳定性。

（7）熟悉无人直升机的各项功能和特点，了解其应用领域和操作注意事项。

（8）进行塔罗550无人直升机上电前的检查、飞控的参数设置、调参软件的使用，以及遥控器的使用。

2. 准备工作，清点组装实训器材

如图7-3所示，清点塔罗550无人直升机的组装实训器材，这些器材主要包括以下几项。

图7-3 塔罗550无人直升机组装实训器材

（1）主旋翼清单。
① 主旋翼夹、夹座臂。
② 止推轴承。
③ 横轴轴承垫片。

④ 轴承。
⑤ 主旋翼固定座。
⑥ 内六角螺丝多个。
⑦ 一对大螺旋桨。
⑧ 两个大齿轮。
⑨ 球头、连杆、连杆头。
⑩ 十字盘。
（2）尾管、尾旋翼清单。
① 尾舵机传动杆。
② 粗尾管。
③ 碳纤维垂直翼、碳纤维水平翼。
④ 尾管夹座。
⑤ 六角铝柱、内六角螺丝、防滑螺母。
⑥ 压带轮组。
⑦ 皮带。
⑧ 连杆。
⑨ 尾控制杆固定环。
⑩ 尾桨叶。
（3）机身清单。
① 电池固定板。
② 电池罩。
③ 铝柱多个。
④ 碳纤侧板。
⑤ 内六角螺丝。
⑥ 机壳。
⑦ 压带轮组。
（4）无刷电机清单。
① 电机固定座。
② 铝柱。
③ 螺丝。
④ 无刷电机 1 个。
（5）舵机清单。
① 单斜角垫片。
② 铜套、螺丝。
③ 舵臂。
④ 球头。
⑤ 连杆。
⑥ 舵机 4 个。

3. 塔罗 550 无人直升机组装

由于无人直升机零部件较多，所以在组装过程中会分不同的子装配体进行组装，最后进行总装。塔罗 550 无人直升机可分成主旋翼子装配体、无刷电机与电调子装配体、尾管与尾旋翼子装配体、机身起落架子装配体，以及总装这五大模块进行组装。

（1）主旋翼子装配体的组装。图 7-4 所示是主旋翼子装配件安装完成后的装配体，图 7-5 所示是主旋翼子装配体主要的零部件。

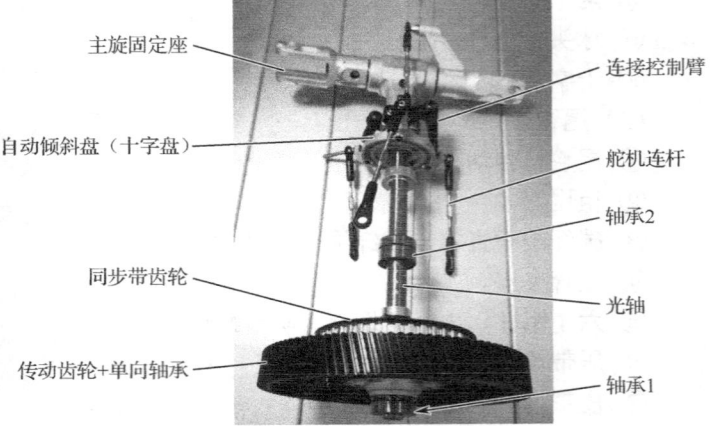

图 7-4　主旋翼子装配体　　　　　　　图 7-5　主旋翼子装配体主要的零部件

旋翼是直升机等旋翼航空器的主要升力部件。主旋翼的作用包括以下几点。

① 产生升力：用于平衡直升机的重力，以及机身、平尾、机翼等部件在垂直方向上的分力。

② 产生向前的水平分力：用于克服空气阻力，推动直升机前进。

③ 产生分力及力矩：用于控制和操纵直升机的飞行。

如图 7-6 所示为主旋翼子装配件的零部件拆解图，利用这些零部件来进行主旋翼子装配件的组装。具体安装步骤如下。

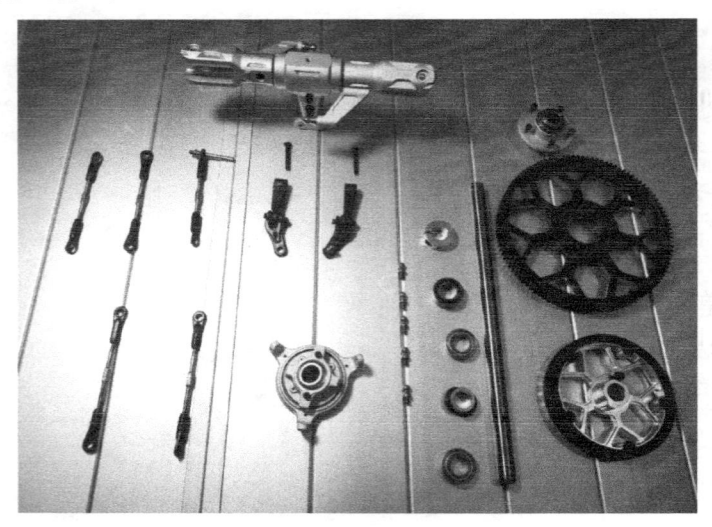

图 7-6　主旋翼子装配件的零部件拆解图

① 在主旋翼传动齿轮上安装单向轴承，并用螺丝固定，如图 7-7 所示。

② 连接主旋翼固定座与长光轴，并使用 M3 螺丝进行固定，如图 7-8 所示。

项目七　无人直升机的组装与调试

图 7-7　在传动齿轮上安装单向轴承 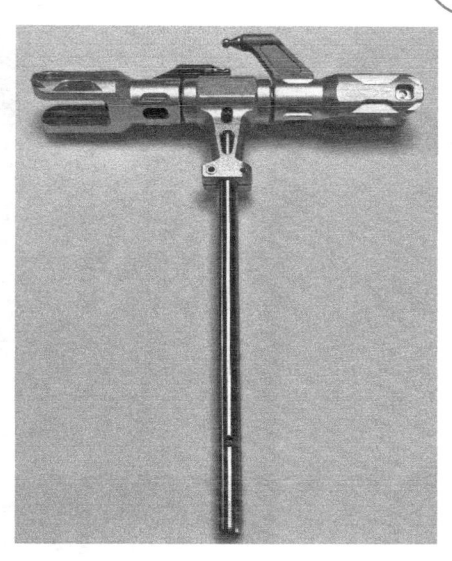　　　　图 7-8　连接主旋翼固定座与长光轴

③ 在主旋翼固定座上安装 2 个连杆和 2 个控制臂，注意控制臂的方向，并用螺丝固定，如图 7-9 所示。

④ 在长光轴上安装十字盘组，并将控制臂的另一侧与十字盘组相连，如图 7-10 所示。

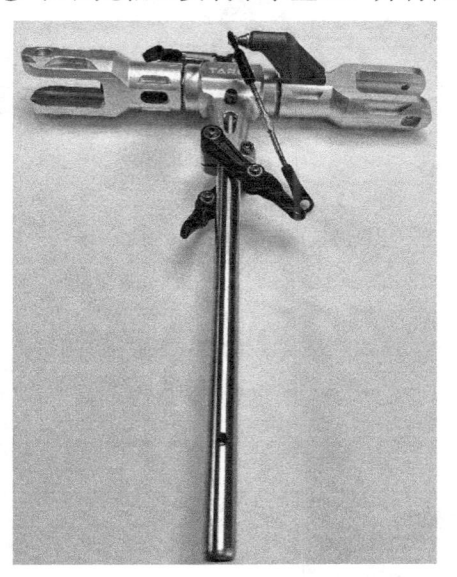

图 7-9　在主旋翼固定座上安装 2 个连杆和 2 个控制臂 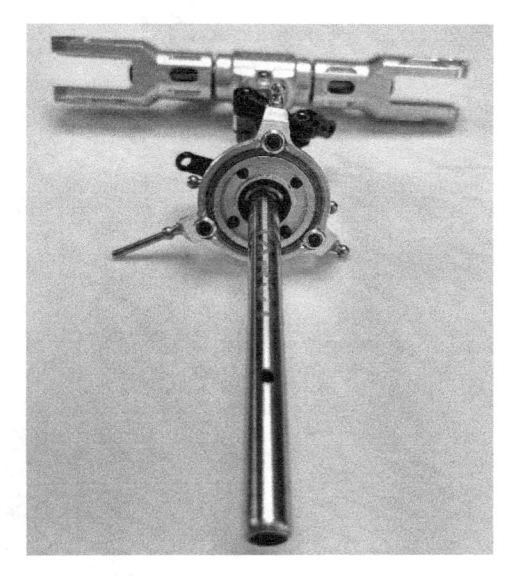　　　　图 7-10　安装十字盘组

⑤ 在光轴上依次安装主轴固定环、5 mm 角接触轴承、7 mm 角接触轴承和主轴顶圈，如图 7-11 所示。

⑥ 在光轴上安装同步带齿轮，并用螺丝进行固定，如图 7-12 所示。

⑦ 先在十字盘组中安装 3 个舵机连杆，然后将传动齿轮安装在主轴的底部，并在传动齿轮后安装一个 5 mm 角接触轴承，如图 7-13 所示。

⑧ 将主旋翼固定座另一侧的连杆与十字盘组连接，这样主旋翼子装配体就安装完成了，如图 7-14 所示。

241

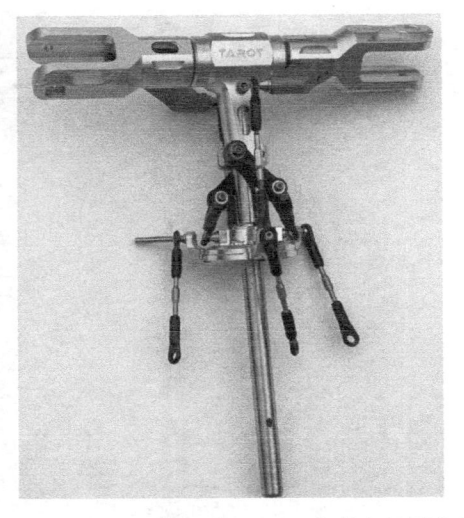

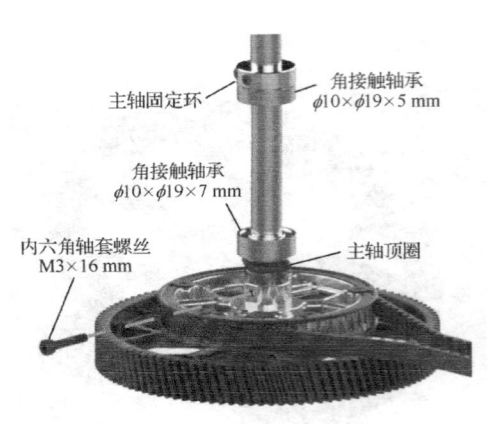

图 7-11　安装主轴固定环、角接触轴承和主轴顶圈

主轴固定环
角接触轴承 $\phi10\times\phi19\times5$ mm
角接触轴承 $\phi10\times\phi19\times7$ mm
内六角轴套螺丝 M3×16 mm
主轴顶圈

图 7-12　安装同步带齿轮

图 7-13　安装传动齿轮

图 7-14　主旋翼子装配体

按图 7-15 所示对主旋翼子装配体进行检查，具体有以下几个步骤。
① 检查光轴和定位螺丝是否装反。
② 检查同步带齿轮是否装反，M3×16 螺丝是否已安装。
③ 检查 3 个轴承是否安装正确，注意顺序。
④ 检查单向齿轮是否安装正确，并进行转动测试（主旋翼俯视时应顺时针旋转）。
⑤ 确认 2 根长连杆在上，3 根短连杆在下。上连杆长度为 65.5 mm，下连杆长度为 59 mm。
⑥ 检查连接臂的安装方向是否正确。

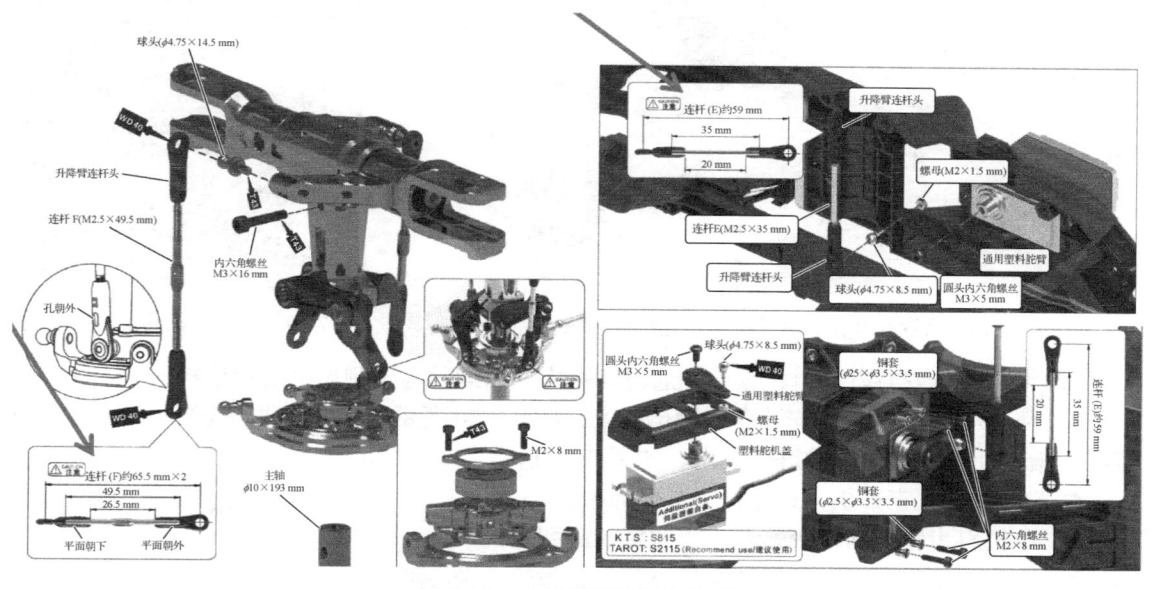

图 7-15　主旋翼子装配体检查

（2）无刷电机与电调子装配体安装。图 7-16 所示是无人直升机无刷电机安装完成后的图示；图 7-17 是无人直升机无刷电调安装完成后的图示。

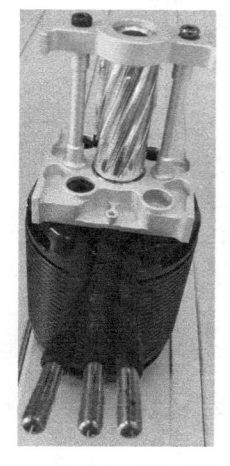

图 7-16　无人直升机无刷电机　　　　图 7-17　无人直升机无刷电调

图 7-18 所示为塔罗 550 无人直升机无刷电机拆解图，利用这些零部件来进行塔罗 550 无人直升机无刷电机的组装。具体组装步骤如下。

243

① 使用台阶内六角螺丝固定电机固定座与铝柱,如图 7-19 所示。

图 7-18　塔罗 550 无人直升机无刷电机拆解图

图 7-19　固定电机固定座与铝柱

② 将上一步安装好的电机固定座通过 4 个内六角螺丝与无刷电机进行连接。

③ 将 15T 电机斜齿轮安装在无刷电机上,如图 7-20 所示,并在其顶部安装电机斜齿轮固定座,最后使用内六角螺丝进行固定,如图 7-21 所示。

塔罗 550 无人直升机无刷电机子装配体检查。

① 电机斜齿轮方向是否装反,止泄螺丝应朝里。

② 止泄螺丝是否固定,拧动电机外壳,斜齿轮是否转动。

③ 金属电机固定座与金属铝柱是否无间隙安装,注意金属铝柱的方向。

④ 金属电机固定座与电机是否安装无松动。

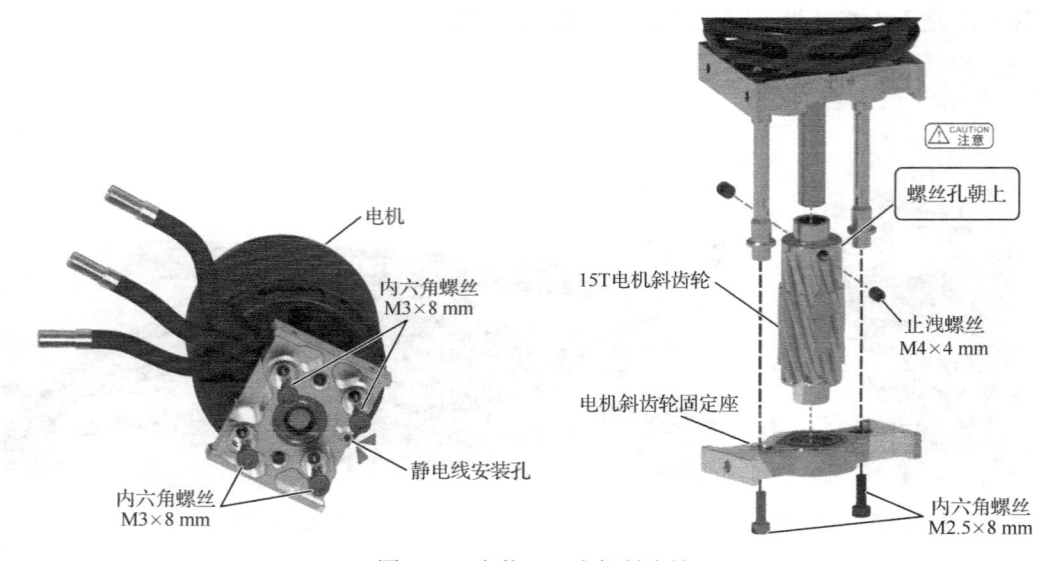

图 7-20　安装 15T 电机斜齿轮

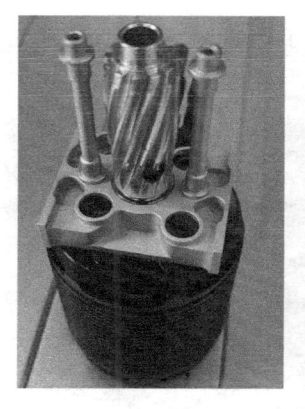

图 7-21　安装电机斜齿轮固定座

（3）机身起落架子装配体安装。如图 7-22 所示是机身起落架子装配体安装完成后的图示。

图 7-22　机身起落架子装配体

机身用于支持和固定无人直升机各部件的结构，它将主旋翼、起落架、尾管和尾翼连接成一个整体。机身的作用有以下几点。

① 提供稳定性和平衡：机身的设计和结构确保无人直升机在飞行中具有良好的稳定性和平衡性。它能够承受来自旋翼、动力系统和电子设备等各个部件产生的作用力，并通过适当的重心位置使直升机保持平衡。

② 提供安装支架：机身上通常带有各种安装支架和固定点，用于安装并固定旋翼、电子设备和相机等附加设备。应确保这些设备能够正确安装在合适的位置上，并保证无人直升机的正常运行和功能实现。

组装问题有以下几点。

① 在安装舵机时，务必确认舵机的位置是否正确，确保无误后再进行安装。

② 在组装机身时，可以先用几颗螺丝进行初步固定，确定位置准确后再进行组装。

③ 在安装螺丝时先不要完全拧紧，以便进行调整。

安装注意事项有以下几点。

因机身螺丝数量较多，所以应确保所有螺丝被放在指定的盒子当中，避免遗失。

无人机组装与调试

如图 7-23 所示为机身起落架拆解图，利用这些零部件来进行塔罗 550 无人直升机起落架的组装。具体安装步骤如下。

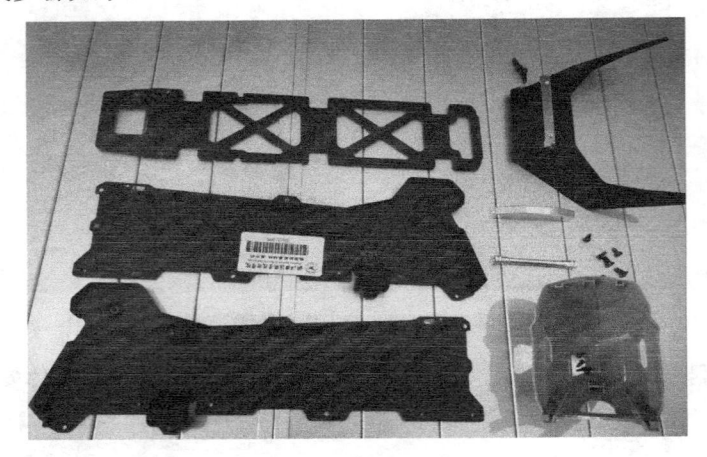

图 7-23　机身起落架拆解图

① 使用自攻螺丝将电池罩与电池固定板固定，如图 7-24 所示。

图 7-24　将电池罩与电池固定板固定

② 使用内六角螺丝将碳纤侧板和 3 种类型的铝柱固定，如图 7-25 所示。

图 7-25　固定碳纤侧板和铝柱

③ 将电池罩与电池固定板插入碳纤侧板里面，并用内六角螺丝将塑料脚架固定在碳纤侧板上，起落架实物图如图 7-26 所示。

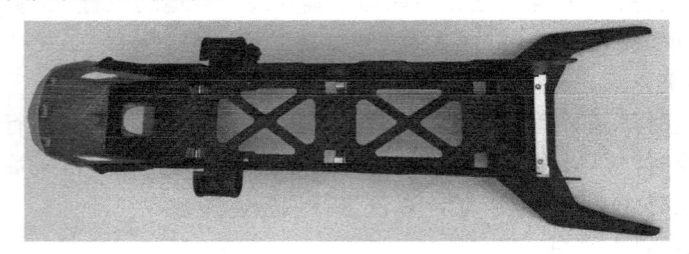

图 7-26　起落架实物图

④ 安装机身和机身其他塑料零部件，如图 7-27 所示。

图 7-27　安装机身和机身其他塑料零部件

机身起落架子装配体检查有以下几个步骤。
① 检查 3 种类型的铝柱顺序是否装反。
② 检查塑料脚架是否装反。
③ 检查金属电机固定座与金属铝柱是否无间隙安装，注意金属铝柱的方向。
④ 检查金属电机固定座与电机是否安装无松动。

（4）尾管与尾旋翼子装配体安装。图 7-28 所示是尾管与尾旋翼子装配体安装完成后的图示。

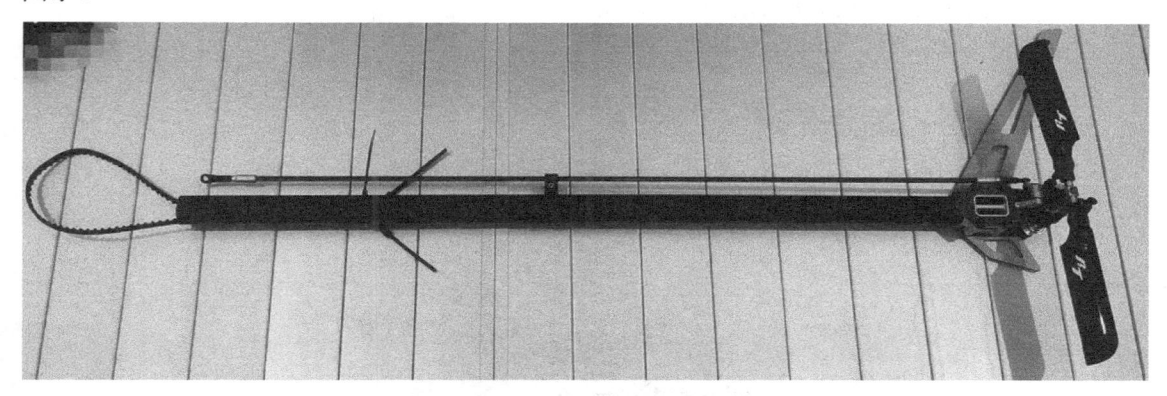

图 7-28　尾管与尾旋翼子装配体

单旋翼直升机是为平衡旋翼扭距产生的反作用力矩而在机身尾部装置的小型旋翼。尾旋翼的作用包括以下几点。
① 抵消主旋翼由于旋转和空气摩擦所产生的反作用力。
② 防止直升机自旋，并控制方向。
③ 提供反力矩，保持飞机平衡，以控制航向。

图 7-29 所示为尾管与尾旋翼拆解图，利用这些零部件来进行塔罗 550 无人直升机尾管与尾旋翼的组装。

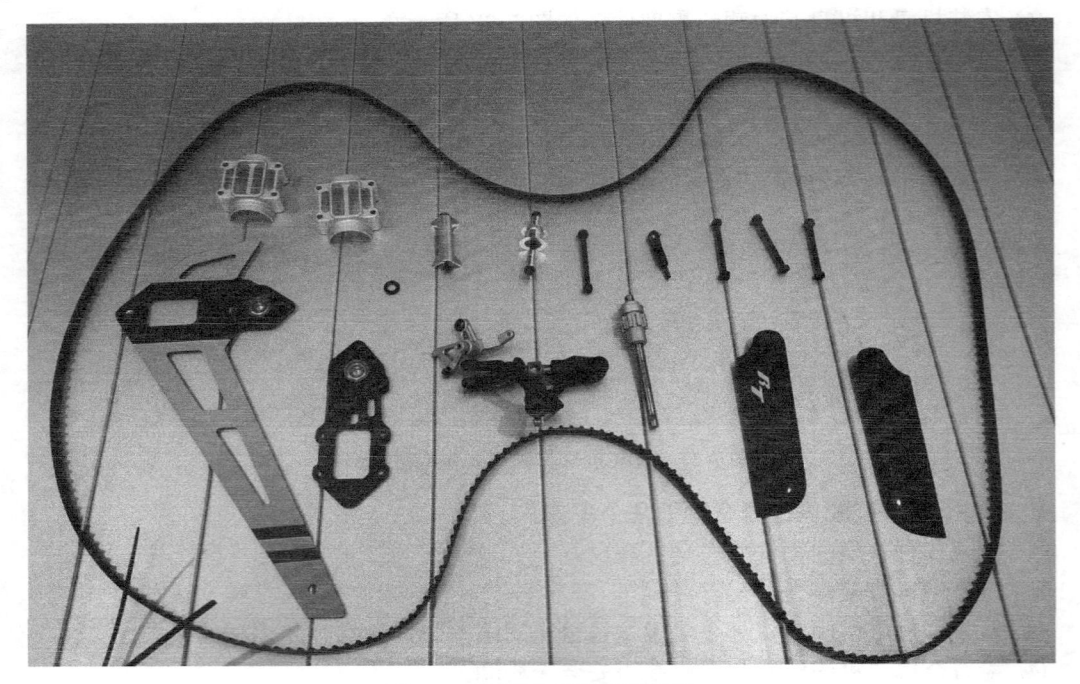

图 7-29　尾管与尾旋翼拆解图

① 按照图 7-30～图 7-37 所示的步骤组装各零部件。

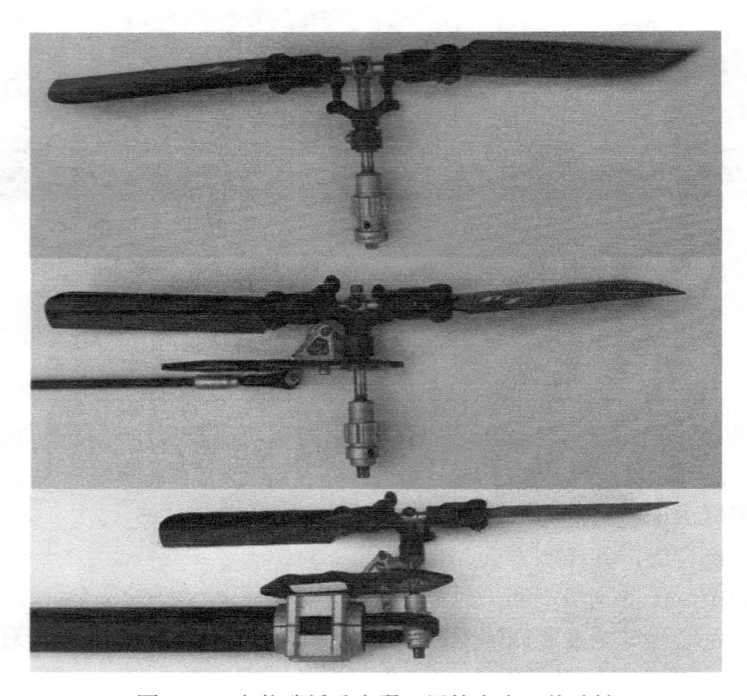

图 7-30　安装碳纤垂直翼、尾管夹座、传动轴

项目七　无人直升机的组装与调试

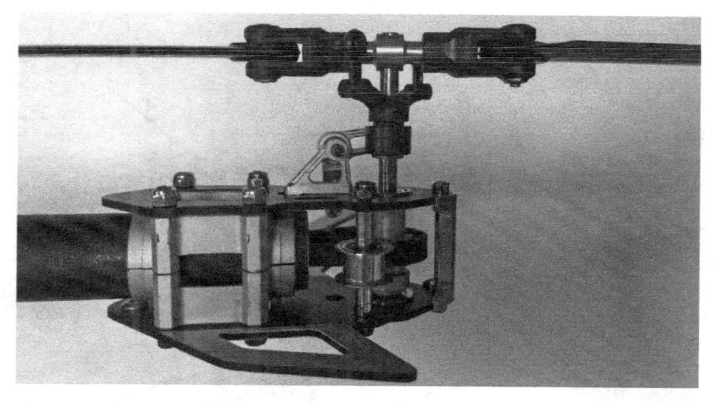

图 7-31　安装压带轮组、皮带、尾桨叶、六角铝柱、碳纤尾控制杆

图 7-32　安装压带轮组、皮带、尾桨叶、六角铝柱、碳纤尾控制杆

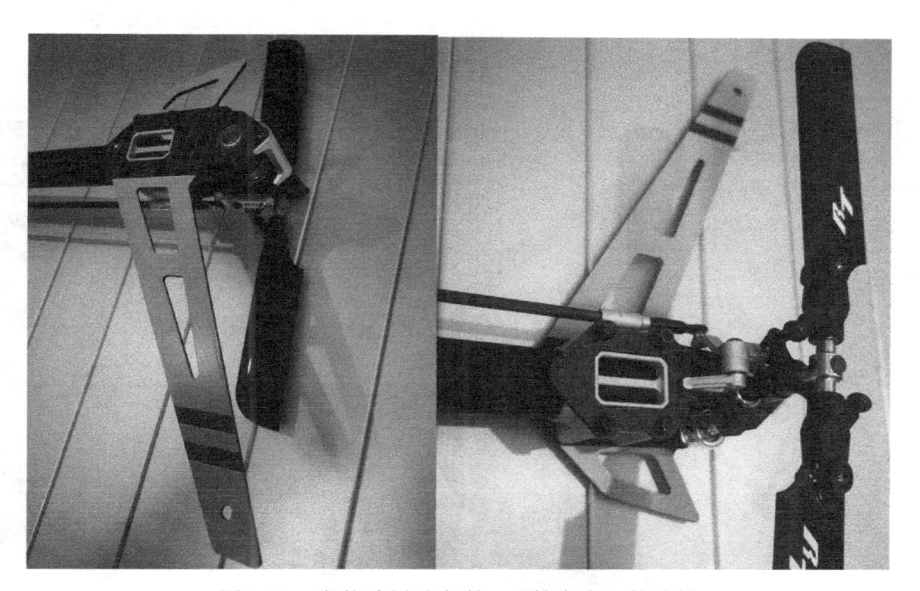

图 7-33　安装碳纤垂直翼、尾管夹座、传动轴

无人机组装与调试

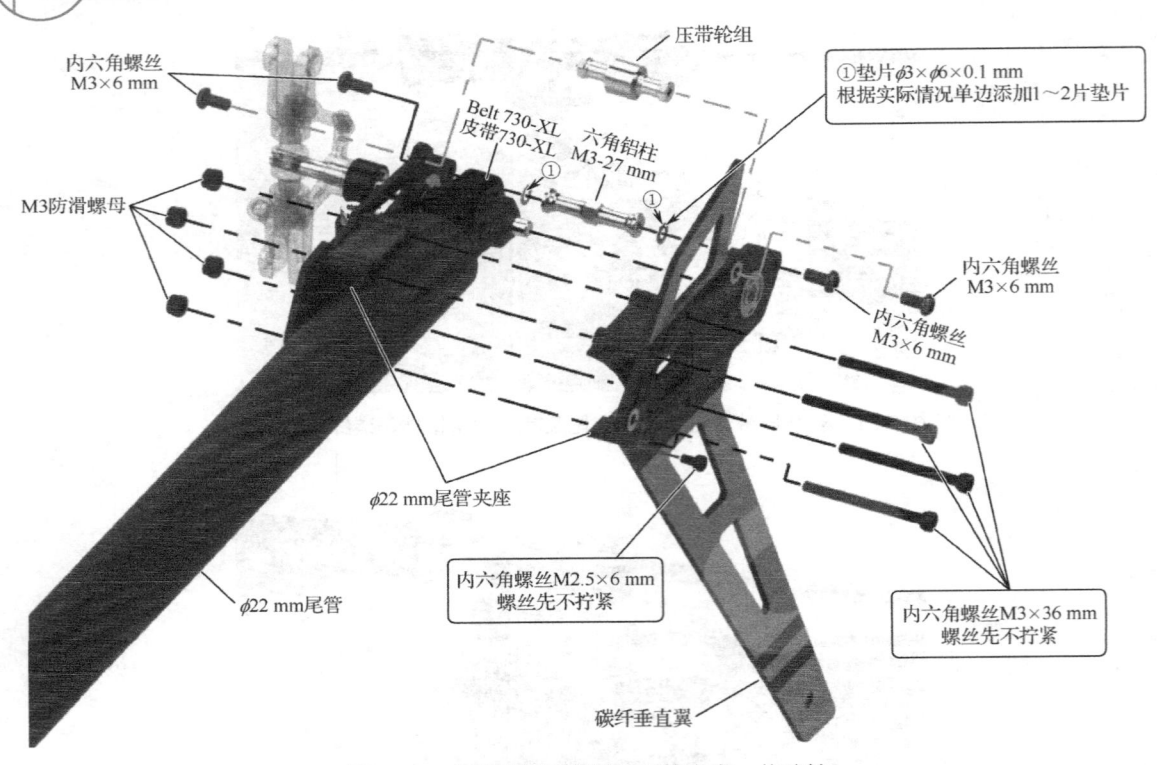

图 7-34 安装碳纤垂直翼、尾管夹座、传动轴

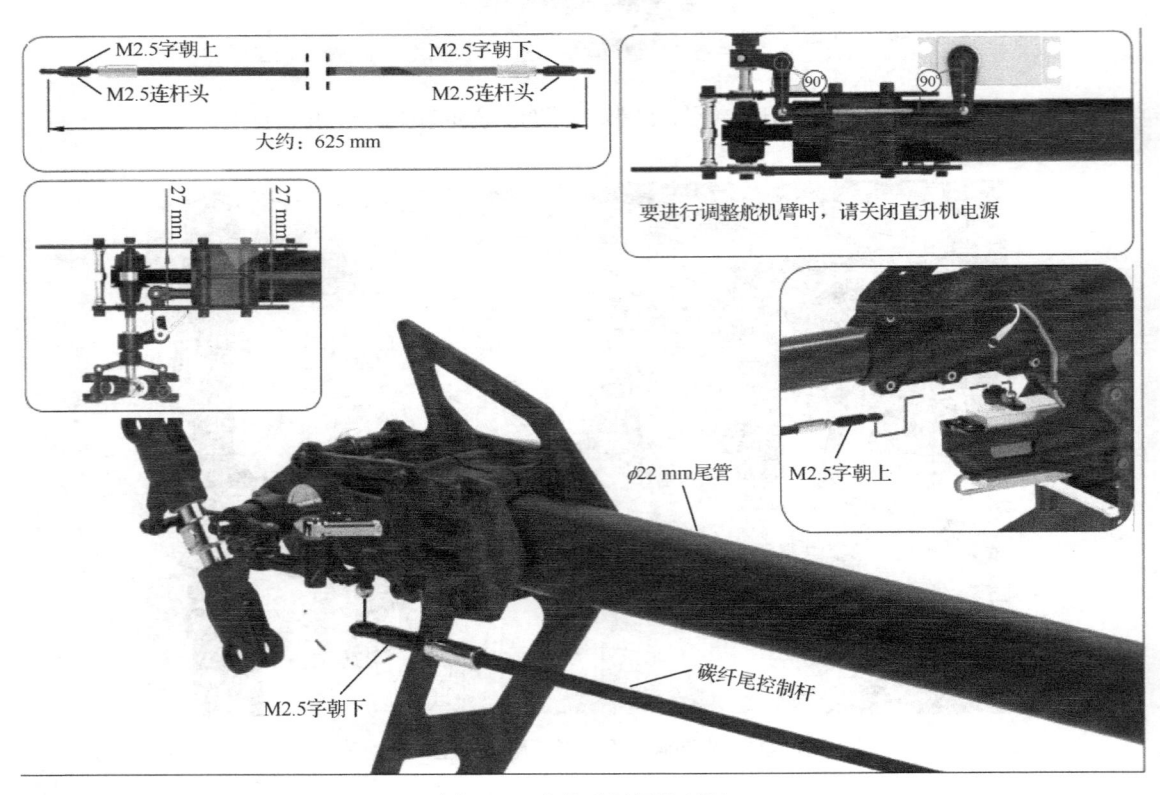

图 7-35 安装碳纤尾控制杆

项目七　无人直升机的组装与调试

② 最终组装结果如图 7-38 所示。

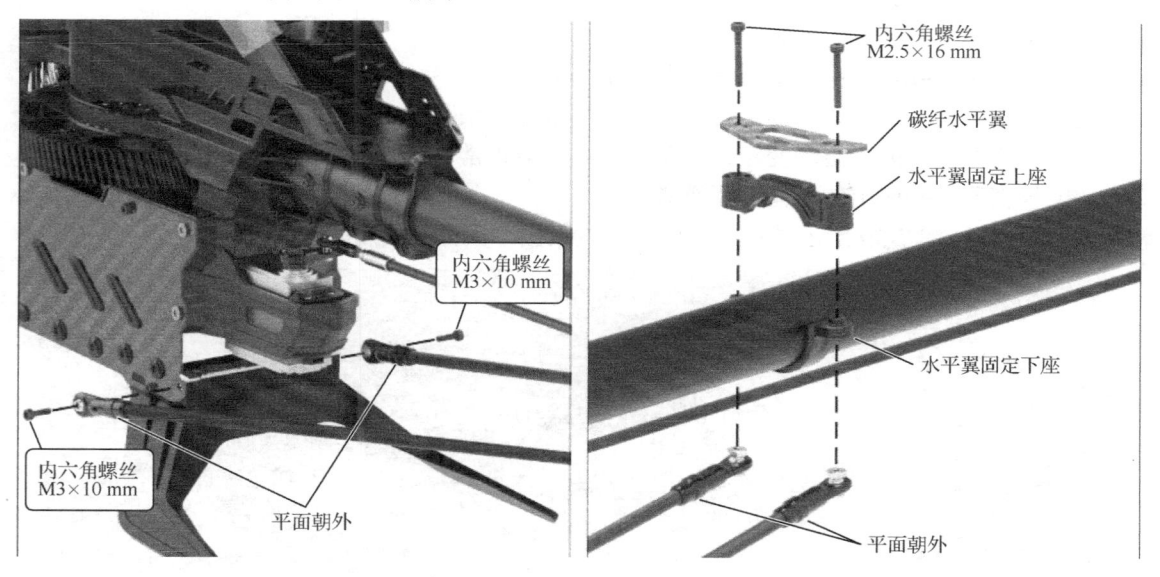

图 7-36　安装碳纤尾支撑杆、碳纤水平翼

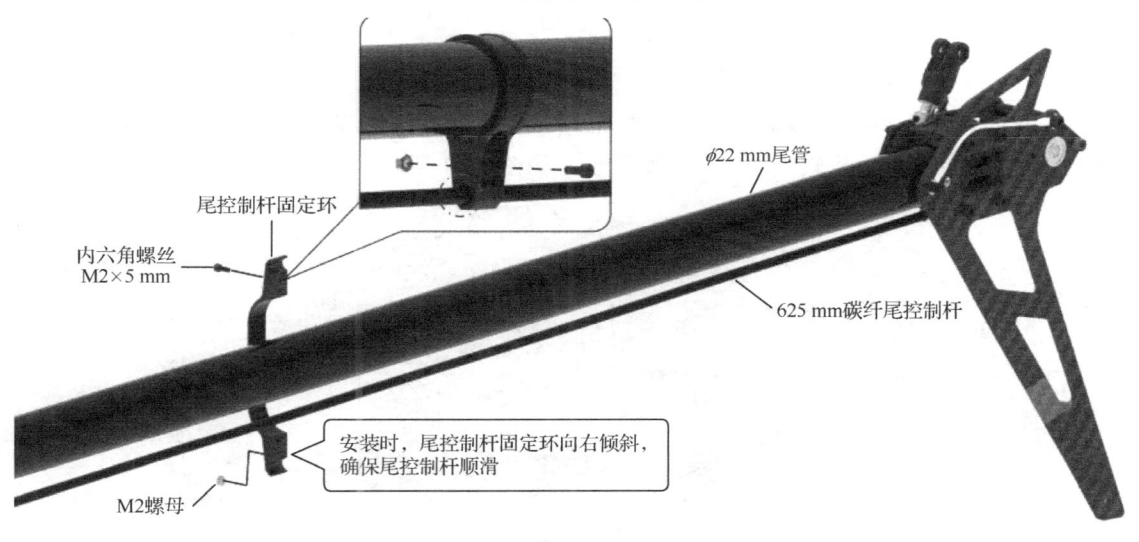

图 7-37　安装碳纤尾支撑杆、碳纤水平翼

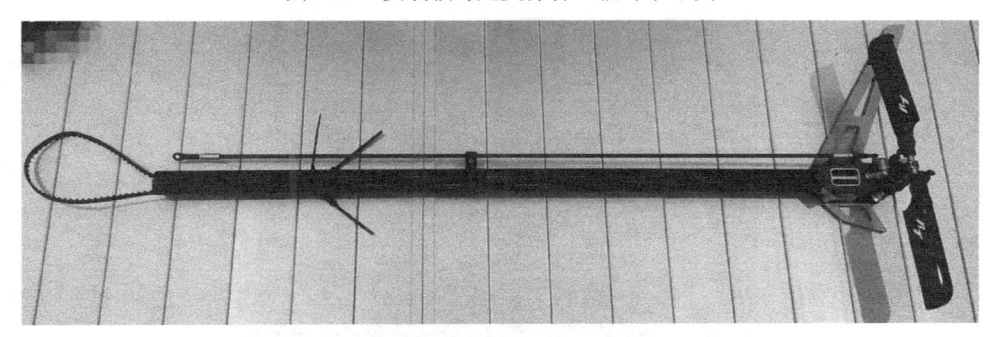

图 7-38　尾管尾旋翼子装配体

251

尾管尾旋翼检查包括以下几项。
① 检查碳纤垂直翼的安装方向是否正确。
② 检查尾桨叶是否向后退，桨叶前缘是否迎风。
③ 检查张紧轮是否压住同步带，并使同步带保持张紧状态。
④ 检查传动杆能否推动变距铰，确保变距功能正常。
⑤ 检查尾管夹座上的螺丝是否锁紧。
（5）总装，图 7-39 所示是总装完成后的效果图，具体总装步骤如下。

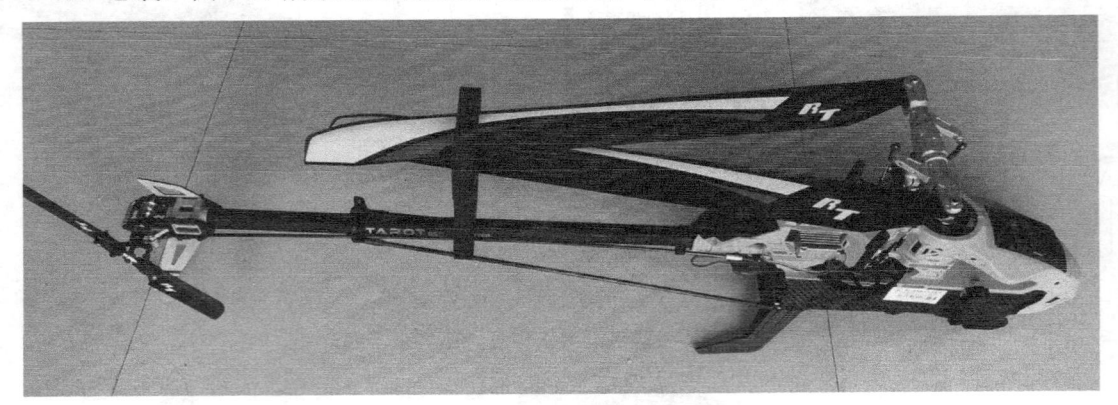

图 7-39　总装完成后的效果图

① 将主电机安装到机身内部，如图 7-40 所示，确保孔位对齐。安装时需使用椭圆形垫片进行支撑，其中 2 个垫片较大，2 个垫片较小，如图 7-41 所示。

图 7-40　安装主电机

图 7-41　椭圆形垫片

② 将主旋翼装入机身，注意 3 个轴承的位置，确保安装准确，如图 7-42 所示。

图 7-42　安装主旋翼

③ 将尾管与尾旋翼装入机身，确保皮带轮夹住同步带，如图 7-43 所示。

图 7-43　安装尾管与尾旋翼

④ 将铝柱安装到机身内部，放入对应的空位。总共有 6 根铝柱，这里先放 5 根铝柱，如图 7-44 所示，然后安装另外一半的机身，进行合体。注意在安装过程中轴承不能移位。

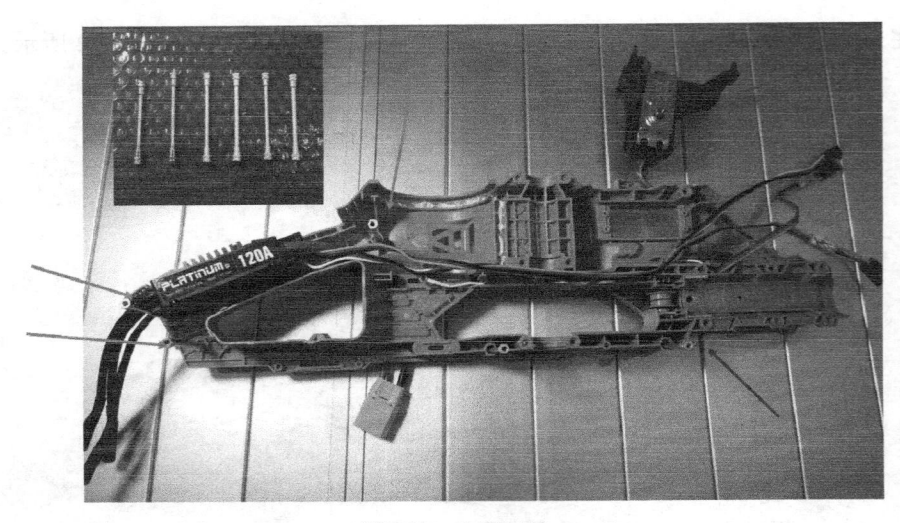

图 7-44　安装铝柱

⑤ 安装主旋翼下方的 3 个舵机、控制尾旋翼舵机和舵机的连接臂。舵机连杆球头暂时不需要扣上，如图 7-45 所示。

图 7-45　安装主旋翼下方的 3 个舵机、控制尾旋翼舵机和舵机的连接臂

⑥ 安装主旋翼桨叶、尾管支撑杆和机身塑料配件等，总装实物图如图 7-46 所示，总装效果图如图 7-47 所示。

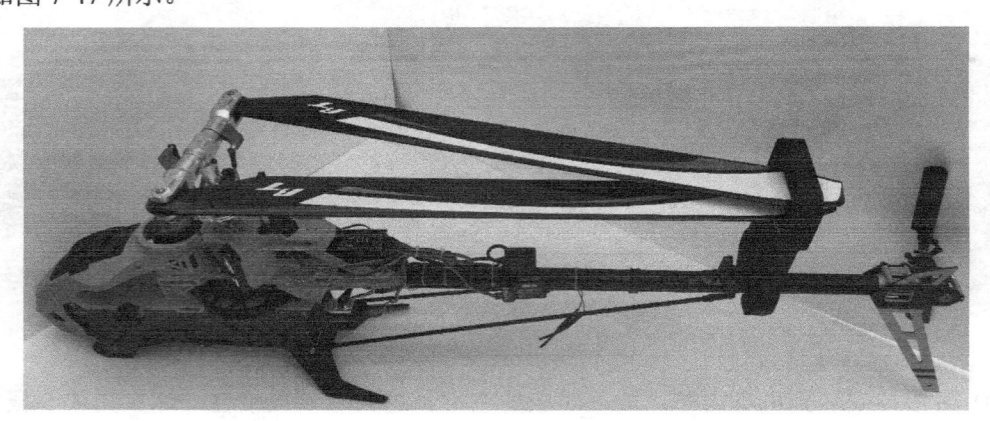

图 7-46　总装实物图

对无人直升机进行总装检查,具体包括以下步骤。

① 转动主旋翼齿轮,从顶部视角观察,桨叶是否顺时针转动。

② 确认尾旋翼是否向后退(如方向错误,需调整同步带的方向)。

③ 检查尾旋翼的张紧轮是否压住同步带,并使同步带保持张紧状态。

④ 检查主旋翼和尾旋翼的桨叶前缘和后缘是否正确。

图 7-47 塔罗 550 无人直升机总装效果图

⑤ 检查 4 个舵机连杆是否安装正确。主旋翼的 3 个舵机相同,尾旋翼的舵机不同。

⑥ 检查机身 6 根铝柱是否安装到位,螺丝是否拧紧。

⑦ 检查主旋翼下面的 5 根连杆是否三短两长,并确认连杆球头中心距离是否正确。

⑧ 检查电池箱是否正常打开与关闭。

总装安装图如图 7-48 所示。

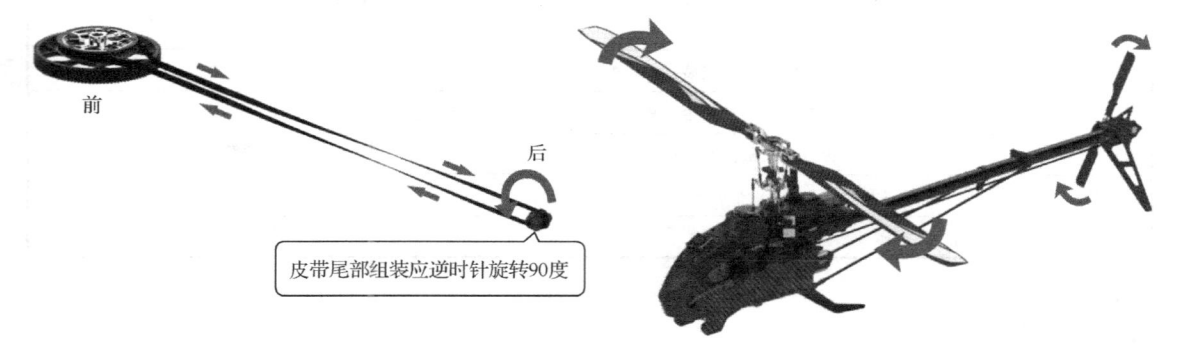

图 7-48 总装安装图

请根据任务完成情况填写表 7-1。

表 7-1 塔罗 550 无人直升机组装实训任务评价单

姓名:		分数:	
考 核 内 容		配 分	得 分
职业素养	(1) 设备、工具及材料清点	5	
	(2) 操作安全	5	
操作规范	(1) 安装主旋翼座到光轴上,安装十字盘组	5	
	(2) 将主轴穿入十字盘组,安装十字盘组的连接臂、舵机连杆	5	
	(3) 安装主轴固定环、角接触轴承、主轴顶圈,将组装好的球头扣拧入十字盘组球头,拧上螺丝	5	
	(4) 安装同步带齿轮、主传动齿轮	5	
	(5) 安装无刷电机固定座	5	
	(6) 完成无刷电机与固定座的连接	5	

续表

考核内容		配分	得分
操作规范	（7）完成起落架子装配体、电池罩与电池固定板的安装	5	
	（8）完成机身与起落架的连接，并安装机身塑料件	5	
	（9）安装碳纤垂直翼、尾管夹座、传动轴	5	
	（10）安装压带轮组、皮带、桨叶、六角铝柱、碳纤尾控制杆	5	
	（11）安装碳纤尾支撑杆、碳纤水平翼等，完成尾管尾旋翼子装配体的安装	5	
	（12）将主旋翼、尾旋翼、电机子装配体装入机身，安装另一半机身	5	
	（13）安装主旋翼下面3个舵机、控制尾旋翼舵机和舵机的连接臂	5	
	（14）安装主旋翼桨叶、尾管支撑杆、机身塑料配件等	5	
检查事项与注意事项	（1）转动主旋翼齿轮，检查桨叶是否顺时针转动（顶视），尾旋翼是否向后退。（有如错误，需要改变同步带的方向）	2	
	（2）碳纤垂直翼，检查安装方向是否正确	2	
	（3）检查尾旋翼的张紧轮是否张紧并压住同步带	2	
	（4）检查主旋翼和尾旋翼的桨叶前缘和后缘是否正确	2	
	（5）检查4个舵机连杆是否安装正确。注意，主旋翼的3个舵机是一样的，尾旋翼的舵机是不一样的	2	
	（6）机身有6根铝柱，检查是否安装到位，螺丝是否拧紧	2	
	（7）检查主旋翼下面的5根连杆是否三短两长，连杆球头中心距离是否正确	2	
	（8）检查电池箱是否可以正常打开与关闭	2	
结束工作	（1）清点工具和设备	2	
	（2）清扫现场	2	

思考与改进

请与小组成员进行讨论，针对本次任务实施情况进行点评、分析和总结，并将改进意见填写在下方。

7.2 无人直升机飞控安装与调试

任务2 塔罗550无人直升机的调试（基于H1飞控）

塔罗550无人直升机的调试如图7-49所示。

项目七　无人直升机的组装与调试

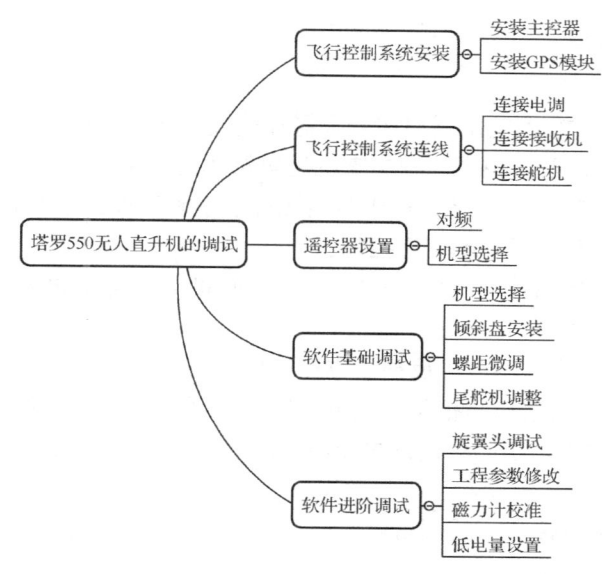

```
                                                ┌─ 安装主控器
                            ┌─ 飞行控制系统安装 ─┤
                            │                   └─ 安装GPS模块
                            │
                            │                   ┌─ 连接电调
                            ├─ 飞行控制系统连线 ─┼─ 连接接收机
                            │                   └─ 连接舵机
                            │
  塔罗550无人直升机的调试 ──┤                   ┌─ 对频
                            ├─ 遥控器设置 ──────┤
                            │                   └─ 机型选择
                            │
                            │                   ┌─ 机型选择
                            │                   ├─ 倾斜盘安装
                            ├─ 软件基础调试 ────┼─ 螺距微调
                            │                   └─ 尾舵机调整
                            │
                            │                   ┌─ 旋翼头调试
                            │                   ├─ 工程参数修改
                            └─ 软件进阶调试 ────┼─ 磁力计校准
                                                └─ 低电量设置
```

图 7-49　塔罗 550 无人直升机的调试

📖 知识要点

调试完成后注意选择空旷且安全的测试场地进行无人机试飞，试飞前务必检查无人机的紧固件及电池等影响飞行安全的重要因素。在完全熟悉无人机操作前，应避免进行高空或远距离飞行，以减少不必要的风险。建议新手玩家在经验丰富的技术人员的指导下进行操作，切勿单独飞行。

1. 认识 H1 直升机飞行控制系统

H1 直升机飞行控制系统（简称 H1 飞控），它内置独立悬浮 MU 和双层减震海绵，结合新一代的控制和 MU 算法，提供了轻松的直升机操控体验。H1 飞控支持多种机型，可一键适配市面上的主流机型，带来简单快捷的调试体验。H1 飞控包含主控器（内置悬浮 MU、指南针和气压计）及双模 GPS 模块，如图 7-50 所示。

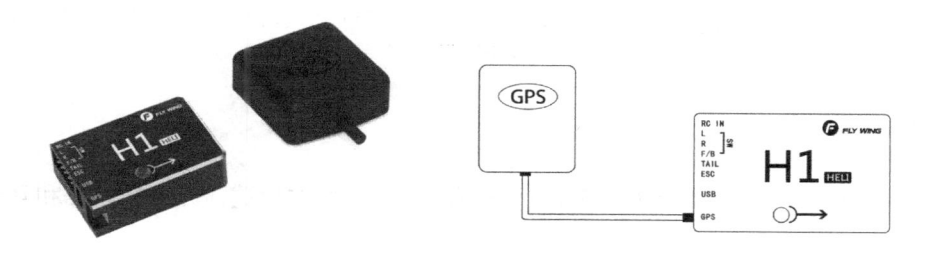

图 7-50　主控器及双模 GPS 模块

2. 工作原理

主控器是 H1 飞控的核心模块，集成了 IMU、气压计、GPS 和指南针模块，能够实现飞行器精准的姿态控制和高精度的定位功能。使用 H1-Heli 调参软件向主控器配置相关参数，包括模块安装校准、外接设备参数的设定等。LED 灯实时反馈当前系统的运行状态，便于用户更好地了解飞控当前的工作状态。

3. 部件及端口说明

（1）主控器。

① 主控器有 5 个 PWM 输出端口和一个遥控接收机输入端口。PWM 输出端口分别连接倾斜盘的 3 个舵机、锁尾及主电调。锁尾支持尾电机和尾舵机。

② 主控器内置 IMU 和气压计，用于测定飞行姿态和高度。它结合 GPS，实现飞行器在水平方向上的定点控制，从而实现飞行控制。

③ 该主控器支持多种遥控接收机类型，遥控接收机输入支持 PPM、S.BUS 等主流单线模式，并具备自动识别功能。

④ 采用 TYPE-C 插头，不分正反插，方便好用。

图 7-51 所示为主控器端口与指示灯位置。其中，插针口用于接入接收机、舵机与电调；USB 接口是 TYPE-C 端口，在电脑调试时使用；GPS 接口用于接入 GPS 和外置指南针接口；LED 为飞控状态指示灯。

图 7-52 所示为 H1 飞控支持的倾斜盘类型。

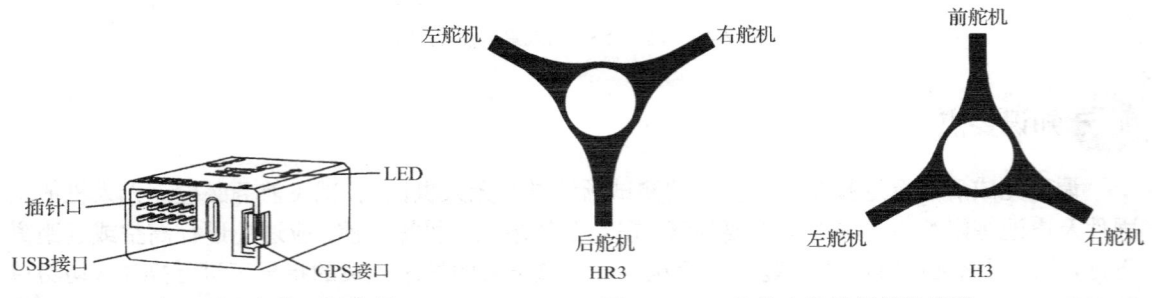

图 7-51　主控器端口与指示灯位置

图 7-52　H1 飞控支持的倾斜盘类型

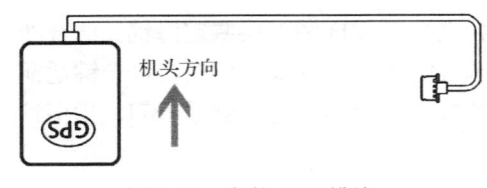

图 7-53　安装 GPS 模块

（2）GPS 模块。

GPS 模块集成了 GPS/GLONASS 双模遥控接收机和指南针。指南针用于测量地磁场，与 GPS 协同工作，实现飞行器在水平方向上的精确定位。使用前需要校准指南针，并且避免在铁磁物质环境中存放和使用。安装 GPS 模块时，注意无人机机头的方向，可参考图 7-53 进行安装。

任务描述

通过小组合作，使用 H1-Heli 调参软件进行无人直升机的调试，并进行自评和互评。

任务实施

在认识完 H1 飞控后，接下来下载和安装 H1-Heli 调参软件。

1. 下载并安装调参软件

（1）下载 H1-Heli 调参软件。

访问官网产品专页下载 H1-Heli 调参软件。

（2）安装调参软件。

请按照下列步骤安装 H1-Heli 调参软件，并参照软件帮助完成飞行控制系统的参数设置，

项目七　无人直升机的组装与调试

以实现系统在 Windows 系统上的安装和运行。该调参软件支持 Win7，Win8，Win10（32 或 64 位）操作系统。

① 使用 TYPE-C USB 线将飞控的 TYPE-C USB 端口与电脑相连。
② 运行 H1-Heli 驱动安装包，并按照屏幕提示进行安装。
③ 双击 H1-Heli 图标以启动调参软件。

为了安全起见，在进行调参时，请确保拆下螺旋桨或断开电机连接，以确保安全。

（3）安装中的注意事项。

① 建议使用原版 Win10 64 位操作系统，可免去驱动安装步骤，以获得最佳使用体验。
② 如果软件提示没有发现飞控或通讯接口初始化失败，请安装驱动并重启电脑。
③ 如果问题仍然存在，请更换数据线重试。
④ 请严格按照要求进行安装并设置参数，以避免无人直升机无法飞行或发生严重安全事故。

2. 飞行控制系统安装

（1）安装主控器。

主控器朝上并与机身平行放置，确保 LED 旁的安装标记指向机头方向，且中心位置尽量靠近飞行器的重心，然后用双面胶将主控器固定到机身上。

（2）GPS 模块安装。

将 GPS 模块与机身保持水平且相互平行，确保 GPS 模块的出线方向指向机头正方向。然后用双面胶将 GPS 模块固定到固定座上，而固定座则通过双面胶和扎带固定在尾管上。安装后确保 GPS 模块与机身保持水平，GPS 模块固定牢固，且其出线与机头保持水平。GPS 模块的安装位置应远离磁性物质（包含但不限于电源线、舵机、电机、磁铁、喇叭等）至少 15 cm，以避免干扰 GPS 模块内部的指南针。

（3）GPS 模块使用要求。

① 确保有 GPS 标记的一面朝上，且箭头指向机头方向，否则无法正常飞行。
② 请尽量保持周围无高大建筑物和树木遮挡，避免影响 GPS 模块，造成搜星效果变差。
③ 指南针为磁性敏感设备，应远离强磁场、强电场和强电磁场（如电线），否则可能导致飞行异常、无法解锁，甚至飞行器失控。在靠近某些物体出现指南针干扰或航向控制异常时，请尽快远离。
④ 安装时需要选择合适的 GPS 模块安装位置，以避免在运行过程中对指南针产生干扰。具体适合的位置需要根据飞行器类型和设备安装位置等确定。确保在飞行器上任何设备处于最大负载，运行时不会出现指南针受到干扰的警告，并且飞行过程中不会出现"刷锅"现象。图 7-54 所示为 H1 飞控安装位置示例，舵机距离 GPS 模块至少 15 cm。

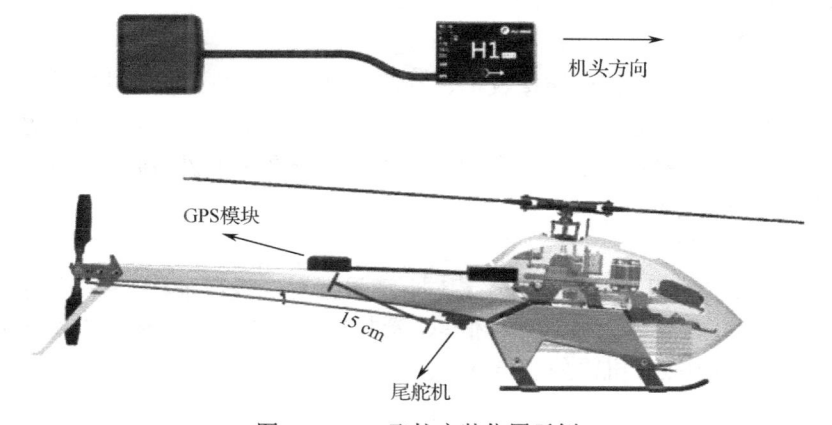

图 7-54　H1 飞控安装位置示例

3. H1 飞控连线

按照图 7-55 所示完成 H1 飞控的连线，并使用塑料扎带整理连线，确保整洁。如果电调没有 BEC，请将外接 BEC 和电调信号线并联（可使用 Y 线）接入飞控电调接口，切勿将 BEC 接在遥控接收机上。如果不需要低电量返航功能，可不连接飞控侧面的电压回传线。如果使用 12 V 电池的无人直升机，电压检测功能将不可用 H1 飞控连接，实物图如图 7-56 所示。

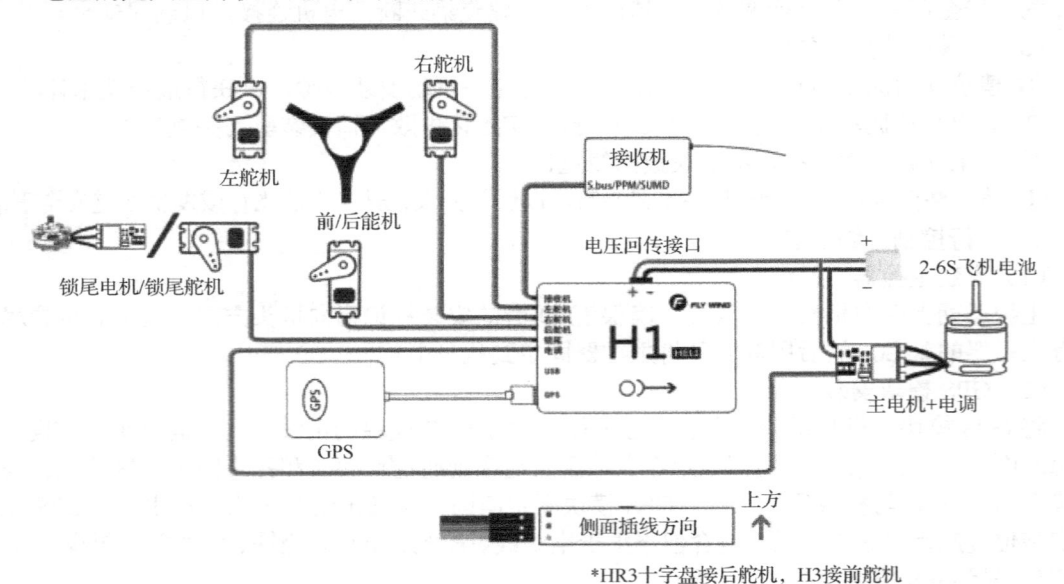

图 7-55 H1 飞控连接图

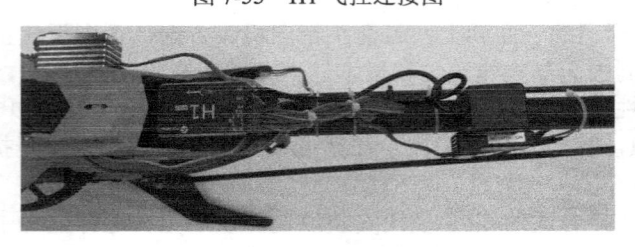

图 7-56 H1 飞控连接实物图

连线时请注意，H1 飞控的金属外壳为接地设计，请不要将电源搭到 H1 飞控上或与 H1 飞控接触的碳板上。

（1）飞行器设备连接。

使用 H1 飞控时，需要连接遥控接收机、电调和电池等相关设备，并在软件中设置相应的参数。若未正确设置，可能导致无人直升机无法飞行，甚至发生严重的安全事故。使用尾舵机的无人机，应在软件中选择好宽频和窄频后再接舵机（选择标准机型时，请对照配置表，确保与硬件一致后再接尾舵机）。

（2）遥控接收机连接。

不同类型的遥控接收机连线接口并不相同，请根据对应接口进行连接。连接成功后，主控器会自动识别信号，并在软件上显示摇杆信息。遥控接收机的电源是由飞控稳压后直接给遥控接收机使用，不要给遥控接收机额外供电或连接其它用电设备，避免烧毁飞控内部的稳压系统。

（3）常见错误接法。

① 遥控接收机上不能接任何其他电池或额外的 BEC、电容等设备；

② 遥控接收机上不能接任何负载设备，包括但不限于相机、图传设备、爆闪 LED 灯等，如需通过遥控器控制负载设备，请只将信号线接入遥控接收机，并为设备单独供电（禁止直接或间接将供电接在遥控接收机上，图 7-57 和图 7-58 所示为 H1 飞控错误连接）。

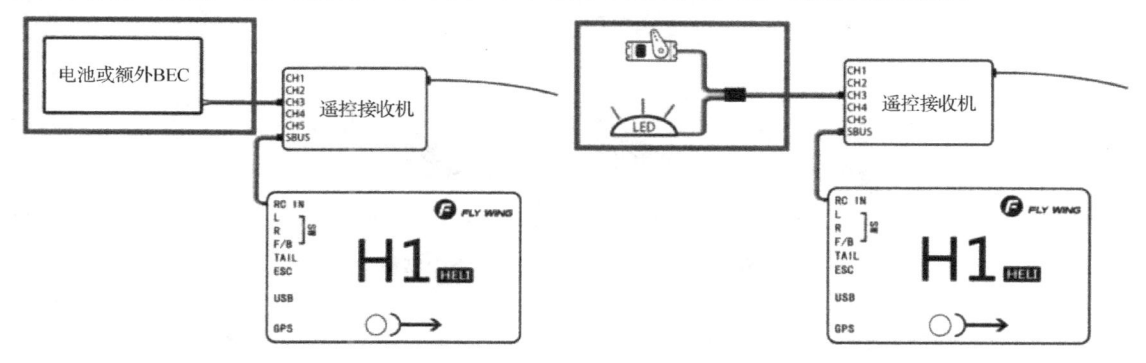

图 7-57　H1 飞控连接图（错误连接）1　　　　图 7-58　H1 飞控连接图（错误连接）2

图 7-57 中的错误为遥控接收机只能接飞控，不能接额外的电池或 BEC 供电模块；图 7-58 中的错误为遥控接收机只能接飞控，不能接额外的舵机、爆闪 LED 等负载设备。

4．遥控器设置

（1）所使用的遥控器必须支持 SBUS 模式，并至少具备 9 个通道。遥控器需具备失控保护功能，且所有通道的失控保护输出可由用户自行设定，否则将无法实现失控保护功能。

（2）遥控器的工作模式应为固定翼模式。

（3）遥控器的所有通道应独立工作，不得设置任何混控功能，包含但不限于直升机相关的螺距曲线、油门曲线及遥控器内建的联动熄火开关等。

（4）需将 5 通道的三段开关用作控制模式的切换开关，7 通道的两段开关用作控制电机停止和启动的开关，8 通道的三段开关用作半自主飞行开关。如需实现一键倒飞功能，需将 9 通道设置为两段开关。

5．软件调试

参数设置具体流程如下。

（1）确保飞行控制系统供电正常。

（2）将 H1 飞控与电脑连接，确保遥控器设置正确，完成对频并打开，模式应处于 3D 档位（关闭 3D 以防止误触开关）。

（3）运行调参软件。选择正确的 COM 接口（避免使用 COM1 接口），点击调参软件中"连接电脑"按钮，连接成功后变为绿色。

（4）点击主界面的"安装新机"按钮。

（5）选择最下方的"通用机型"安装，此处选择"中型机（500-650）"，如图 7-59 所示。

（6）进入"遥控器校准"选项，如图 7-60 所示，按照左边提示进行遥控器的校准。如果软件显示和遥控器打杆方向不一致（例如，遥控器俯仰向前推，软件进度条显示在"后"端），则在遥控器菜单中将对应的通道反向（具体操作参考遥控器说明书），直至所有通道均正确。

（7）进入"十字盘安装"选项，如图 7-61 所示，按照左边提示先选择对应的十字盘类型。这里选择 HR3 布局类型。然后进行舵机正反向调节，确保舵机运动方向正确。最后微调舵机中立点以完成十字盘调平。在舵机回中之后，将4个舵机的连接臂和连接杆通过球头扣上，如图 7-62 所示。

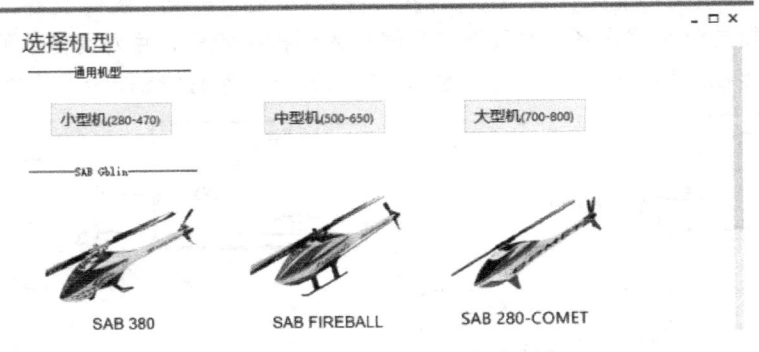

图 7-59 安装通用机型—选择中型机

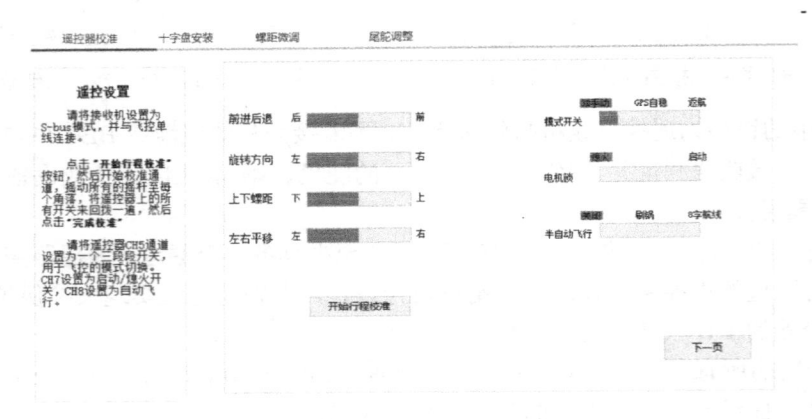

图 7-60 "遥控器校准"选项

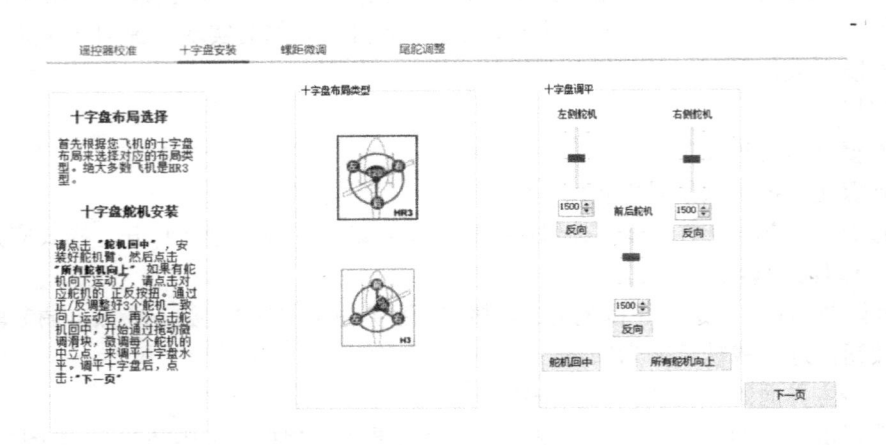

图 7-61 "十字盘安装"选项

（8）十字盘调平时，一定要让十字盘与机身的水平面平行，如图 7-63 所示。

（9）进入"螺距微调"选项，如图 7-64 所示，按照左边提示进行零螺距调整，然后调整正螺距和负螺距均为 12°。并按照图 7-65 所示，利用螺距尺进行测量，或者按照图 7-66 所示，参照主旋翼头的螺距上、中、下线的标记进行调整。

项目七　无人直升机的组装与调试

图 7-62　连接臂和连接杆通过球头扣上

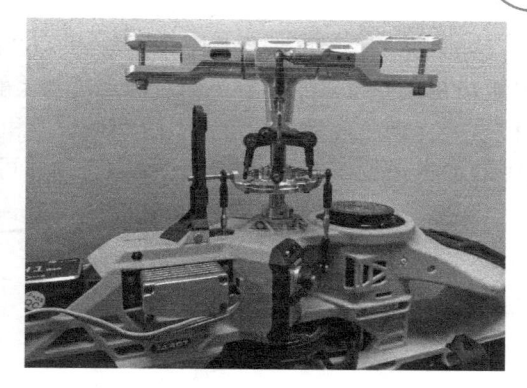

图 7-63　十字盘调平

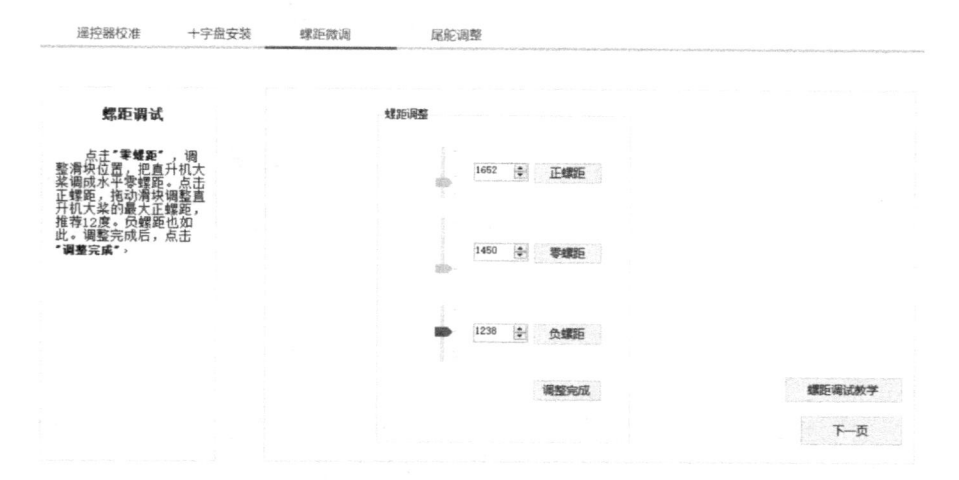

图 7-64　"螺距微调"选项

图 7-65　利用螺距尺测量正负螺距 　　图 7-66　参照主旋翼头的螺距上、中、下线的标记进行调整

263

（10）进入"尾舵调整"选项，如图7-67所示，按照左边提示先选择舵机类型。然后点击"滑块最左"按钮，如果滑块朝右则点击"尾舵输出方向"按钮；然后点击"尾舵回中"按钮，以校准中立点，最后分别点击"滑块最左"和"滑块最右"按钮，拖动滑条直至滑块刚刚接触尾轴的最大限位。如果尾舵输出方向有误，可以点击电机正反向进行调整。

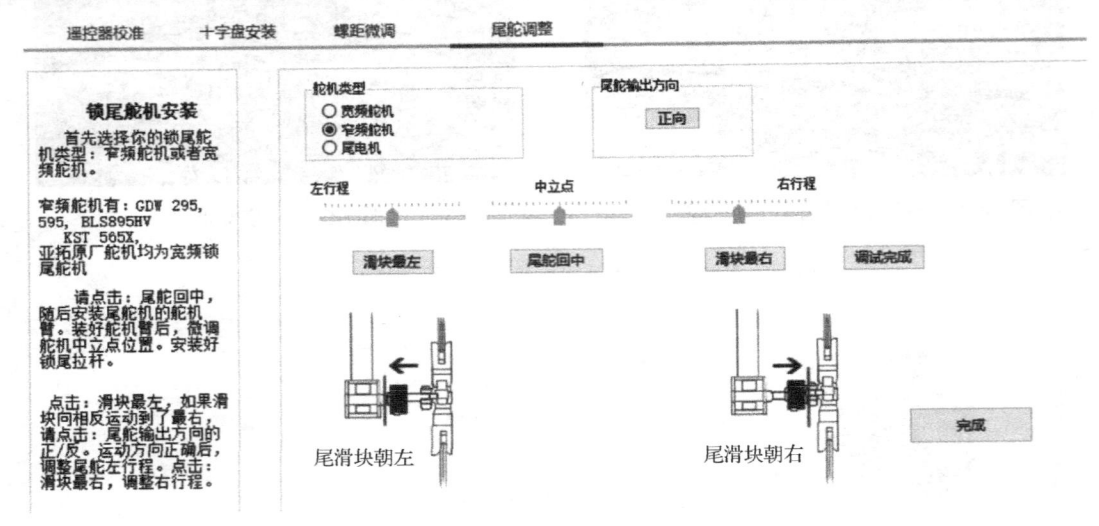

图7-67 "尾舵调整"选项

6. 进阶调试

（1）主界面。

在"主界面"连接下方，可以显示错误信息。当飞机出现异常时，可以在不断电的情况下，连接电脑查看错误信息，并进行修正（具体解决方法详见常见问题及解决方法部分）。在安装新机后，可在主界面设置锁尾力度和定速油门值大小，如图7-68所示。

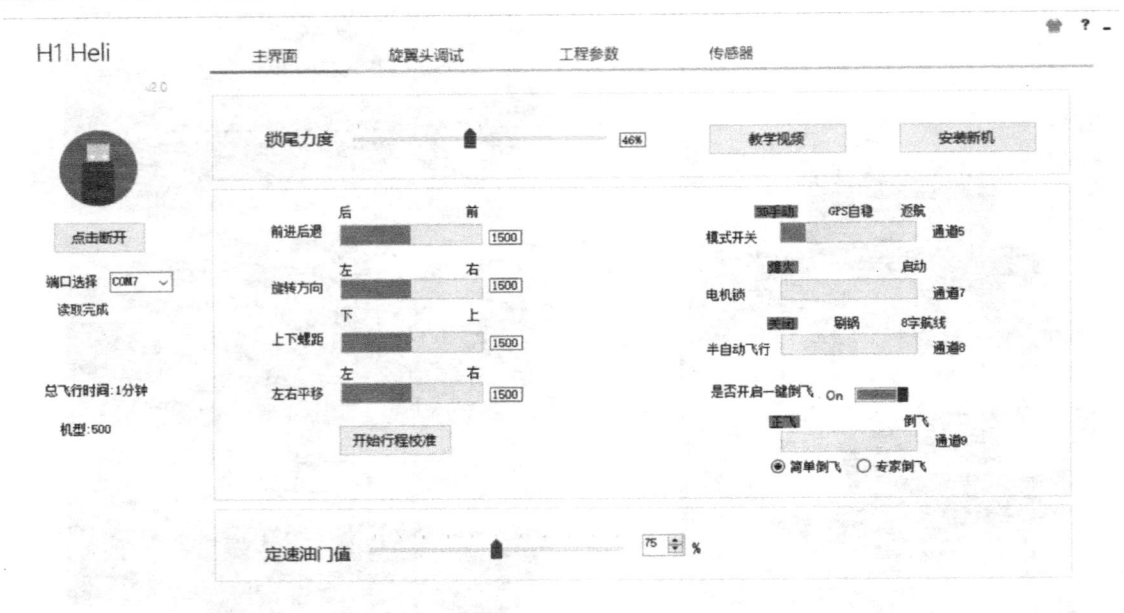

图7-68 设置锁尾力度和定速油门值大小

（2）旋翼头调试。

进入"旋翼头调试"选项，如图 7-69 所示，安装新机后，可在该页面重新设置十字盘和螺距，确保遥控器模式依旧处于 3D 档位。点击"舵机回中"按钮后，可通过三个进度条调节舵机的当前角度，直到十字盘达到水平状态（相较于主轴正面和侧面垂直）。然后点击"调整完成"按钮，可以在螺距调整中调节正负螺距，建议设置为±12°。

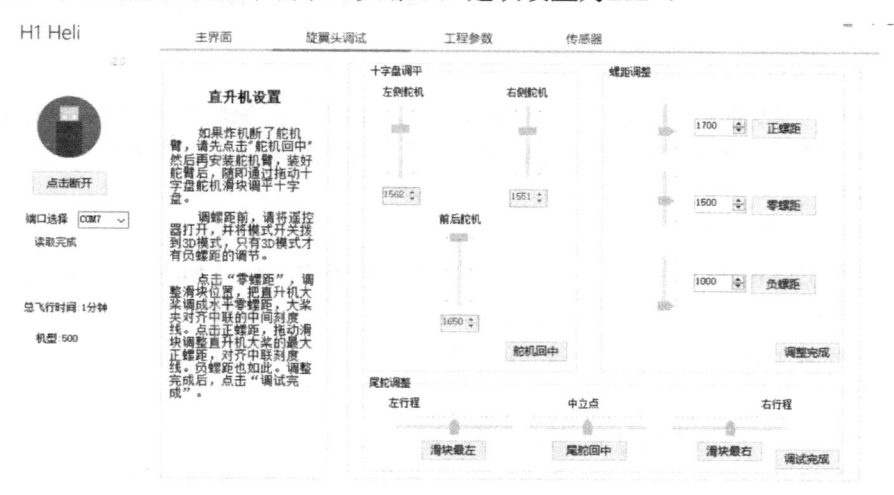

图 7-69　"旋翼头调试"选项

（3）工程参数。

进入"工程参数"选项，如图 7-70 所示，工程参数为进阶的手感参数调节，可根据无人直升机的飞行状态调整感度。推荐使用默认的标准飞行模式，即可满足大多数无人直升机的需求。点击"清除机型恢复默认值"按钮后，飞控数据全部清空并恢复为默认设置（非特殊情况请勿点击），可按下列所述调整工程参数。

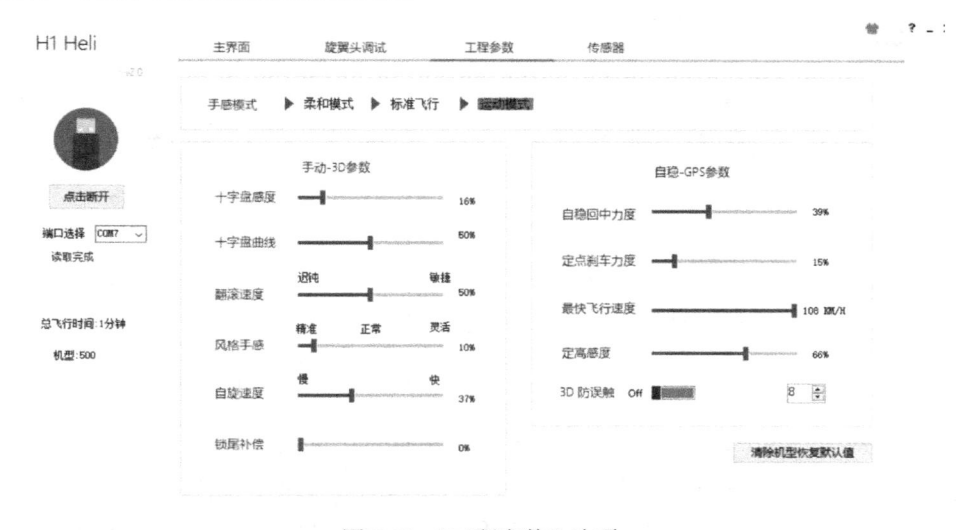

图 7-70　"工程参数"选项

① 如果尾部快速左右摆动，可以降低锁尾力度；如果尾部缓慢晃动，可增加转速或提高锁尾力度。

② 如果整机出现剧烈晃动且机械结构没有问题，可适当降低十字盘感度；反之，无人直升机左摇右晃（类似醉酒）可增加转速或增加十字盘感度。

③ 十字盘曲线、翻滚速度、风格手感和自旋速度均为手感调节，可根据每个人的不同喜好酌情调整，默认设置适用于大多数玩家，新手推荐使用默认值。

④ 锁尾补偿需在 3D 模式下执行，用于快速改变螺距时增强锁尾的提前补偿，非特殊需求无需调整。

（4）指南针校准。

首次使用时必须进行指南针校准，以确保系统正常工作并保障飞行安全。指南针容易受强电场、强磁场和强电磁场的干扰而导致异常，甚至造成飞行事故。定期校准有助于保持指南针处于最佳工作状态。

校准注意事项包括以下几点。

① 请勿在强磁场和强电场区域或大块金属附近校准指南针，如磁矿、停车场、带有地下钢筋的建筑区域，或者室内有音响设备的场所等。

② 校准时请勿随身携带铁磁物质，如钥匙、手表等。

③ 如果在室内完成了指南针的校准，当更换到室外飞行时务必重新校准，以避免两个区域因磁场差异而导致飞行过程中指南针异常。

④ 如果有钢铁类的物质影响了指南针时，请将飞行器移到其他位置放置。

校准步骤有以下几项。

① 请选择空阔场地，并按照以下步骤校准指南针。首先，进入"传感器选项"，如图 7-71 所示，使用调参软件进行校准。如需查看更多关于指南针校准的内容，请点击"校准教学视频"按钮，观看相关的教学视频。

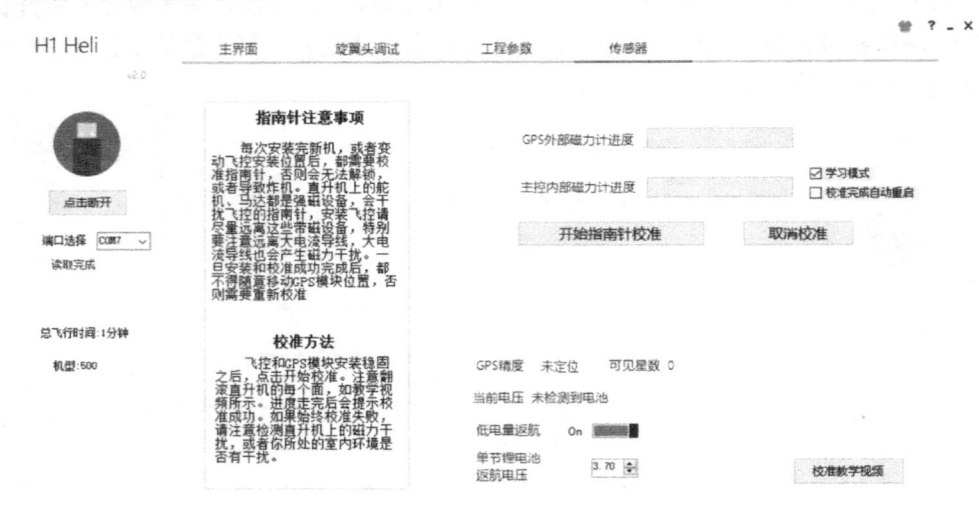

图 7-71 传感器选项

② 进入调参软件"传感器"页面，点击"开始指南针校准"按钮。

③ 将飞行器旋翼朝上，正面水平旋转 360°，然后将旋翼朝下倒置，再水平旋转 360°。

④ 将机头朝上，竖直旋转 360"，然后将机头朝下，再竖直旋转 360°。

⑤ 顺时针水平横滚 360°，然后逆时针水平横滚 360°。

⑥ 如果进度条没有到头，重复上面操作，直至校准进度条到头并提示校准成功。

需要重新校准的情况有以下几种。
① 指南针数据异常,且飞行器状态指示灯显示红灯闪烁。
② 飞行场地与上一次指南针校准的场地相距较远。
③ 飞行器的机械结构发生变化。
④ 飞行时出现严重漂移或无法保持直线飞行。

（5）低电量设置。

飞控系统会检测电池电压并计算单片电压,如电压达到预设的返航值,系统将自动触发返航程序并开始爬升。首次使用时,务必确认飞控的电压回传线是否正确连接（仅支持3-6S）,在"传感器"页面中,检查是否打开低电压返航功能,并确保设置的低压返航电压符合自身需求（根据自己的飞行习惯确定返航电压值,推荐设置为3.7 V左右,设置过低可能会导致电调在返航前因低压保护而断电,或在返航过程中因电池电量不足导致电调保护断电。

7. 关于 H1 飞控的注意事项

（1）飞控状态指示灯。

如图 7-72 所示为 H1 飞控指示灯情况。

指示灯	状态	说明
● ——	绿灯常亮	GPS模式,可以解锁
● ⋯	绿灯闪烁	GPS模式,已解锁,启动开关可以启动电机
● ⋯	黄灯闪烁	GPS模式,预热,搜索卫星定位中,请稍等
● ⋯	红灯慢闪	指南针异常,需要校准指南针
● ⋯	红灯快闪	接收机无信号（未对频或未设置SBUS等模式）
● ——	蓝灯常亮	3D模式,可以解锁
● ⋯	蓝灯慢闪	3D模式,已解锁,启动开关可以启动电机
● ——	紫灯常亮	返航模式或自动飞行模式
●● ⋯	绿灯、黄灯交替闪烁	飞行器GPS模式,电池电量低
●● ⋯	蓝灯、黄灯交替闪烁	飞行器3D模式,电池电量低

图 7-72 H1 飞控指示灯情况

（2）常见问题及解决办法

问：为什么接完线并插电脑调试完成后,飞控红灯闪烁,软件提示指南针异常？

答：因为未进行指南针的校准或校准不成功,导致飞控红灯慢闪。请将房间内的音箱等带磁性的物品移出房间,并重新校准指南针。校准完成后,断开电池和USB线,将档位拨至3D,显示蓝色即可。

问：软件提示3通道油门值过低怎么办？

答：这是由于遥控器3通道行程范围过大导致的,可以进入遥控器大小舵量页面,将1～4通道的最大和最小值缩小,减小行程范围。调整遥控器行程范围后,需重新校准摇杆。

问：软件提示 GPS 模块连接异常怎么办？

答：检查 GPS 模块插头是否松脱,线材是否从卡扣中脱落或损坏,如有损坏,需更换线材。

问：调试时没有负螺距怎么办？

答：请将遥控器模式开关拨至3D档位,重新调试正负螺距。必要时可拆下舵机臂,点击"零螺距重新安装舵机臂"按钮,调节螺距拉杆,使飞机螺距为零,再调节正负螺距。

问：为什么斜盘舵机不运动，只有尾舵运动？

答：这款飞控在 GPS 模式或自动飞行模式下（受 5 通道和 8 通道的开关控制），斜盘舵机是不运动的。只有将 5 通道切换成 3D 模式，并关闭软件中的 3D 防误触功能，斜盘舵机才会运动。

问：为什么正确调试完之后飞控没有修正？

答：在未解锁起飞之前，斜盘是完全锁死的。只要按照规定步骤正确调试，飞控修正会自动正确。

问：拆去螺旋桨启动无人直升机测试为什么不行？

答：飞控有起飞检测（带桨检测），不装螺旋桨在桌子上启动是无效的，要么舵机不动，要么会乱动。

问：遥控器要不要设置熄火开关？

答：不需要。飞控认为 3 通道为螺距控制，7 通道为电机控制。如果将 3 通道锁死，螺距会因变成-12°而完全锁死，无法飞行（飞控不读取 6 通道值，此处无效）。

问：为什么启动不了无人直升机，且拨启动开关时电机不转？

答：这是飞控的特点，需要外八解锁后才能拨电机启动开关（在解锁前必须保证电机开关在熄火档位，才能解锁。解锁灯闪烁后，拨启动开关，电机才会转动）。

请根据任务完成情况填写表 7-2。

表 7-2 塔罗 550 无人直升机组装与调试实训任务评价单

姓名：		分数：	
考核内容		配 分	得 分
职业素养	（1）设备、工具及材料清点	5	
	（2）操作安全	5	
操作规范	（1）安装 H1 飞控、GPS 模块、GPS 支撑架等	5	
	（2）飞行控制系统连线，连接电调、遥控接收机、舵机电信线、电池等	5	
	（3）完成遥控器对频并校准遥控器	5	
	（4）设置遥控器通道，将 5 通道三段开关用作控制模式切换开关，7 通道两段开关控制电机停止和启动。8 通道三段开关作为半自主飞行开关。如需一键倒飞，需要设置 9 通道为个两段开关	5	
	（5）完成安装新机的设置，机型选择 HR3，完成倾斜盘安装、螺距微调、尾舵机调整	5	
	（6）完成软件进阶调试，包括旋翼头调试、工程参数修改、磁力计校准、低电量设置等	5	
	（7）将调试完的无人直升机拿到空旷的地方进行试飞。外八解锁，指示灯绿灯闪烁，表示可以起飞，拨动电机开关按钮，主旋翼转动	5	
检查事项与注意事项	（1）安装 H1 飞控、GPS 模块、GPS 支撑架，确保硬件安装牢固，不能晃动	5	
	（2）对 H1 飞控进行连线，注意电调的信号线对准卡槽，不要接反。其他接线插接牢固	5	
	（3）设置遥控器通道，注意三段开关的正反，两段开关控制电机的开与关，不能设置反	5	
	（4）调试时机型选择 500-600，倾斜盘选择 HR3	5	
	（5）在舵机回中之后，将 4 个舵机的连接臂和连接杆通过球头扣上。调试时必须将主旋翼和尾旋翼桨叶都拆下来	5	

续表

考核内容		配分	得分
检查事项与注意事项	(6) 十字盘调平时注意舵机的正反。保证推油门时所有舵机同时向上或同时向下	5	
	(7) 十字盘调平时一定要让十字盘与机身的水平面平行	5	
	(8) 进入"螺距微调"选项，按照左边提示进行零螺距调整，然后调整正螺距12°，负螺距12°。利用螺距尺进行测量，或对照主旋翼头的螺距上、中、下线的标记进行调整	5	
	(9) 进入"尾舵机调整"选项，按照左边提示先选择舵机类型，然后点击"滑块最左"，如果滑块朝右则点击"尾舵输出方向"；然后点击"尾舵回中"，校准中立点，最后分别点击"滑块最左"和"滑块最右"。注意方向不能反	5	
	(10) 指南针校准，6个方向各转360°，如果进度条没有到头，重复上面操作，直至校准进度条到头，提示校准成功	5	
	(11) 设置合适的返航电压值，一般单节电压为3.7 V	5	
	(12) 试飞时找空旷无人的地方，注意安全。注意指示灯的颜色和闪烁方式	5	
结束工作	(1) 清点工具和设备	5	
	(2) 清扫现场	5	

思考与改进

请与小组成员进行讨论，针对本次任务实施的情况进行点评、分析和总结，并将改进意见填写在下方。

课后习题

1. 典型的无人直升机由哪几部分组成？（　　　）
A. 旋翼系统、传动系统、发动机、尾桨系统　　B. 旋翼系统、传动系统、发动机、尾翼
C. 旋翼系统、传动系统、发动机、副翼

2. 直升机旋翼头有几种结构形式？（　　　）
A. 铰接式旋翼星形柔性桨毂旋翼　　　　　　B. 无铰式旋翼万向接头式旋翼
C. 以上都是

3. 在升高与下降过程中，关于无人直升机与多轴飞行器表述正确的是（　　　）。
A. 无人直升机主要改变旋翼总距，多轴飞行器主要改变旋翼转速
B. 无人直升机主要改变旋翼转速，多轴飞行器主要改变旋翼总距
C. 无人直升机主要改变旋翼转速，多轴飞行器主要改变旋翼转速

4. 下列选项中关于多轴、尾桨单旋翼直升机、共轴直升机实现原地悬停右转描述正确的是（　　）。

A. 多轴逆桨加速，共轴直升机顺桨加距
B. 共轴直升机逆桨加距，尾桨单旋翼直升机尾桨变距
C. 多轴顺桨加速，共轴直升机顺桨加距

5. 简述塔罗550无人直升机总装的注意事项与检查事项。
6. 简述H1飞控调试中旋翼头调试的方法和注意事项。

课后习题答案

项目一

1. B
2. C
3. A
4. C

项目二

1. 固定翼无人机　　多旋翼无人机
2. 细
3. 低压报警

项目三

1. 铆接
2. 导线耐张管压接
3. 无铅焊料
4. 防潮；防盐雾
5. 质量要求：

（1）焊点不能太大，避免浪费焊锡；

（2）焊点要光滑饱满且圆润，焊锡要覆盖整个焊点和接线；

（3）最后对焊接的硅胶线进行拉扯试验。焊点冷却后，用手拖拽，以测试焊接是否牢固；

（4）用万用表的通断档检查电路是否连通：确保红线与红线之间连通，黑线与黑线之间连通，红线与黑线之间不通。

注意事项：

（1）电调与中心板之间的焊点焊接要牢固，不能虚焊。飞行器启动后电流比较大，虚焊会导致其严重发热甚能脱落，从而引发飞行中的严重事故；

（2）前后四个焊点不宜过大，以免影响后续电池的安装；

（3）焊点要光滑饱满，确保焊锡完全覆盖焊点和线头；

（4）负极不能焊错；

（5）焊接时注意安全，避免烫伤和火灾风险。焊接过程中产生的烟雾可能有毒，建议使用排烟设备；

（6）完成焊接后，务必检查所有连接是否牢固，确保无虚焊，并且所有的电线都正确连接到相应的焊点上。

6. 关键技术要求：

（1）剥线时，导线的长度应该正好能插满 XT60 插头的空腔，导线不宜过粗，否则无法实施焊接；

（2）上锡时，切忌灌锡太多，确保内表面均匀上锡即可；

（3）焊接时，将镀好锡的导线插入 XT60 插头的焊接处进行焊接。注意防止焊锡溢出，以免造成接头外表面变得粗糙；

（4）选择合适的焊接温度，过高的温度可能导致 XT60 插头熔化；

（5）在焊接时，可先在插头和线头上分别上锡，然后再将它们连接起来。连接后，可以轻轻吹气帮助焊点快速冷却凝固；

（6）在焊接过程中注意安全，避免烫伤和火灾风险。检查硅胶线的正负，红色为正极，对应+号，黑色为负极，对应-号。最后对 XT60 插头进行插拔试验以确保连接稳固。

项目四

1．C

2．A

3．B

4．B

5．注意事项：

（1）不可用尖锐的工具安装减震球；

（2）飞控的箭头方向即为无人机的机头方向；

（3）确保主控的信号端口连接正确；

（4）飞控的 GPS 模块在安装过程中，需将 GPS 模块的两条排线分别连接至主控的 GPS 插口和 I2C 插口；

（5）GPS 的箭头方向与机头方向一致；

（6）电调接线时，MAIN OUT 接口从右边数第 7 针脚开始（前面 AUX OUT 是 AUX1～AUX6 的辅助接口）。与塔罗飞控的电机顺序不同，按照左上角的电机标识，右上角和左下角分别对应 1 号和 2 号电机，电调连接飞控的顺序必须正确，否则会导致无人机解锁推油门时翻跟斗。注意黑色负极在上，白色信号在下。

6．统一校准电调油门行程：

（1）首先确保无人机连接正常，校准完成，能正常解锁，且未安装桨叶；

（2）将遥控器的油门通道打到最高，无人机接上电池，LED 灯进行多色闪烁后断开电源；

（3）再次上电，保持遥控器不动，当 LED 灯多色闪烁后，按住安全开关解锁，之后听见滴滴声；

（4）把油门打到最低，听见滴滴声后，轻推油门，电机转动则表示校准正常，否则请重新操作一遍。

项目五

1．A

2．C

3．C

4．飞行模式的种类：

ARM：解锁模式。用于设置飞行器解锁开关，解锁成功后，飞行器才可飞行。

ANGLE：半自稳模式。遥控器摇杆在一定行程内，飞行器保持自稳模式飞行；摇杆超过一定行程后，飞行器切换为手动模式。

HORIZON：自稳模式。在该模式下，飞行器起飞后会自动保持水平稳定，飞手需自己控制高度。

ACRO：手动模式。这是飞行器的默认飞行模式，也是最难的飞行模式。该模式下的飞行器不会自动保持平衡，飞手需要手动控制飞行器的各个飞行角度。松开摇杆后，飞行器将保持当前状态，而不是恢复水平状态。要进入手动模式，必须关闭半自稳模式、自稳模式和无头模式等。

HEADFREE：无头模式。当机头朝某个方向解锁时，虽然偏航操作还能控制飞行器机头旋转，但是俯仰操作的前后方向只与解锁时的机头方向相关。

FAILSAFE：失控保护。通过辅助开关模拟激活失控保护程序。失控保护程序设置需在"失控保护"界面完成。

BEEPER：蜂鸣控制。用于控制飞行器发出"哔哔"声，便于在飞行器丢失后定位寻找。

LEDLOW：灯带控制。用于控制飞行器灯带的开关。

FLIP OVER AFTER CRASH：反乌龟模式。在飞行器发生侧翻或倾倒后，启用该模式，可通过操作摇杆控制飞行器回正并重新起飞。该模式要求飞行器使用的电调支持 Dshot 协议。

新手应当设置为自稳模式飞行。

5. 在 BF 地面站里的 OSD 屏幕设置中，可以添加电池电压、计时器 1、计时器 2、模拟地平线、模拟地平线侧标尺、反乌龟模式的箭头、飞行时间、通电时间、油门位置、飞行模式等，在调参软件的 OSD 屏幕上，拖动文字到适当位置。

6. 调整电机转向。如果电机转向不正确，可点击"电机方向"按钮，打开"我已了解风险，所有螺旋桨已拆除。"开关，通过"向导"或"单独地"两种方式，单独点击电机标号以改变旋转方向，保证所有电机旋转正确。

7. 传输方式：

数字图传：将图像和音频信号转换为数字信号进行传输。数字信号通过点对点的单播方式进行传输，需要握手建立连接，这可能导致在丢包严重的情况下连接中断。

模拟图传：将信息模拟成电波信号进行传输。模拟信号通过广播方式扩散，不需要握手建立连接，因此在信号干扰或丢失的情况下，模拟图传仍可以提供一定的画面。

图像质量：

数字图传：图像质量更高，分辨率可以达到 4K 像素，画面清晰，棱角分明。例如，DJI FPV 数字图传系统可以实现 720 p/120 fps 的高清流畅显示，且延时低于 28 ms。

模拟图传：画面较为柔和，清晰度较低，分辨率最高只能达到 720 p。模拟图传的画面质量不如数字图传。

传输距离和延迟：

数字图传：传输距离较远，但延迟较高。例如，DJI FPV 数字图传系统的传输距离可达 4 公里，延时低于 28 ms。

模拟图传：传输距离较短，但延迟较低。模拟图传的延时通常在 22～35 ms 之间。

应用场景：

数字图传：适用于需要高清晰度和远距离传输的场景，如竞速飞行和高清录像等。

模拟图传：适用于对延迟要求较高的场景，如近距离飞行和室内飞行等。

综上所述，数字图传在图像质量、传输距离和分辨率方面具有优势，而模拟图传则在延迟和稳定性方面表现更好。选择哪种图传方式取决于具体的应用需求和使用环境。

项目六

1. B
2. B
3. C
4. C
5. C
6. C
7. B
8. 不可以，这会导致机头左、右舵机在固定翼模式下的位置已经达到2500，无法再进行调节。因此安装时可以将倾转舵机略微向下倾斜，从2500最大值一点点减小，直到舵机中轴线位置达到水平，每调节一次需点击一次右上角的"保存"按钮。
9. 安装电机时，应将螺旋桨的一面朝上，确保三条线位于同一平面，依次按照顺序焊接，避免交叉或重叠。如果需要调整电机的旋转方向，可任意交换两根电机线的顺序。

项目七

1. A
2. C
3. A
4. B
5. 塔罗550直升机总装检查事项：
（1）转动主旋翼齿轮，从顶部视角观察，桨叶是否顺时针转动。
（2）确认尾旋翼是否向后退。（如方向错误，需调整同步带的方向。）
（3）检查尾旋翼的张紧轮是否压住同步带，并使同步带保持张紧状态。
（4）检查主旋翼和尾旋翼的桨叶前缘和后缘是否正确。
（5）检查4个舵机连杆是否安装正确。主旋翼的3个舵机相同，尾旋翼的舵机不同。
（6）检查机身6根铝柱是否安装到位，螺丝是否拧紧。
（7）检查主旋翼下面的5根连杆是否三短两长，并确认连杆球头中心距离是否正确。
（8）检查电池箱是否正常打开与关闭。
6. 安装新机后，可重新设置十字盘和螺距。点击"舵机回中"后，可通过三个进度条调节舵机的当前角度，直到十字盘到达水平状态（相较于主轴正面和侧面垂直）。然后点击"调整完成"按钮，可以在螺距调整中调节正负螺距，建议设置为±12°。注意在调试过程中，遥控器模式应保持在3D档位。